나의 내면으로 떠나는 길

Camino de Santiago

까미노 데 산띠아고 여행 안내서

윤태일 지음

다미
DAMEET

참고문헌

- El Camino de Santiago의 역사 – Aurora Ruiz Mateos, Daniel Abad Rossi 공저, Ediciones Akal,S.A., 1997.
- Guia Azul Camino de Santiago – Jesus Garcia Marin, Ignacio Gonzalez Orozco 공저, Ediciones Gaesa, 2004.
- Guia de Santiago de Compostela – Ramon Yzquierdo Perrin, Edilesa, 2004.
- El Camino de Santiago – Paco Nada, Santillana Ediciones General, 2008.
- Camino de Santiago : 순례자를 위한 실용 가이드북 – Alonso Juanjo, Desnivel, 2008.
- Manual de Historia Medieva(중세사 매뉴얼) – Garcia de Cortazar, Jose Angel 공저, Alianza Editorial, 2008.
- Cuadernos de Arte Español (스페인 건축과 예술노트) Series – Information y Revistas, S.A. 편집부, 1991.
- 순례자 – Paulo Coelho, 문학동네, 2006.
- 여자 혼자 떠나는 걷기 여행 2 – 김남희, 미래 M&B, 2006.

까미노 데 산띠아고 여행 안내서

지은이 윤태일

1판 1쇄 발행　　　　　2010년 9월 22일
개정증보 1판 1쇄 발행　2012년 3월 22일
개정증보 2판 1쇄 발행　2013년 7월 17일
개정증보 2판 2쇄 발행　2014년 4월 05일

발행인　김소양
편　집　이윤희
디자인　김소애
마케팅　이희만, 장은혜

발행처 다밋
출판등록번호 제 321-2010-000113호
출판등록일자 1998년 6월 3일

주소 서울시 서초구 양재2동 299-5 남양빌딩 6층
마케팅팀 02-566-3410　편집팀 02-575-7907　팩스 02-6499-1263

홈페이지 www.dameet.com　블로그 blog.naver.com/dameet

값은 표지에 있습니다.
ISBN 978-89-6426-065-4 13980

잘못 만들어진 책은 구입하신 서점에서 교환해드립니다.

윤태일

대원 외국어고등학교 스페인어과, 한국외국어대학교 스페인어과를 졸업한 후 2000년부터 스페인 마드리드에 살고 있다. 처음 '까미노 데 산띠아고'에 가서 신선한 충격을 받은 후, 까미노 길 안내를 위한 최신 자료를 보완 수집하느라 여러 차례 까미노에 더 다녀왔으며, 지금도 새로운 루트로 까미노 순례를 계속하고 있다. 현재 스페인 마드리드에서 스페인 정부가 공식 인정한 '한국까미노친구들연합' 대표로 사무실을 운영하며, 까미노를 찾는 순례자들을 돕고 있다.

kenixon@naver.com
http://blog.naver.com/kenixon
http://cafe.naver.com/camino2santiago

까미노로 떠나는 당신에게
이 책이 꼭 필요한 이유

1 스페인에 살며 수차례 까미노를 다녀온 저자가 전하는 가장 믿을만한 까미노 안내서이다. 까미노는 살아 있는 유기체와 같아서 수시로 있던 것이 사라지기도 하고 새롭게 생겨나기도 한다. 이 책은 까미노 최신 정보를 전하고 있다.

2 자세한 안내 지도와 고도 표, 숙박시설과 음식점에 대한 자료뿐만이 아니라 까미노의 문화, 예술, 역사, 건축에 대한 해박한 지식을 함께 담고 있다.

3 순례자들을 위해 꼭 필요한 정보를 압축해 담고 있으며, 사진 크기를 줄이고 불필요한 페이지를 줄이는 등, 책 무게를 최소화했다.

4 순례 여정이 반쯤 진행된 Step.14가 끝나는 155쪽에, 책을 반 나누어 배낭에 넣을 수 있도록 여백의 페이지를 마련해두었다.

5 까미노가 끝난 후 이동하는 방법을 자세히 알려주고 있으며, 땅끝마을까지 순례를 계속하고 싶은 이들을 위한 자료를 함께 실었다.

6 저자는 스페인 까미노 연합(Federación del Camino de Santiago)에 공식 등록한 '한국까미노친구들연합(까·친·연)'의 대표이다. 책에 미처 실리지 못한 정보가 궁금하다면, '까·친·연' 공식 까페인 cafe.naver.com/camino2santiago에 도움을 요청할 수 있다. 또한 대학 순례 증서를 받고 싶은 독자 역시 '까·친·연'의 도움을 받을 수 있다.

GIJÓN
BAYONNE
LA CORUNA
SANTANDER
PAU
SAN SEBASTIÁN
OVIEDO
ST.JEAN P.D.P.
LUGO
RONCESVALLES
FISTERRA
MELIDE
VITORIA
PAMPLONA
SANTIAGO DE COMPOSTELA
SARRIA
SAMOS
CEBREIRO
ESTELLA
SOMPORT
PUENTE LA REINA
LEÓN
JACA
PONFERRADA
BURGOS
SAHAGÚN
CASTROKERIZ
LOGROÑO
ASTORGA
CARRION DE LOS CONDES
SANTO DOMINGO DE LA CALZADA
VIGO
OURENSE
TUDELA
PALENCIA
VALLADOLID
ZARAGOZA
ZAMORA
GALICIA
PORTUGAL
ASTURIAS
CASTILLA Y LEÓN
CANTABRIA
PAÍS VASCO
LA RIOJA
NAVARRA
ARAGÓN
FRANCE

일/러/두/기

Saint Jean Pied de Port(France) ▶ Roncesvalles/Orreaga(Navarra)
➡ 24.9km ⧖ 약 8시간

모든 스텝 첫 부분에 이번 스텝의 총 거리를 알리는 km와 평균 소요 시간을 밝혀두었다. 스텝은 하루를 기준으로 잡았다. 그 옆에 순례자 표식을 두었는데 표식의 수는 난이도를 뜻하는 것이다. / 오른쪽 지명은 두 가지 언어를 쓰는 곳의 또 다른 지명을 나타내는 것이고 괄호 안은 스텝이 속한 지역을 뜻하는 것이다.

St. Jean Pied de Port ☀ 0km ▶ 774.3km

스텝 중간에 나오는 거리는 오늘 걸어온 거리와 산띠아고까지 남은 거리를 뜻한다. 위 예를 보면 오늘 24.9km를 걸었고 산띠아고까지 749.4km가 남았다는 것이다.

* Plaza Mayor는 광장을 뜻하며 스페인의 큰 마을이나 도시에는 대부분 마요르 광장이 있다.
* 도움이 되는 정보 중에서 알베르게 문을 여는 시즌은 open, 닫는 시즌은 close라고 표기하였다.
* 스페인에서 '메뉴'라고 부르는 것은 '세트 메뉴'를 뜻하는 것으로 전채·본 요리·후식으로 이뤄져 있다. 콤비네이션 디쉬는 한 접시에 여러 음식을 담은 것을 뜻한다.
* 호스피탈레로(남자), 호스피탈레라(여자)는 알베르게 봉사자를 뜻한다.

까미노 구간별 지도에 표기된 표식의 의미

☀	역사적인 유적지 및 interesting point
🛍	식료품점
✗	식당
🏠	알베르게
⚷	짐 보관소
[$]	은행
✚	병원
🏨	호텔
⛺	캠핑
@	인터넷
i	인포메이션

Camino de Santiago

나의 내면을 찾아 떠나는 모험

이국땅 스페인으로 건너온 후 산띠아고 길에 대한 얘기를 무수히 듣긴 했지만, 정작 길을 나서는 데는 꽤 긴 시간이 걸렸다. 스페인에 온 지 여덟 해가 되던 2008년, 아무런 자료도 준비도 없이 까미노를 찾았다. 길에서 큰 어려움을 겪지는 않았지만, 피레네 산맥을 넘어오며 안내서를 기획해야겠다는 생각이 문득 떠올랐다. 그렇게 시작한 후에도 2년이 넘는 시간이 걸렸다. 그리고 이 길을 세 번 다녀왔지만 부족한 부분이 계속 눈에 띄어 각 지역을 여러 차례 다시 다녀와야 했다. 그러는 동안 까미노에서 만난 수많은 인연들이 현지 자료를 모아주었고, 온갖 질문에 성실하게 답해준 스페인 가이드 아녜스 덕분에 부족한 부분이 조금씩 채워졌다.

까미노는 살아 있는 유기체와 같아서 시시각각 변화하고 있다. 새로운 도로가 놓이기도 하고, 예전에 없던 식당과 알베르게뿐만 아니라 마을마저 새롭게 생겨나기도 한다. 따라서 이 책에서 소개하는 자료, 특히 가격 정보 같은 것은 언제든지 변할 수 있다는 것을 감안하고 읽어주시기 바란다.

스마트폰을 사용하는 분들이 많아져, 현지에서 SIM 카드 혹은 WIFI를 이용해 알베르게나 기타 정보를 검색하는 순례자들이 부쩍 늘어났다. 그래서 개정판을 준비하며 각 알베르게의 메일 주소나 홈페

이지를 비롯한 최신 정보를 하나라도 더 책에 담기 위해 노력했다.

올해 초 '한국까미노친구들연합'이 정식으로 발족을 하게 되면서, 마드리드에 순례자 사무실을 열게 되었다. 사무실을 통해 좀 더 구체적인 봉사를 할 수 있게 되었고, 독자들과도 on/off 라인에서 만날 수 있게 되어 기쁘다.

앞으로도 산띠아고 길의 친구들 연합을 통해 지속적으로 자료를 업데이트하여, 순례자들과 함께 만들어가는 까미노 길라잡이가 될 것을 약속한다.

'Camino de Santiago'가 빛을 볼 수 있게 해주신 하느님께, 순례자들의 성인 산띠아고께 감사를 드린다. 까미노를 시작하는 순례자들에게 작은 길잡이 역할을 할 수 있게 되어 기쁘다. 이 책을 준비하며 순례의 길을 찾느라 수시로 집을 비워야 했는데도 묵묵히 믿고 지원해준 아내와 아이들, 물심양면으로 전폭적인 지지를 해주신 양가 부모님께 이 자리를 빌려 고마움과 사랑의 마음을 전한다.

"자신의 내면으로 떠나는 멋진 인생 순례의 길은 계속되고 그 길 가운데 CAMINO DE SANTIAGO가 있다." Buen Camino!

2013년 봄 마드리드에서

윤 태 일

Camino de Santiago

st. jean

까미노 데 산띠아고Camino de Santiago 소개

까미노Camino는 스페인어로 '길'이란 뜻이며 산띠아고Santiago는 성 Saint 야고보Diego의 합성어이다. 그리고 '성 야고보의 길Camino de Santiago'을 줄여서 '까미노'라 부르기도 한다.

매년 170,000명(물론 야고보 성년聖年에는 훨씬 더 많다)이 넘는 사람들이 걷거나 자전거를 타고 산띠아고 데 콤포스텔라(산띠아고 시의 공식 이름)까지 가기 위해 동쪽에서 서쪽으로 이베리아 반도를 가로지른다.

더위와 추위, 갈증, 피로 그리고 순례 중에 감당해야 할 모든 형태의 불편함에도 불구하고 까미노 데 산띠아고를 찾는 사람은 매년 많아지고 있으며 전 대륙에서 수천 명의 순례자들이 스페인 국경을 넘는다. 중세에 그 기원을 둔 이 순례의 길이 점점 더 많은 관심을 불러일으키게 된 이유는 무엇일까?

야고보의 길을 따라 걷는 긴 여정은 다른 도보 여정과는 전혀 다른 특징을 갖고 있다.

첫째, 동쪽에서 서쪽으로 땅끝finis terrae까지 연결된 산띠아고의 길은 유럽의 전통·역사·예술·문화를 직접 접할 수 있게 해주고, 느끼게 해준다.

둘째, 일상의 삶 속에서 누려왔던 많은 것들과 단절된 상태를 참고 견디며 여러 날 걷는 동안 몸이 자연과 교감하는 신비로운 경험을 하게 된다. 또 11세기부터 수많은 여행자가 스쳐 지나간 길을 걸으며, 그들의 숨결이 아로새겨진 다양한 마을에서 머무르면서 독특하고 유일한 혼자만의 체험도 하게 해준다.

셋째, 같은 길을 가는 모든 순례자와 인종·문화·언어·종교·나이를 뛰어넘어 친구가 될 수 있다는 점이, 순례자들이라면 누구나 느끼게 되는 까미노의 가장 멋진 매력일 것이다.

까미노 데 산띠아고를 '별들의 루트La ruta de las estrellas'라고도 일컫는다. 은하수가 동쪽 하늘에서 서쪽 하늘을 가로지르듯이 땅에 있는 하늘의 길이라는 뜻이다. 이 길은 중세 때부터 야고보의 무덤을 향해 걸어간 수많은 순례자의 행로를 연결한 것이다.

물론 수많은 역사적인 흔적들이 아스팔트 아래 묻히거나, 밭을 개간하면서 사라지기도 했다. 예전에는 늑대나 다른 산짐승들이 살던 숲이 자동차들과 오토바이가 지나가는 길이 되거나, 공장지대가 되었다. 그리고 중세에는 순례자들이 동냥을 했지만 요즈음은 신용카드를 가지고 다닌다. 그러는 사이 천 년의 세월이 흘렀다.

하지만 까미노 정신의 핵심은 나바라의 숲 안갯속에, 리오하 지방 언덕의 능선마다, 그리고 끝이 없을 것 같은 까스띠야 레온 지방의 지평선에, 혹은 갈리시아의 습한 그늘 속에 항상 존재하고 있다.

산띠아고로 가는 길은 거의 800km에 달하며 각자 자신의 배낭과 소지품을 직접 가지고 가야 한다. 그래서 역사의 한 부분을 걷는 이 작은 모험을 시도하려는 이들이 아직은 많지 않다. 어떤 이는 걷는 즐거움으

로 시작하고, 어떤 이는 종교적인 목적으로 시작한다. 또는 예술 혹은 역사적인 관심으로 이베리아 반도를 관통하기도 한다. 여러 가지 목적을 가진 이들도 있고, 때로는 약속을 지키기 위해 이 길을 시작한다는 이들도 있다. 하지만 처음 이 길을 떠날 때는 자기 내면을 리모델링하는 과정이 지금 막 시작되었다는 사실을 아무도 모른다.

그동안 까미노는 큰 발자취를 남기며 변화되어 왔지만, 최근 들어 개혁의 바람 속에 새로운 황금기를 맞고 있다. 예전에는 아무것도 없던 갈리시아와 까스띠야, 아라곤의 작은 마을에 식당이나 상점과 호텔이 들어서게 되었으며, 순례자들을 위한 숙소인 알베르게Albergue가 다섯 곳이 있는 마을도 생겼다. 바Bar, 호스텔, 빵 가게, 사설 알베르게가 지방 국도 대신 작은 오솔길을 따라 생겨나기도 했다.

이처럼 점차 상업화가 되다 보니 중세기처럼 역동적인 경험을 하지 못할 수도 있다. 확실한 것은 1993년 야고보 성년聖年 때는 전화기 한 대 찾아보기 힘들었던 곳이었는데 최근에는 무료 인터넷까지 제공되고 있다는 점이다.

그러나 자동차보다는 자신의 두 다리로, 휴대품을 많이 준비하는 것보다는 마음과 생각을 열어 더 많이 듣고 보기 위한 준비를 하여 떠나는 순간, 자신의 내면으로 떠나는 위대한 모험은 시작될 것이다.

Buen 까미노!

무엇을 먼저 준비해야 하나

가장 먼저 알아야 할 것은 자신이 지금 가고자 하는 길이 단순한 하이킹이 아니라 순례의 길이라는 점이다. 종교적인 열정 대신 다른 목적을 갖고 떠나게 된다 하더라도, 결국 같은 순례의 길을 가는 것이므로 '순례자 정신'이 필요하다.

까미노의 긴 여정 동안 순례자들을 위해 봉사하는 알베르게를 중심으로, 우리에게 따뜻하게 마음을 베푸는 다양한 사람들과 만나게 될 것이다. 그리고 긴 시간 동안 알베르게에 머물게 될 것이다.

알베르게는 수 세기 동안 전통을 지키며 순례자를 위해 봉사하는 곳이므로 일반 관광 숙소와 같은 서비스를 결코 기대해서는 안 된다. 그러므로 '순례자는 요구하는 자가 아니라 감사하는 자이다'라는 산띠아고의 격언을 마음에 새겨두는 것이 좋다.

어느 길로 갈까

산띠아고로 가기 위해 옛 순례자들이 이용했던 길은 여러 경로가 있다. 하지만 역사적으로도 전략적으로도 가장 부각되는 길은 프랑스 까미노Camino Frances이다. 프랑스 까미노는 또 나바라Navarra 경로와 아라곤Aragon 경로 두 가지로 나뉜다.

프랑스 생 쟝 피에드 포트St. Jean Pied de Port에서 시작해 피레네를 넘

어 론세스바예스Roncesvalles ▶ 빰쁠로냐Pamplona ▶ 로그로뇨Logrono ▶ 부르고스Burgos ▶ 레온Leon을 거치는 것이 나바라 경로이고, 피레네 위쪽에 위치한 도시 솜포르트Somport에서 시작해 뿌엔떼 라 레이나Puente la reina에서 합쳐지는 것이 아라곤 경로이다.

이제 '어떤 경로를 선택할지' 먼저 정해야 한다. 나바라 경로가 더 아름답고 클래식하므로 대부분의 사람들이 이 길을 선택한다. 하지만 아라곤 경로가 조금 더 거리가 멀고 척박한데다 외진 곳이어서 중세 본연의 까미노를 체험하고자 하는 사람들은 이러한 이유로 이 길을 선택하기도 한다.

이 책에서는 대부분의 순례자들이 선택하고 있는 프랑스 생 장 피에드 포트에서 시작하는 프랑스 루트 중에서 나바라Navarra 경로를 소개하고자 한다.

두 번째 선택해야 할 사항은 '어디서 시작할 것인가'이다. 대부분의 사람들은 빰쁠로냐에서 매일 직행버스가 있는 론세스바예스를 가장 적당한 시작 포인트로 선택한다. 하지만 일정에 하루를 더할 수 있다면 프랑스의 생 장 피에드 포트를 추천하고 싶다. 피레네 산맥을 넘으며 펼쳐지는 환상적인 경치를 배낭 속에 담아올 수 있기 때문이다.

그러나 시간이 많지 않은 사람들은 100km 지점이 시작되는 갈리시아Galicia의 사리아Sarria에서 시작하기도 한다.

많은 순례자가 휴가철인 7, 8월에 까미노를 찾지만, 가장 추천하고 싶지 않은 계절이 이때다. 그 첫째 이유는 기후다. 햇볕이 가장 강하고 더운 때라, 특히 까스띠야 레온 지방의 끝없는 평원을 지날 때는 몹시 견디기 힘들다.

그리고 또 다른 이유는 숙소 때문이다. 순례자들이 몰려 알베르게가 만원일 때가 잦다 보니, 다음 행선지에 다른 사람들보다 먼저 도착하기 위해 거의 매일 새벽 네 시에 일어나 출발해야 하고, 아침 아홉 시면 하루 묵고 갈 침대를 얻기 위해 알베르게 입구에 멈춰 서서 배낭으로 줄을 서야 하며, 걸어가면서도 다른 사람들을 앞지르기 위해 거의 달리다시피 해야 한다.

이런 상황이 야고보 성년聖年에는 훨씬 더 심각해진다. 7, 8월 외에는 도무지 시간을 낼 수 없다면, 알베르게에 자리를 잡지 못할 때 시립 체육관 바닥에서라도 자겠다는 각오를 해야 한다.

하지만 종교적 목적의 순례가 아니라 하더라도 내 영혼이 평화로운 상태로 자연과 교감해야 하는데, 남보다 빨리 숙소를 잡는 데만 집중하게 된다면 까미노는 무의미한 곳이 되고 만다.

더 말할 나위 없이 좋은 시기는 5월과 6월 그리고 9월과 10월이다. 날씨도 좋고 알베르게도 여유가 있기 때문이다. 그러나 '홀로 하는 순례'라는 중세의 순례 정신을 찾고 싶다면 겨울을 선택해도 된다.

무얼 가져가야 하나

등산가들 사이에 이런 말이 있다. '꼭 필요한 것만 챙겨 떠나서 그 절반을 버리고 난 후에 비로소 진짜 필요한 것만 남게 되었다.'

처음부터 이런저런 것을 챙기다 보면 배낭 무게와는 상관없이 많은 것을 준비하게 된다. 하지만 첫 까미노 구간을 지나고 나면 무엇이 필요한지 아닌지 바로 드러난다.

까미노는 긴 길이다. 가는 동안 우리는 필요한 것을 조달할 수 있는 마을들을 지나고, 무엇이든 구할 수 있는 대도시도 지나게 된다. 따라서 여행 기간에 쓸 모든 것을 처음부터 가지고 갈 필요가 없다. 식량, 약품, 주방용품, 그릇, 갈아입을 많은 옷 등도 필요 없다. 개인적인 차이가 있겠지만 꼭 가져가야 할 것을 정리해 보면 아래와 같다.

★ **준비물**

1) 슬리핑백 : 너무 두껍거나 무거운 것은 필요 없으며, 700g 정도가 적당하다.

2) 모포 : 최대한 얇고 작은 것을 준비한다. 항공기 담요 정도가 가장 적합하다. 알베르게의 침대 시트나 베개 시트는 그리 쾌적하지 않다. 그러므로 추울 때는 담요로 사용하고, 침대 시트나 베개 시트로 사용할 수도 있으며, 피크닉을 하게 될 때에는 돗자리로 사용할 수 있는 것을 준비한다.

3) 옷 : 계절에 따라 통풍과 땀 흡수가 잘 되고 빨리 마르는 소재로 된, 도보 여행에 적당한 상의와 하의를 두 벌 정도 준비한다. 매일 번갈아가며 입는 것이 좋다. 알베르게에서 세탁해 빨리 말릴 수 있는 것이어야 한다. 면으로 된 옷이 땀 흡수는 잘 하지만, 세탁이 쉽지 않고 잘 마르지 않으며 얼마 지나면 냄새가 나기 때문에 적당하지 않다. 또 여름이라도 비가 오면 추울 수 있으므로 바람막이 방한복 한 벌과 장갑을 준비하면 새벽에 이동할 때 유용하다. 알베르게에 도착해 갈아입을 옷과 순례할 때 입을 옷을 구별해 준비하면 짐을 줄일 수 있다. 속옷은 그때그때 세탁과 건조가 가능하므로 많이 준비할 필요가 없다. 겨울이라면 장갑, 방한모, 목도리를 꼭 준비해야 한다.

4) 수건 : 매일 샤워를 해야 하므로 수건이 꼭 필요한데 모든 알베르게가 수건을 다 제공해주지는 않는다. 면으로 된 수건보다 짜서 바로 쓸 수 있는 스포츠 타월을 추천한다.

5) 세면도구 : 알베르게에서 비누, 치약과 같은 세면도구는 제공하지 않으므로 개인적으로 준비해야 한다.

6) 바늘·실·알코올 : 물집이 생겼을 때 필요한 준비물이다.

7) 우비 : 꼭 필요하다. 사람과 배낭을 함께 덮을 수 있는 우비가 가장 좋다. 우산은 불편하고 효과도 거의 없다.

8) 다용도 칼

9) 선크림 : 스페인은 태양 빛이 강하므로 자외선 차단제를 필히 준비해야 한다. 한국에서 가져오지 못했다면 현지에서 구입할 수도 있다.

10) 선글라스

11) 챙 넓은 모자

12) 카메라

13) 단화 혹은 슬리퍼 : 알베르게에 도착한 후 신을 신발이 필요하다. 하루 종일 신고 다닌 등산화는 반드시 말려야 한다.

14) 간단한 상비약 : 벌레 물린 데 바르는 약과 개인적인 상비약.

15) 음식 : 상점에서 살 수 있지만, 한국인이 필요로 하는 것은 구하기 힘들다. 그렇다고 긴 일정 동안 먹을 것을 다 들고 다닐 수는 없으니, 부피나 무게가 많이 나가지 않으면서 유용한 것을 준비하면 좋다. 알베르게마다 대개 식기가 있고 주방시설이 되어 있다. 그러므로 다른 순례자들과 함께 저녁을 만들어 먹을 때가 많고, 순례자들이 두고 간 식량(쌀·스파게티 등)도 있다.

16) 등산화 : 하루 평균 25km 정도를 걷게 되므로 새 신발보다는 발에 익숙한 등산화가 좋다. 방수가 되는 가벼운 것을 선택한다. 등산화를 새로 사야 한다면, 까미노를 시작하기 전에 발에 익숙하게 길들여 놓아야 한다.

17) 수영복 : 꼭 필요한 것은 아니지만, 여름이라면 부피를 많이 차지하지 않으므로 갖고 가도록 한다.

18) 배낭 : 배낭이 클수록 쓸데없는 것을 더 넣을 가능성이 크다. 50ℓ미만이 적당하고, 가벼울수록 좋다.

19) 핸드폰 : 긴급 상황 혹은 알베르게의 만석 유무를 미리 확인할 수 있고 자명종으로 사용할 수도 있다.

20) 식수 : 각 단계마다 거리가 대략 25km 정도 되는데, 더 멀 때도 있다. 그러므로 떠나기 전에 마실 물을 꼭 준비한다. 때에 따라 하루에 단 한 번도 샘을 만나지 못할 수도 있다. 출발 전에 물을 살 수 있는 매점 혹은 샘이 있는지 반드시 확인한다. 특히 여름에는 물 소비가 훨씬 많아진다는 것을 명심하자. 1.5ℓ병이라면 충분하겠지만 무게를 무시할 수 없고, 500㎖는 너무 작다. 가능하다면 750㎖ 플라스틱 병을 준비하고, 다음 날 코스를 미리 점검하자.

21) 여비 : 현장에서는 은행이 있는 마을이 많지 않고 스페인 은행의 업무 시간은 오전 8시~오후 2시이므로 유로화는 한국에서 혹은 까미노를 시작하기 전에 준비해 두는 것이 좋다. 스페인 은행들의 경우 대부분 높은 수수료를 받으므로 달러화로 바꾸어 갔다가 다시 유로화로 환전할 경우 손해를 많이 보게 된다.

며칠 걸리나

이 책에서는 생 쟝 피에드 포트St. Jean Pied de Port에서 산띠아고 Santiago까지 774.3km를, 총 30일 일정으로 나누어 보았다. 반나절에 걸을 수 있는 거리를 약 20km에서 25km로 계산한 것인데, 도보 여행에 익숙한 사람이라면 하루 30km 이상 걷는 것도 가능할 것이다.

이 책에서는 30일 일정으로 나누어 놓았지만, 하루 동안 걷기에 멀게 느껴지는 곳은 2~3일을 더해 나누어 가거나, 하루 정도 쉬어 가는 날을 만들 수도 있을 것이다.

이 책의 일정을 꼭 따라야 할 필요는 없으므로, 자신의 몸과 마음의 상태에 따라 일정을 적당히 조율해 계획을 짜기 바란다. 그날의 목표 지점을 정해 놓는 것도 좋은 방법이다. 서두르지 말고 그날의 컨디션에 따라 리듬을 조절하도록 한다.

어디 머물게 되나 – 순례자 숙소, 알베르게Albergue

순례자를 위한 알베르게 네트워크는, 까미노 길에 있는 여러 숙소 중에서 대표적인 곳으로 전통이 있고 오래된 숙소들을 소개하고 있다. 알베르게에는 걷거나, 혹은 자전거로 순례하는 순례자들만이 묵을 수 있다. 순례자용 여권인 크레덴샬Credencial을 가지고 있어야만 묵을 수 있는데, 크레덴샬에 관해서는 따로 언급하기로 한다.

원래 알베르게는 순례자들의 자발적인 기부금으로만 유지 운영되었다. 지금도 기부로 운영되는 곳이 남아 있긴 하지만, 운영상의 문제로 대부분의 알베르게에서는 정해놓은 가격(대략 5~15€)을 내야 머물 수 있다. 이 적은 금액이 까미노를 유지하고, 알베르게가 상혼에 빠지지 않도록 해주며, 순례자들에게 쉴 곳을 마련해 주는 것이다.

최근 몇 년간 알베르게의 성격이 많이 다양해졌다. 예전의 알베르게는 큰 고통 속에 빠진 이들을 종교적으로 교화하거나 자선을 베풀고 여행자들을 돕기 위한 곳이었다. 그러나 까미노가 널리 알려지면서 순례자들이 기하급수적으로 늘어나게 되자, 사설 알베르게가 점차 늘고 있다. 대부분의 사설 알베르게는 새로 만들어진 곳이지만 전통적인 알베르게와 같은 정신으로 운영되고 있고, 약간 더 높은 가격을 책정해 좀 더 나은 서비스를 제공하고 있다.

알베르게는 정오까지 열지 않거나, 혹은 오후 4시 이전에 열지 않는 곳이 대부분이다. 그리고 대개 오후 9~11시 사이에 문을 닫는다. 환자를 제외하고는 하루 이상 묵을 수 없고, 걸어온 순례자가 자전거를 탄 순례자보다 우선이다. 실내에서는 핸드폰을 진동 혹은 무음으로 해둬야 한다. 또 다른 사람을 위해 너무 일찍은 일어나지 않도록 해야 한다.

★ 주의 : 겨울철에는 대부분의 알베르게가 문을 닫는다.

순례 여권 : 크레덴샬La credencial

크레덴샬Credencial은 총 14쪽으로 된 일종의 여권 같은 것이다. 까미노에 있는 그날의 목적지에 도착하게 되면 알베르게, 까미노 사무실, 성당, 바Bar, 레스토랑 등에서 빈자리에 도장을 받는다. 이는 알베르게에 묵기 위해 꼭 필요한 것으로, 순례자임을 증빙하는 서류이기도 하다.

크레덴샬Credencial은 루트 위에 있는 알베르게, 예를 들어 프랑스 루트의 경우 생 쟝 피에드 포트St. Jean Pied de Port의 순례자 사무실, Ron-cesvalles 성당, Cebreiro 성당, 2013년 마드리드에 오픈한 한국 까미노친구들연합 사무실 등에서도 발급받을 수 있다.

순례 증명서 : 콤포스텔라La Compostela

콤포스텔라는 '별들의 들판'이라는 뜻을 갖고 있다. 순례 증명서 콤포스텔라Compos-tela는 순례를 통한 신앙심, 혹은 자신과 약속한 대로 까미노를 마쳤다는 것을 증명한다. 예전에는 산띠아고에서만 살 수 있었던 가리비 껍질이 이 문서의 역할을 했으나, 수세기가 지나면서 산띠아고 대성당 수도회에서 확인해 주는 서류로 바뀌었다.

최근에는 산띠아고 콤포스텔라 순례자 사무실에서 교회의 이름으로 라틴어로 된 까미노 완주 증명서를 발급해 주고 있다. 이는 순례 여권에 찍힌 스탬프로 확인했을 때 총 100km 이상을 완주한 도보 순례자, 그리고 200km를 완주한 자전거 순례자에게만 발급된다.

대학 순례 여권Acreditacion jacobea universitaria

2002년부터 프랑스 길Camino Frances에 있는 대학 교육부와 유럽 연합의회, 각 시청들과 지방자치정부 등의 공공기관, 각국의 '산띠아고 길의 친구들 연합'의 협조로 '대학 순례 여권Acreditacion jacobea universitaria'을 발급해 줄 수 있게 되었다.

전통적인 순례 여권에 각 지역 스탬프를 찍은 후 산띠아고에 도착하게 되면 증명서Compostela를 받을 수 있게 되는 것과 마찬가지로, 대학 순례 여권Acreditacion jacobea universitaria에 까미노에 있는 대학들의 스탬프를 찍고 마지막으로 산띠아고 대학의 스탬프를 찍게 되면 대학 순례 증명서Compostela universitaria를 받을 수 있게 된다.

이미 전 세계 수천 명의 대학생, 교수, 대학 졸업생들이 대학 순례 여권을 가지고 까미노를 시작해서 순례를 다 마친 후 대학 순례 증명서를

〈일반 순례 여권 도장〉   〈대학 순례 여권 도장〉

받고 있다.

이 순례 증명서는 인터넷을 통해 간단히 신청서만 제출하면 되는데, 현장에서 찾을 수도 있고 적어낸 주소지에서 받을 수도 있다.

마드리드에 있는 '한국까미노친구연합' 인터넷 카페(http://cafe.naver.com/camio2santiago)에 들어가면, 더 자세한 까미노 정보를 얻을 수 있으니 도움이 될 것이다.

프랑스 길Camino Frances뿐만이 아니라, 까미노에 있는 모든 유럽 대학에서 대학 순례 여권에 스탬프를 받을 수 있다. 또한 이 증서를 가지고 있으면 일반 순례 여권와 마찬가지로 모든 알베르게를 이용할 수 있고 협찬 회사들이 운영하는 서비스 시설(숙박시설, 교통편, 스포츠용품점, 서점 등)에서 할인 등의 혜택을 받을 수 있다. 협찬 업체에 대해서는 카페 홈페이지를 참조하도록 하자.

대학 순례 증명서Compostela universitaria

대학 순례 증명서를 대학연합 까미노 학위증서라고도 하는데, 이를 받기 위해서는 앞서 소개한 대학 순례 여권를 가지고 순례하며 까미노에 있는 여러 대학의 스탬프를 받아야 한다. 한 도시에 하나의 도장이면 충분하다.

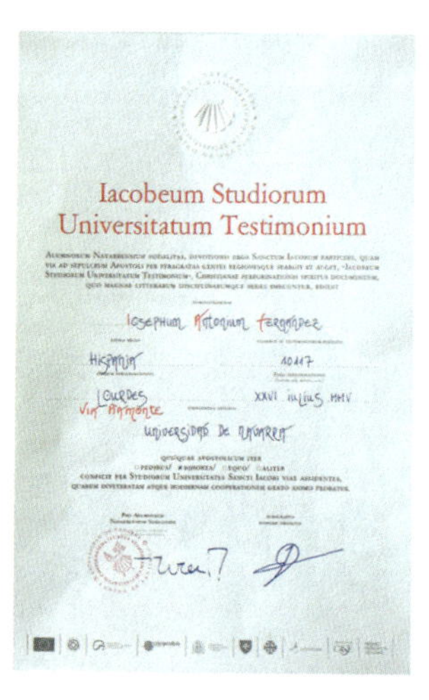

도보로 순례하는 경우는 최소 100km를 걸어야 하고, 자전거로 순례하는 경우는 200km를 완주해야 한다. 대학뿐만이 아니라 까미노 중에 있는 알베르게, 식당, 카페, 성당, '까미노친구연합' 사무실, 시청, 여행자 안내센터 등에서 적어도 하루에 두 개 정도의 스탬프를 받아야 한다.

그리고 마지막으로 산띠아고 대학의 스탬프를 받은 후, 현재 재학 중이거나 졸업한 학교의 스탬프를 받으면 된다. 까미노가 끝난 후 영문 재학증명서나 졸업증명서, 교수는 재직증명서를 복사하여 이메일로 보내면 된다.

위의 조건을 모두 갖춘 순례 여권 사본을 우편이나 이메일로 '산띠아고 길의 친구들 연합'으로 보내면, 대학 까미노 학위 증서를 자신의 주소지에서 우편으로 받을 수 있다.

대학 까미노 학위 증서는 유럽대학연맹과 유럽연합의회, 그리고 스페인 교육부의 인가를 받은 학위 증서이다. 유네스코가 지정한 세계문화유산인 까미노 데 산띠아고 순례길을 마친 사람은 '별의 캠퍼스campus stellae'에서 문화·역사·예술·건축 등의 수업을 이수한 것으로 간주되어 학위를 받게 된다.

이 학위 증서를 학기 중 학점으로 인정받을 수는 없지만, 대학 학위와 함께 입사지원서 혹은 개인이력서에 첨부할 수 있고, 이미 유럽의 많은 기업체가 '별의 캠퍼스' 출신들을 인정하고 있다. 800km에 걸쳐 펼쳐져 있는 문화, 역사, 예술, 그리고 침묵과 고독을 통해 깨닫게 된 교훈, 극기와 인내심, 사랑과 봉사 등은 최고의 스승인 까미노를 통해 배우게 되는 것이므로 어떤 학위보다 값지다고 할 수 있다.

신화의 시작

천 년보다 더 훨씬 오래전에 일어난 일을 과학적으로 설명하기는 매우 어렵다. 그러나 스페인 갈리시아 지방의 외진 곳에서 발견된 야고보 무덤의 의의와 유럽 전역에서 이곳으로 순례를 오기 시작한 오래전의 일들을 이해하기 위해서는 무엇보다 813년 당시의 정치·지리적 요인을 먼저 이해해야 한다.

제베데오의 아들인 야고보는 예수 승천 이후, 스승의 뜻을 따라 세상 끝까지 복음을 전하리라는 뜻을 세우고 서쪽 경로를 택해 땅끝 지점에 도착하게 된다. 그곳이 오늘날 스페인의 갈리시아 지방이다.

땅끝에 도착한 야고보는 내륙 쪽으로 이동하며 복음을 전했는데 땅끝에서부터 온 순례자라는 표식으로 갈리시아 바다에서 많이 나오는 가리비 껍질을 상징처럼 지니고, 물을 담은 표주박을 지팡이에 매달고 다녔다. 그런 이유로 오늘날에도 사도 야고보는 가리비와 지팡이, 표주박으로 형상화되고 있다.

스페인 내륙까지 복음을 전했던 야고보는 심신이 탈진한 상태로 사라고사Zaragoza의 에브로Ebro 강가에 도착해 성모 마리아를 만나게 되었다. 이곳이 바로 최초의 성모 마리아 발현지이다.

그 후 성모 마리아가 발을 디뎠다는 돌기둥을 중심으로 필라르Pilar 대성전이 세워져 스페인에서 가톨릭의 초석을 이루는 중요한 성지가 되었고, 스페인의 수호 성모로 모셔지고 있다.

그 후 예루살렘으로 돌아간 야고보는 헤로데 아그리파에 의해 참수를 당해 순교한다. 제자들은 자신이 설교했던 곳에 묻어달라는 야고보의 유언을 받들기 위해 유해를 탈취했고, 엿새 뒤에 유해를 울라Ulla 강(오늘날 아로우사Arousa 강) 하구에서 바다로 띄웠다.

배는 기적적으로 야고보가 처음 설교를 시작한 땅끝에 도착했고, 그를 알아본 원주민들이 유해를 안치했다. 그곳이 바로 그로부터 700년 후 목동인 펠라요Pelayo가 무덤을 발견하게 된 장소라고 한다.

9세기 초 이슬람 세력은 이베리아 반도 대부분을 점령했으며, 기독교 세력은 적은 숫자로 북부 산악지대 땅을 간신히 지키고 있었다. 813년(820년이라 기록한 저서도 있음) 갈리시아 지방의 펠라요가 집으로 돌아가다가 유난히 밝은 별을 발견하고 그 빛을 따라갔다. 그랬더니 별빛이 한 무덤을 비추고 있었다.

이 소식을 들은 테오도미로 주교가 묘지를 발굴할 것을 명령했고, 작업 중에 대리석으로 된 관이 나오게 되었다. 주교는 사도 야고보의 시신과 야고보와 관련된 유물들이 발굴되었다고 발표했고, 사도 야고보에 관한 신화가 탄생하게 되었다.

야고보의 유해는 그 이전에 안티오키아, 에페소 또는 로마에도 있었던 것으로 알려져 왔다. 그러나 그 당시 사라고사 지역을 중심으로 한 스페인 남부는 기독교가 적군인 이슬람과 대치하고 있는 곳이었고 이슬람 세력이 강한 곳이어서, 기독교로서는 그 지역에 종교적인 구심점을 갖는 것이 필요했던 것이다.

테오도미로 주교는 교황 알폰소 2세에게 야고보 사도의 묘역에 상징적인 교회를 짓기를 청했고, 그로부터 순례자들이 속속 이곳을 방문하기 시작했다. 그리고 놀라운 일이 벌어졌다.

844년 5월 23일, 아스뚜리아ASTURIA 왕 라미로 1세는 오늘날의 로그로뇨Logrono에서 18km 떨어진 끌라비호Clavijo 평원에서 이슬람의 압둘레만 2세의 엄청난 대군과 맞서게 되었다. 병력으로 보면 도저히 승산이 없는 전투였다. 그런데 하얀 백마를 탄 사도 야고보가 하늘에서 내려와 화살이 비 오듯 쏟아지는 진지를 뚫고 다니며 종횡무진 활약하여 아랍인들을 물리치고 기적적인 승리를 얻게 된 것이다.

이러한 초자연적인 일화는 피레네 산맥을 넘어 유럽의 기독교인들 사이에 급속도로 퍼져 나가게 되었고, 유럽 각지에서 더 많은 순례자들이 산띠아고를 찾아오게 되었다.

　10세기부터 산띠아고 콤포스텔라 성당으로 향하는 순례가 기독교 사회에서 점차 자리를 잡기 시작했다. 중세 때 일반인이 할 수 있는 여행이라고는 순례를 가는 것뿐이었다.

　까미노에 점차 사람들이 늘어났고 마을과 마을, 수도원과 수도원, 도시와 도시들이 하나로 이어지기 시작했다.

　이때 프랑스에서 시작하는 세 갈래의 중요한 까미노가 생기게 되었다. 각각 파리Paris, 베젤레이Vezelay, 레뿌Le puy에서 시작해 론세스바예스Roncesvalles로 들어오는 길이었다. 그리고 그 후 네 번째로 아를루Arles에서 시작해 솜포르트Somport로 들어오는 오늘날의 아라곤Aragon 루트가 생기게 되었다.

　세월이 흐를수록 이슬람 세력과의 경계선이 점차 남쪽으로 이동하게 되어 까미노는 더욱더 안정적으로 순례길을 확보할 수 있게 되었다. 그리고 마침내 나바라Navarra의 산초Sancho왕과 레온Leon 왕국의 알폰소 6세가 에스텔라Estella~로그로뇨Logrono~레온Leon을 지나가는 새로운 까미노를 열게 되었다. 이 까미노가 오늘날 가장 많은 이들이 찾는 순례 코스인 프랑스 까미노이다.

　순례자들이 늘어나자 알폰소 2세가 세운 작은 교회 위에 중앙회랑 넓이가 8m에 달하는 새로운 성당이 들어서게 되었다. 그 성당은 874년 알폰소 3세 때 세워져 명성을 떨쳤으나, 977년 이슬람 알만소르Almansor 군대의 침입으로 소실되고 말았다.

알만소르는 전쟁에서 승리했지만 사도 야고보의 묘역은 파괴하지 않았다. 전설에 따르면, 알만소르는 당시 산띠아고 성당의 종을 코르도바Cordoba 회교사원의 등으로 쓰기 위해 가지고 갔다고 한다.

1075년부터 산띠아고 콤포스텔라는 대교구의 도움을 받아 튼튼한 성벽으로 둘러싸인 도시로 점차 발전하게 되었다. 주교 디에고 펠라에즈Diego Pelaeaz와 교황 알폰소 6세는 로마네스크 양식의 세 번째 성전을 건설하기로 결정하고 공사를 시작했다.

1100년에 주교 헬미레스Gelmirez는 산띠아고 성당을 대성당으로 바꾸기 위해 대규모 계획을 세웠고, 거장巨匠 마테오Mateo가 누구도 모방할 수 없는 대성당 입구와 영광의 문을 만들었다. 16세기에 이르러 새로운 회랑(사원이나 궁전에서 중요한 부분을 둘러싼 지붕이 있는 긴 복도)이 추가되었다. 그리고 마테오가 돌로 만들었던 성가대실(옛 성당에는 주 제단 앞에 Corus라는 성가대실이 따로 있었음)을 분해하여 나무로 대체했다. 18세기에 이르러 성당 전면부와 바로크 양식의 탑이 추가되어 현재의 모습을 갖추게 되었다.

영광의 세기

11~12세기, 리오하 지방과 까스띠야 왕국의 일부 지역에서 여전히 이슬람과의 전쟁이 계속되었는데도 이 시기에 산띠아고 순례는 가장 번성했다. 사하군Sahagun에 있는 베네딕트San Benito 수도원, 우에스카Huesca에 있는 산 후안 데 라 뻬나San Juan de la pena 수도원 같은 중

요한 수도원을 세운 클루니 기사 수도회의 수도자들이 산띠아고에 정착해 큰 활력을 불어넣었기 때문이다.

가톨릭 국왕들 또한 성을 세우고 수도원 생활을 장려하며, 후에 로그로뇨Logrono나 뿌엔떼 라 레이나Puente la Reina 같은 도시의 기원이 되는 새로운 다리들을 건설했다.

1122년에 교황 칼릭토 2세가 야고보 성년을 제정했고, 후계자인 교황 알렉산드로 3세가 1179년 야고보 사도 축일인 7월 25일에 산띠아고 성당을 방문하는 자들의 죄 사함을 알리는 교서를 내리면서 까미노는 더욱더 번성하기 시작했다.

야고보 성년聖年, Holy Year

1179년 교황 알렉산드로 3세가 산띠아고 성당에 부여한 교서로, 사도 야고보 축일(순교한 날)인 7월 25일이 일요일과 겹치는 해를 뜻한다. 성년에 산띠아고 성당을 찾아온 이들은 죄 사함을 받는다 하여 1179년부터 야고보 성년에는 더 많은 순례자가 산띠아고를 찾고 있다. 앞으로 다가올 성년은 2021, 2027, 2032년이다.

알렉산드로 3세의 교서에 따르면, 성년에 산띠아고를 방문한 순례자는 그동안 지은 죄에 대해 완전하게 죄 사함을 받게 될 것이며, 다른 해에 방문한 순례자는 지은 죄의 절반을 죄 사함 받을 수 있다고 했다.

까미노의 쇠락과 부흥

14세기 말~15세기에 이르자 까미노는 로마 가톨릭교회의 쇠락과 맞물려 점차 쇠락하기 시작했다.

프랑스와 로마에서 각기 교황이 나오는 등, 여러 명의 교황이 세력다툼을 하며 가톨릭교회가 분열되었고 이 난국을 타개하기 위해 공의회公議會 운동을 벌였으나 순조롭게 해결되지는 못했다.

뒤이어 교회 혁신운동이 활발히 논의되기 시작했지만, 16세기 중앙 유럽을 중심으로 종교개혁운동이 일어나 길고 지리한 종교전쟁으로 이어지게 되었다. 당시 유럽 여러 나라가 근대 국민국가로 변모하게 되면서 중세적 그리스도교 세력은 쇠퇴할 수밖에 없었다. 사람들은 영적인 즐거움 대신 물질적인 탐욕을 택했고, 설상가상으로 흑사병이 전 유럽을 강타했는데, 부유해진 수도원들은 불쌍한 사람들에게서 등을 돌렸다.

엎친 데 덮친 격으로 스페인 북부 갈리시아 지방에 영국 해적 프란

시스 드레이크가 침입하자, 1588년 대주교 끌레멘떼Clemente는 해적으로부터 야고보의 유해를 지키기 위해 유해를 감추었다. 그 후 300여 년 동안 야고보의 유해는 종적을 찾을 수 없었다. 18세기에 순례자들이 조금 늘어났지만, 그러한 이유로 19세기까지 까미노는 쇠퇴일로를 걸었다.

1878년 추기경 빠야 리꼬Paya Rico가 대성당 제단의 보수 작업을 시작했다. 그리고 이듬해 1월 28일 밤, 성당 천장에 구멍을 내는 작업을 하던 중에 인부들이 납골함을 발견하게 되었다. 1884년 교황 레오 13세는 4년간의 연구를 통해 이 유해가 야고보의 유해라고 인정했다.

하지만 까미노의 새로운 황금기는 스페인의 정치적 혼란으로 인해 쉽게 찾아오지 않았다. 21세기가 되어 비로소 까미노는 종교·문화·예술·여행·스포츠 등의 목적으로 중세의 까미노와는 다른 모티프로 새롭게 번성기를 맞이하게 되었다.

1982년 요한 바오로 2세가 교황으로는 처음으로 산띠아고를 방문한 것을 계기로 콤포스텔라를 신청한 사람이 1985년에는 2,491명, 1991년에는 7,274명으로 늘어났다. 1993년 야고보 성년을 맞아 갈리시아 주 정부는 '산띠아고 방문의 해' 계획을 세우게 되었고, 까미노를 찾은 사람 중에서 99,436명이 콤포스텔라를 받았다. 전년도에 비해 918% 성장세를 보인 것이다. 최근 들어 매년 그 수는 폭발적으로 증가하고 있고, 해마다 17만 명이 넘는 순례자들이 콤포스텔라를 받고 있다.

유럽과 콤포스텔라 성당을 잇는 이 길은 순례자들만을 위해 열린 것이 아니었다. 까미노를 통해 시골 농부, 불량배, 왕국의 기사단, 귀족, 예술가, 석공, 화가, 조각가들도 찾아왔다. 이들의 방문을 통해 까미노는 야고보 사도에게 다양한 형태로 봉헌되는 스페인의 예술로 자리를 잡게 되었고, 이는 인류 문화의 발달로 이어졌다.

첫 번째로 스페인 땅에 들어오게 된 사조는, 선이 순수하고 단아한 특징을 갖고 있으며 역사상 가장 지성적인 예술로 평가받는 로마네스크 양식이었다. 그리고 오랜 세월이 지난 후 프랑스 왕국 기사단의 영향으로 웅장하고 화려한 고딕 양식이 도입되었다. 또한 모든 사조가 자리 잡고 있는 그 위에 바로크 양식이 덧붙여지게 되었다. '까미노 데 산띠아고'라는 열린 공간에 여러 예술 사조들이 혼합되어 조화를 이루며, 예술사의 새로운 장을 열게 된 것이다.

로마네스크 양식

까미노 데 산띠아고가 가장 번성했던 11~12세기의 로마네스크 양식은 까미노 양식이라고 정의해야 할 만큼 이곳 건축 양식의 주를 이루었다. 로마네스크 양식은 순수하고 간결한 선에 영적인 힘의 근본적 의미를 담고 있는 예술로, 단순하지만 잘 다듬어진 돌을 재료로 삼아 차가운 느낌보다 인간적인 온기를 뿜어내고 있어 조화롭다.

　이 시기의 석공들은 정제된 건축
술에는 문외한이었다. 천장의 하중
을 받치기 위해 돌로 벽을 쌓아 올려
힘을 보강해야 했는데, 두꺼운 외벽
때문에 창문을 많이 낼 수 없었다.
로마네스크 사원에서는 어두컴컴한
수도원 분위기가 느껴졌다. 그래서
화가들은 벽을 장식하기 위해 밝고
풍부한 색채를 사용했다. 이 점이 로
마네스크 시절의 프레스코화가 많이
전해지지 못한 이유 중 하나이다.

　기둥 끝 부분을 장식하는 기둥머
리는 로마네스크의 또 다른 특징을 보여준다. 기둥에는 역사를 묘사하
고 식물과 기하학적 문양을 덧붙여 장식했으며, 석공들은 기둥 꾸미기
를 가장 좋아했다. 석공들이 좋아한 또 다른 곳은 'book of stone'이라
부르는 문 위의 공간을 덮는 돌이 있는 부분으로, 아름다운 부조로 꾸
며져 있다. 스페인 최초의 로마네스크 양식으로 알려진 하까Jaca 대성
당과 까미노 길 위에 있는 많은 성당이 그 좋은 예다.

　하까 성당이 스페인 최초의 로마네스크 성당이라면, 팔렌시아 지방
프로미스따Fromista에 있는 산 마르틴San Martin 성당은 로마네스크 양

식의 정수를 보여주고 있다. 균형이 잘 잡혀 있고 선이 간결해 단아하고 소박해 보이며 외관은 하까 대성당과 비슷하지만, 3중 장식 선은 우에스카Huesca 대성당과 닮았다.

레온Leon의 산 이시도로San Isidoro 대사원 역시 이러한 예술적 조류를 보여주는 훌륭한 예이다. 특히 로얄 판테온Panteon Real(왕의 묘)을 장식하는 그림은 최고의 로마네스크 프레스코화라 할 수 있다.

또한 순례의 마지막을 장식하는 산띠아고 대성당 문지방을 넘어서는 순간, 스페인 로마네스크 양식의 결정체가 순례자 앞에 펼쳐진다. 천재 거장 마테오의 〈영광의 문〉이 그것이다.

이처럼 순수하고 뛰어난 로마네스크 양식의 건축물들이 까미노 중에 수없이 펼쳐질 것이다.

고딕 양식

12세기 말 서양 사회는 점차 예술에 대한 관점이 변하게 되었다. 사람들은 신에게 더 가까이 다가가고자 하는 욕구를 갖게 되었고, 새로운 건축 기술과 지혜가 필요해졌다. 이전 세기의 상징인 무겁고 둔탁한 벽과 어둡고 비좁은 로마네스크식 건축 양식보다, 벽체가 얇고 높으며 창문을 많이 만들어 형태미의 조화를 추구하는 건축 양식을 더 선호하게 된 것이다.

하중을 받치던 로마네스크의 두꺼운 벽으로는 십자가 형태로 교차하는 고딕 양식의 회랑을 지지할 수 없었으므로, 수직 부분은 기둥으로 지지하고 교차되는 수평 부분은 외부의 이중 아치가 지지하도록 바

꾸었다. 벽체는 훨씬 얇고 가벼워
져 높이 쌓을 수 있게 되었으며, 큰
유리와 로세톤Roseton(대형 원형 창)
으로 장식을 할 수 있게 되었다. 이
러한 이유로 건물의 천장과 종탑이
이전에는 상상조차 하지 못했던 높
이까지 치솟게 된 것이다.

고딕 양식에 이르러 빛이 비로소
건축의 테마로 등장하게 되었는데,
이러한 새로운 건축 형태는 프랑스
시스터Cister 기사단에 의해 스페인
으로 들어오게 되었다.

로마네스크 양식으로 지어진 후
일부가 훼손된 성당들이 새로운 고
딕 양식 성당으로 거듭나기 시작했
다. 레온 대성당과 부르고스 대성

당을 그 예로 들 수 있다. 특히 레온 대성당의 단순하면서도 완벽하게
균형이 잡힌 모습은 이베리아 반도에 세워진 완벽한 초기 프랑스풍 고
딕 양식이라 할 수 있다. 부르고스 대성당의 경우, 15세기 독일 출신
의 석공에 의해 추가된 첨탑과 후대에 증축된 부분이 완벽하게 조화를
이루고 있어서 12세기 말에 지은 고딕 양식의 원래 모습은 찾아보기
힘들다.

유럽에서 고딕 양식이 활짝 꽃을 피우던 시기와 까미노의 쇠퇴기가
일치하므로 까미노에서는 로마네스크 양식을 훨씬 많이 보게 된다.

또 다른 고딕 양식 건축물로는 까미노 쇠퇴기에 지어진 론세스바예
스Roncesvalles의 꼴레히아타Colegiata와 팔렌시아Palencia의 작은 마
을 비얄까사르 데 시르가Villalcazar de Sirga의 산타 마리아 브랑까Santa
Maria Blanca 사원이 있다. 수도사들은 로마네스크 사원 중앙을 고딕
양식의 높은 회랑으로 증축했다. 그리고 까스띠야 평원을 연상케 하는
평평하고 큰 입구를 만들어 놓았다.

그 밖에 고딕 양식의 특징을 잘 볼 수 있는 곳으로는 빰쁠로냐Pamplona
대성당의 회랑, 나헤라Najera의 산타 마리아 라 레알Santa Maria la real
수도원, 산 후안 데 오르테가San Juan de Ortega 성당의 천장 등을 꼽을
수 있을 것이다.

은세공 양식

15세기 후반 스페인 건축 양식은 스페인 특유의 큰 획을 긋고 있다. 무데하르Mudejar(이슬람 점령지 속에 살고 있던 가톨릭교도)가 수공예로 해오던 은세공을 건축에 도입하게 된 것이다. 건축가들은 내부의 수수함과는 대조적으로 건물 전면부를 화려하게 장식하기 위해 금석金石에 문자를 조합해 기하학적 문양을 새기고, 첨탑에도 빼곡히 문양을 새겨 넣었다. 이러한 양식을 은세공 양식이라 부른다.

이 양식은 산띠아고 콤포스텔라에 있는 hostal de Los Reyes Catolico 와 레온에 있는 hostal San Marcos 전면부의 화려한 장식에서 찾아볼 수 있다.

바로크 양식

18세기 무렵, 표현에 관한 사람들의 욕구는 최고조에 도달하게 되었다. 단순하고 절제된 로마네스크 양식과는 완연히 대비되는 산토 도밍고 데 라 칼사다Santo Domingo de la Calzada의 종탑과 산띠아고 콤포스텔라 대성당의 멋진 정면을 보면 바로크 양식의 진수를 알 수 있다.

수수하고 단순하게 로마네스크 양식 혹은 고딕 양식으로 꾸며졌던 사원 내부가 화려하게 옷을 갈아입게 된 것이다. 성당 중심에 있는 제단과 경당, 벽체가 화려한 금장과 다양한 빛깔로 꾸며져 있고, 꼬인 무

늬로 기둥이 장식되어 있다면 이때 만들어진 것이다. 순례자들이 길을
걸으며 만나게 될 여러 성당의 화려한 제단과 제단 병풍도 이 시기에
대부분 만들어졌다.

까미노 프랑스 루트 소개

Saint Jean Pied de Port ▶ Roncesvalles(Orreaga) (France-Navarra)

Roncesvalles ▶ Zubiri - Navarra 지역

Zubiri ▶ Pamplona(Iruña) - Navarra 지역

Pamploa(Iruña) ▶ Puente la Reina(Gares) - Navarra 지역

Puente la Reina(Gares) ▶ Estella(Lizarra) - Navarra 지역

Estella(Lizarra) ▶ Los Arcos(Navarra) 지역

Los Arcos(Navarra) ▶ Logroño(La Rioja)

Logroño ▶ Nájera(La Rioja) 지역

Nájera ▶ Santo Domingo de la Calzada(La Rioja)

Santo Doming del La Calzada(La Rioja) ▶ Belorado(Burgos)

Belorado ▶ San Juan de Ortega(Burgos)

San Juan de Ortega ▶ Burgos(Burgos)

Burgos ▶ Hontanas(Burgos)

Hotanas(Burgos) ▶ Frómista(Palencia)

Frómista ▶ Carrión ds Condes(Palencia)

Carrión de los Condes ▶ Terradillos de Templarios(Palencia)

Terradillos de templarios(Palencia) ▶ El Burgo Ranero(León)

Burgo Ranero ▶ León(León)

León ▶ Villadangos del Páramo(León)

Villadangos del Páramo ▶ Astorga까지(León)

Astorga ▶ Rabanal del camino

Rabanal del camino ▶ Ponferrada(León)

Ponferrada ▶ Villafranca del Bierzo(León)

Villafranca del Bierzo ▶ O Cebreiro(León ~ Lugo) 지역

O Cebreiro ▶ Triacastela까지(Lugo)

Triacastela ▶ Sarria까지(Lugo)

Sarria ▶ Portomarín까지(Lugo)

Portomarin ▶ Melide까지(Lugo~A Coruña) 지역

Melide ▶ Pedrouzo(A Coruña)

Pedrouzo ▶ Santiago de Compostela(La Coruña)

이 책은 프랑스 루트 중 생 쟝 피에드 포트St. Jean Pied de Port에서 시작하여 산띠아고 데 콤포스텔라Santiago de Compostela까지 가는 도보 순례를 기준으로 소개하고 있다. 까미노는 살아 있는 유기체와 같아서 시대의 요구에 따라 알베르게가 새로 열리기도 하고 증축되기도 한다.

그리고 까미노 루트 자체가 조금씩 변하고 있기 때문에 어떤 안내서도 즉각 그 변화를 반영하기는 어렵다. 또한 가격에 관한 정보도 시시각각 변한다.

그러나 이 책은 최신의 정보를 반영하여 일반적인 까미노 루트에서 이용할 수 있는 편의시설과 이동거리, 지나게 되는 마을과 문화유산의 역사적인 내용, 전설 등을 최대한 소개하고자 노력했다. 무작정 목적지를 향해 걷기만 하는 까미노가 아니라 여유를 가지고 보고, 즐기고, 느끼고, 배우는 까미노가 되는 데 작은 도움이 되리라 믿는다.

생 쟝 피에드 포트St. Jean Pied de Port로 가는 방법

1. 스페인 마드리드에서 떠나는 경우

Madrid ▶ Pamplona ▶ Roncesvalles ▶ St. Jean Pied de Port

◆ Madrid ▶ Pamplona

• 기차 시간 및 가격(2013년 기준)

Madrid	출발	도착	Price
(기차역 : 뿌에르또 데 아또차Puerto de Atocha) ▼ Pamplona	07:35	10:38	이등석 편도(기차역 구매) 60.96€
	11:35	14:50	이등석 편도(인터넷 구매) 58.90€
	15:05	18:26	일등석 편도(기차역 구매) 93.05€
	19:35	22:40	일등석 편도(인터넷 구매) 89.90€

• 버스 시간 및 가격

Madrid	출발	도착	편도	왕복
(버스터미널 : Av. America) ▼ Pamplona	01:00	06:30	30.84€	61.68€
	08:00	13:15	30.84€	61.68€
	10:30	15:30	30.84€	61.68€
	12:00	18:00	30.64€	61.28€
	15:00	20:15	30.84€	61.68€
	19:30	01:00	30.84€	61.68€

◆ Pamplona ▶ St. Jean 가는 방법

2012년 부터 6월부터 10월까지 Pamplona ▶ St. Jean Pied de Port 까지 직행버스가 운영되고 있다. 따라서 이 기간 동안 마드리드, 혹은 바르셀로나에서 출발하시는 분들은 Pamplona를 경유하여 직접 St. Jean Pied de Port로 간편하게 갈 수 있다.

2013년은 3월부터 14:00 버스 지속 운행 중이며, 하계 기간 17:30 버스 증편 예정이다. 가격 20€.

Pamplona 14:00 ~ St. Jean 15:45 (1시간 45분 소요)

Pamplona 17:30 ~ St. Jean 19:15 (1시간 45분 소요)

◆ Madrid ▶ Bayonne ▶ St. Jean으로 가는 방법

마드리드에서 야간 버스로 Bayonne으로 이동하여 Bayonne에서 기차로 생장에 일찍 도착하여 하루 쉬거나 바로 순례를 시작하여 피레네 산장 알베르게 Orrison까지 이동할 수 있다는 장점과 경제적이다.

Madrid 00:30 ~ Bayonne 08:15 가격 45.27€.

2. 파리에서 생 쟝 피에드 포트St. Jean Pied de Port 로 가는 경우

파리 몽빠르나스Monparnasse 역에서 출발하는 떼제베TGV로 바욘 Bayonne까지 이동한다(직행 기준).

	출발	도착	열차	편도
Paris (Monparnasse) ▼ Bayonne (2013년 기준)	09:28	15:32	TGV (bordeaux환승)	93.00€
	10:28	15:32	TGV 직행	93.00€
	12:27	17:32	TGV 직행	93.00€
	14:28	19:32	TGV 직행	93.00€
	16:46	22:32	TGV (bordeaux환승)	93.00€
	17:28	22:32	TGV 직행	93.00€
	21:49	08:08	Night Train Confort*(직행)	116.00€

*Austeriz역 출발 야간 열차. 가격 기준 : 2등석 일반 요금으로 인터넷 예약구매 혹은 iDTGV 구매시 할인 적용을 받을 수 있다.

◆ 바욘Bayonne ▶ 생 쟝 피에드 포트St. Jean Pied de Port

테르TER를 타고 약 1시간 20분 걸린다. 요일별로 기차 시간이 다르다. 07:14(월), 07:45(화~일) 10:48(월~토) 14:55(매일) 18:07(월~토) 21:10(금, 일, 휴일) 2013년 기준.

Step 1. 피레네 산맥을 넘어

★ 주의 : 모든 스텝 첫 부분에 이번 스텝의 총 거리를 알리는 km와 평균 소요시간을
밝혀두었다. 그 옆에 표식을 두었는 데 순례자 표식 수는 난이도를 표시한 것이다.

피레네 산맥을 넘어 프랑스에서 스페인 나바라Navarra로 들어가는
코스이다. 중세 때처럼 꼭 이 피레네 산맥을 넘어야 할 필요는 없다. 그
래서 많은 순례자들이 론세스바예스Roncesvalles부터 까미노를 시작하
기도 한다.

그러나 하루를 더 투자해 중세 순례자처럼 생 쟝 피에드 포트St. Jean
Pied de Port에서 시작해 스페인으로 들어가 해발 1,400m인 피레네 봉
우리를 넘고 싶다면 생 쟝 피에드 포트에서 출발하는 것이 좋다.

생 쟝에서는 두 개의 루트 중 하나를 선택할 수 있다. 첫 번째는 로마
시대부터 있던 보르도Burdeos~스페인 아스토르가Astorga까지 이어진
로마 길을 따라 생긴 Puerto de Ciza 길이고, 두 번째는 현대적인 발까
를로스Valcarlos를 통해 이바네타Ibaneta로 이어지는 길이다. 샤를마뉴
시대부터 지금까지 첫 번째 길을 이용한 순례자들이 더 많은 까닭은,
이곳의 경관이 아름답기 때문이다. 발까를로스를 지나가는 길은 아
스팔트로 된 차도가 대부분이어서, 눈이 많이 쌓인 겨울이나 기상이
좋지 않을 때는 안전을 위해 발까를로스를 통하는 두 번째 길을 걷는
것이 좋다.

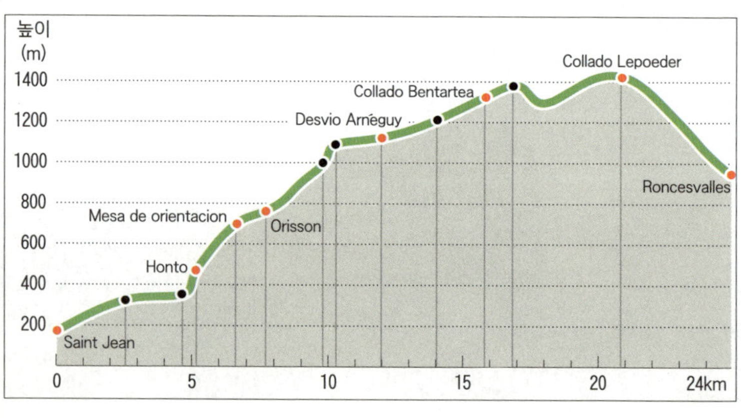

Roncesvalles/
Orreaga
Km 749.4
8.0 km
Collado de Bentartea
Km 757.4
9.0 km
Albergue Orisson
Km 766.4
2.7 km
Hunto
Km 769.1
5.2 km
Saint-Jean-
Pied-De-Port
Km 774.3
730m 알베르게
3150m
성당
숲
120m 차도
1610m
봉우리와 지름길
2440m 분기점
숲
Valcarlos강
1580m
작은문과
국경
샘
십자가
1830m 우회로
사냥시설
1740m 교차로
성지
2450m 분기점
마장(馬場)
Valcarlos를
통하는 선택로
1370m 분기점
1100m 알베르게
1370m 분기점
휴식 테이블
220m 지름길
2220m 주택
주의 : 겨울 혹은 일기가
좋지 않은 날은
추천하지 않는 루트이다
2610m 교차로
Nive
d'Arneguy 강
D-428
샘
400m 우회로

시작하는 첫날은 마음이 설레어 서두르게 되지만, 무리하지 말고 천천히 피레네 경사면을 오르도록 한다. 그리고 '나는 왜 무엇을 위해 이 길에 첫발을 내디딘 것인지?' 음미하는 시간을 가져보기 바란다.

도움이 되는 정보

⌂ 숙박시설

- '까미노 데 산띠아고 친구' 협회에서 순례자 사무실과 알베르게를 운영하고 있다. 먼저 순례자 사무실에 들러 안내 팸플릿(팸플릿이라기보다 론세스바예스까지의 경로에 관한 개괄적인 안내지이다. 알베르게 위치, 물을 받을 수 있는 장소 등이 표시되어 있다)을 받고 순례 여권Credencial를 만든 후 알베르게를 예약하면 된다. 07:30~12:00, 13:30~22:00
- 순례자 사무실(☎ 559 37 05 09) : Rue de la Citadell, 39. 크레덴샬 발급비 2€ 배낭에 매달아 놓을 가리비 껍질을 얻을 수 있다. 가격이 정해져 있지 않으니 성의껏 함 속에 넣으면 된다.

프랑스에서 떠나는 까미노는 크게 세 갈래인데 각각 Paris, Vezelay, Le Puy에서 시작된다. 그리고 그 길은 St. Jean에서 약 20km 떨어진 Ostabat에서 다시 합쳐져 St. Jean을 통과한 후 피레네를 넘게 된다.

St. Jean의 오래된 시가지는 1628년에 건설된 후 지금까지 잘 보존되고 있는 성벽으로 둘러싸여 있다. 여행자는 중앙로라 할 수 있는 Rue de la Citadelle에 서 있는 것만으로도 까미노의 기운을 느끼게 될 것이다. 이 도로는, 돌출된 추녀 아래에 있는 나무로 된 발코니를 꽃으로 장식한 예쁜 집들을 따라 북쪽으로 이어진다.

이 길 끝에 있는 스페인 문La porte d'Espagne부터 피레네로 오르는 경사가 시작된다. St. Jean은 로마 시대의 Burdeos부터 Astorga까지 놓인 로마 도로 중 스페인으로 들어가는 관문이었고, 지금도 역시 순례자들이 황제의 길Puerto de Ciza을 통해 까미노를 시작하는 관문 역할을 하고 있다.

이 로마 길은 1521년 알바Alba 후작에 의해 복원되었고 1714년 프랑스 공주 이자벨 드 파르네시오Isabel de Farnesio가 지나가기 편하게 확장되기도 하였다. 1807년 프랑스 포병 대장 솔트Soult는 나폴레옹의 명령으로 스페인을 침략하기 위해 이 까미노를 통과하였다.

Rue de la Citadelle와 Rue d'Espagne를 통해 St. Jean을 뒤로 하고 스페인 문La porte d'Espagne을 나서면 'Saint Michel/Chemin de Saint Jacques'라고 쓴 표지판이 안내하는 도로를 만나게 된다. 150m쯤 앞으로 가면 Saint Michel로 향하는 도로(D 301)가 있는데 이것은 무시하고 오른쪽으로 'Chemin de Saint Jacques'이란 표지판이 안내하는 오르막길 아스팔트 도로(D 428) 쪽으로 올라간다.

★ 주의 : St. Jean을 출발해 Roncesvalles를 지나 Burguete에 도착할 때까지 상점이 없으므로 음식을 미리 준비해야 한다. 그리고 Roncesvalles에서 묵을 경우에도 저녁식사를 레스토랑에서 하지 않는다면 음식을 미리 준비해야 한다.

Valcarlos를 통하는 다른 길

겨울이나 날씨가 좋지 않을 때는, 높지 않고 안전한 길을 택하는 것이 좋다. 이 길로 가려면 St. Jean Pied de Port에서 차도로 나와 Valcarlos/Espana 방향을 따라가야 한다. 약 1km쯤 가면 초록색과 노란색 표시판이 오른쪽을 가리키고 있지만 그 표시를 따르지 말고 400m 정도 더 가다 보면, 하얀 집 한 채와 아스팔트에 새겨진 발 모양이 보인다. 여기서부터 노란 화살표를 따라 오른쪽 길을 택해 제재소와 다리를 지나 내려가면, 노란 화살표와 표지판이 까미노를 가리키고 있다. 다시 차도로 연결되기도 하는 이 길을 따라 걷다 보면, Ibaneta 언덕까지 오게 된다.

도움이 되는 정보

🏠 숙박시설

알베르게

- Valcarlos(☎ 646 048 883) : 24명 이용 가능. 아침식사를 포함해 12€ 다. 주방, 온수, 난방이 제공되며 예약 가능하다. Valcarlos를 지나가는 루트를 이용할 경우 만나게 되는 알베르게이다.
  turismo@Luzaiole-valcarlos.net
- Ultreia(☎ 680 884 622) : 15명 이용 가능, 이용료 15~20€, 주방 제공. 세탁기/건조기 각 2€. 자전거 10대를 보관할 수 있다. 예약 가능.
  www.ultreia64.fr
- Rue de la Citadella, 55. : 32명 이용 가능. 이용료 8€. 온수, 부엌, 세탁기/건조기, 쾌적한 정원이 있다. 3월~11월 open.
  www.aucoeurduchemin.org

사설 알베르게

- L'Esprit du Chemin : Rue de la Citadelle, 40.(☎ 559 37 24 68) : 18명 이용 가능하고 이용료 8€. 아침식사 3€. 저녁식사 9€. 예약 가능하다.
  info@espritduchemin.org
- Au Cant du Coq : Rue de la Citadelle, 42. 방마다 조건에 따라 가격이 다르다. 7€, 10€, 15€가 있다.
- Sous un Chemin d'Eetoiles : Rue d'Esapgne, 21.(☎ 559 37 20 71) 20명 이용 가능, 아침식사 포함 16€, 세탁기/건조기 각각 5€. 부엌, 거실, 세탁기, 정원이 제공되며 연중무휴.
  www.pelerinage-saint-jacques-compostelle.com

Hunto ☀ 5.2km ▶ 769.1km

아스팔트로 된 작은 경사 길을 오르다 보면, 까미노 왼쪽에 집들이 보인다. 이곳에 머무르거나 휴식을 취할 수 있다. 알베르게가 있다는 것 외에는 별로 관심을 가질 만한 곳이 없다.

Hunto에서 출발한 후 220m 지점에서 도로를 벗어나 왼쪽으로 난 포장이 되지 않은 오솔길로 접어들게 된다. 아스팔트보다 피로가 훨씬 덜하며, 거리를 단축시킬 수 있고 산 위에 펼쳐지는 목초지와 양떼들을 보며 아름다운 자연을 벗 삼아 걸을 수 있어 좋다. 1,300m쯤 더 가면 야외 식탁들이 놓인 곳에서 다시 아스팔트와 만나게 된다.

도움이 되는 정보

🏠 숙박시설

알베르게

- Ferme Ithurburia (☎ 559 37 11 17) : 알베르게와 민박을 함께 운영하고 있다. 알베르게 26명 이용 가능. 이용료 15€. 저녁식사와 아침식사를 포함 33€. 민박은 저녁식사와 아침식사 포함 43€, 까미노를 위한 도시락 6€. 예약 가능. www.gites-de-france-64.com/huntto

Orisson ✸ 7.9km ▶ 766.4km

오래전에는 이곳에 Roncesvalles의 Colegiata 교회와 연결된 수도회가 있었다고 하나 지금은 그 흔적을 찾을 수가 없다. 그 대신에 걷기 힘든 이 코스에서 순례자들이 쉬거나 묵어갈 수 있도록 2004년에 산 속에 알베르게가 문을 열었다.

알베르게에서 약 4km 정도 지나면, 작은 성모상이 세워져 있는 목초지대에 도착하게 된다. 이곳에서는 시야가 확 트여, 날씨가 좋으면 피레네 산맥 중심부부터 Pic d'Aspe 봉까지 다 보인다. Toulouse나

Arles에서 시작해 아라곤으로 들어오는 루트인 Somport도 볼 수 있다. 파노라마처럼 펼쳐지는 대자연의 경이로움을 맘껏 만끽할 수 있는 곳이라 하겠다. 나폴레옹도 1807년 스페인을 침략할 때 이곳의 풍광에 이끌려, 대부분의 사람들이 선택하는 Ibaneta 쪽 편안한 길을 택하지 않고 이 길을 지나갔다고 한다.

특히 성모상을 지날 때, 까미노 표식을 잘 보고 왼쪽으로 접어들지 않도록 조심해야 한다. 2km 정도 더 걷다 보면 생 쟝 피에드 포트에서부터 이어져 온 아스팔트가 끝나고 목초지 위로 난 샛길을 만나게 되고, 오른쪽에 돌 위에 놓인 십자가가 보인다. 그리고 작은 언덕을 올라가 숲 속으로 난 오솔길을 따라가다 보면, 어느새 프랑스에서 스페인으로 들어서게 된다.

꼴라도 데 벤따르띠아Collado de Bentartea

여기서 까미노는 스페인으로 접어든다. 그리고 조금 내려가면 '롤랑의 샘'을 만나게 된다. 프랑스 최초의 무훈시武勳詩이며 서사시敍事詩인 '롤랑의 노래' 주인공인 롤랑이 스페인으로 진격할 때 마셨다고 전해지고 있다. 이 물을 나폴레옹도 마셨다고 한다. 오늘날은 수도꼭지를 통해 물이 나와 순례자들의 갈증을 해소해 주고 있다. 물을 마신 후 물통에 물을 담고, 너도밤나무 숲 속으로 난 길을 가다보면 갈림길이 나타난다.

오른쪽 길을 선택해 올라가면, 이번 코스 중에서 가장 높은 지점인 Collado Leopode에 도착하게 된다. 이제부터 계속 내리막길로 Colegiata에 바로 갈 수도 있고, 조금 우회해서 Puerto de Ibaneta까지 이어지는 포장도로를 택해 Ibaneta를 둘러보고 1km 정도 떨어진 Colegiata로 갈 수도 있다. 조금 더 멀리 돌아가는 셈이긴 하지만, 내리막이 완만하고 역사와 전설 속의 장소인 Ibaneta를 지나가게 되므로 이 길을 추천하고 싶다.

Ibaneta는 프랑스의 기사, 롤랑의 일화로 유명한 곳이다. 롤랑은 프랑코 왕국의 샤를르마뉴 대제 군대에서 후위를 지키던 기사였다고 한다. 모범적인 중세 기사였던 롤랑은 서사시 '롤랑의 노래'에 잘 묘사되어 있다.

그는 이베리아의 아랍인들과 싸우기 위해 778년 스페인에 원정을 갔다가 돌아오던 중에, 아랍인들의 사주를 받은 바스크 족에게 기습을 당한다. 샤를르마뉴가 이끄는 군대는 이미 출발했고, 후위대를 맡은 롤랑은 12명의 기사와 함께 용감하게 맞서 싸웠지만, 전세가 불리하게 되자 구원병을 요청하는 뿔피리를 불고 쓰러진다. 오늘날의 Valcarlos를 지나가던 샤를르마뉴는 뿔피리 소리를 듣고 황급히 돌아왔지만 롤랑과 12기사가 이끌던 2만 명 군사들의 주검만이 그를 기다리고 있었다.

전설에 따르면 이곳에서 황제는 땅에 한쪽 무릎을 꿇고 콤포스텔라를 향해 기도를 했다고 하는데 야고보의 시신이 발견되기 반세기나 더 앞의 시기이므로 사실일 리 없을 것이다. 그러나 진위 여부와는 상관없이 롤랑의 이야기는 프랑스 대서사시 '롤랑의 노래'로 다시 태어나게 되었다. Roncesvalles는 그 역사보다 전설로 더 유명해진 곳이라 하겠다.

　11세기에 세워진 수도원은 오늘날까지 까미노의 중요한 이정표 역할을 맡고 있는 곳으로, 순례 길에서 가장 후덕하게 병원 역할을 하고 있는 곳이며, 순례자 숙소 중의 하나다.

　Roncesvalles의 성당 Colegiata는 스페인 최초의 고딕 양식 성당이지만, 안타깝게도 화재로 소실되고 1400년에 재건축되어 지붕을 납작한 철판으로 대체해 놓았다. 그래서 전체 모습이 다소 흉측하게 보인다.

　작은 고딕 회랑 바로 옆에 있는 회의실sala capitular에는 키가 2m가 넘는 나바라의 왕 산초 7세의 묘가 있다. 그가 맹활약을 했던 1212년의 Navas de tolosa 전투 승리 장면이 산초 7세 묘 근처 회의실sala capitular 창에 스탠드 글라스로 장식되어 있다.

　수도원에서 조금 떨어진 곳에는 로마네스크 부속교회가 있는 사각의 납골당이 있다. 이곳이 롤랑을 포함한 12 용사와 그 군사들이 묻힌 곳이라고 한다.

　Rocesvalles의 성모상은 Colegiata의 주 제단에 모셔져 있으며, 13세기에 그 장식을 세공했다. 전설에 따르면 9세기에 수도사들이 이슬람 교도로부터 성상을 지키기 위해 숨겨 놓았었다고 한다.

　세월이 흐른 뒤 사슴 한 마리가 동굴 앞에서 성모를 찬양하는 소리를 목동이 듣게 되었고, 소식이 빰쁠로냐의 주교에게 전해졌다고 한다. 그러나 주교가 믿지 않자 꿈속에 천사가 찾아와 알려주었고, 땅을 팠더니 그 속에 Rocesvalles의 성모상이 있었다.

순례자를 위한 미사

매일 Colegiata에서 순례자를 위한 미사가 저녁 8시에 있다. 다양한 언어로 순례의 길을 축성한다. (겨울 주말은 저녁 6시, 그 외 주말은 저녁 7시로 바뀜)

도움이 되는 정보

🍴 먹을거리

- posada de Rocesvalles(☎ 948 76 02 25), La Sabina(☎ 948 76 00 12): 두 곳의 식당에서 순례자 메뉴 10€. 저녁 8시 미사 전에 예약해야 하며 아침에 문을 늦게 열기 때문에 아침식사를 하기엔 적당치 않다.

🏠 숙박시설

알베르게

- Roncesvalle Albergue(☎ 948 76 00 00) : 2011년 3월 개관. 전통 순례자 병원이 개조 후 183명이 이용 가능한 현대식 알베르게로 재탄생했다. 이용료 10€. 크레덴샬 발급 2€. 세탁기는 없지만 세탁 서비스 제공. 침낭은 의무이고 주방, 온수, 난방이 제공 된다.

기타 숙박시설

- 유스호스텔(☎ 948 76 03 02) : 70명. 7€.
- Hostal La Sabina(☎ 948 76 00 12) : 더블 룸* + 욕실 60€.
- Posada de Roncesvalles(☎ 948 76 02 25) : 더블 룸 55€. 인터넷 사용 가능. www.laposadaderoncesvalles.com

★ '트윈 베드'를 스페인에서는 '더블'이라고 부른다. 까미노 중에 혼돈되지 않도록 이 책에서도 '트윈 베드'를 '더블'이라고 표기했다.

Step 2. 아름다운 숲을 지나서

> ★ 알림 : 까미노 중에 지나가게 되는 지역은 Navarra, la Rioja, Burgos, Palencia, Leon, Galicia로 나누어진다. 이 중에서 Burgos, Plaencia, Leon은 다 Castillay leon 주州에 속하는 곳이지만, 워낙 넓은 지역이라 이 책에서는 편의상 세 곳을 따로 나누어 실었다.

피레네의 험난한 코스를 생략하고 이곳에서부터 까미노를 시작하면, 루트 중에서 가장 아름다운 코스 중의 한 곳을 일찌감치 지나가게 된다. 몇 시간 평탄한 길을 걷는 동안 숲이 뿜어내는 향긋한 향기를 코끝으로 느끼며, 편안하게 고독을 즐길 수 있다. 나뭇잎에 덮인 오솔길은 어스름에 잠겨 있고, 목가적인 풍경의 목초지가 쭈비리Zubiri까지 내려가는 길을 동행해 준다.

Mezkiritz 언덕을 넘으며 만나는 Erro 숲은 중세 까미노의 정통적인 모습을 지니고 있어서 사진 촬영을 즐길 수 있는 코스이기도 하다. 쭈비리는 이번 단계에서 가장 적절한 목적지라 할 수 있다. 그 이유는 두 개의 알베르게와 각종 서비스 시설(상점, 식당, 약국, 은행 등)이 갖춰져 있기 때문이다. 하지만 까미노 초반부라 걷는 것이 그다지 무리가 되지 않는다면, 라라쇼냐Larrasoana까지 가도 좋다.

깊고 아름다운 숲이 쭈비리까지 이어지는데 도시생활 때문에 잊고 지냈던 대자연의 품속에 안겨 떡갈나무 숲이 뿜어내는 피톤치드를 맘껏 만끽하며 복잡한 머릿속을 비우고 천천히 걸어보자.

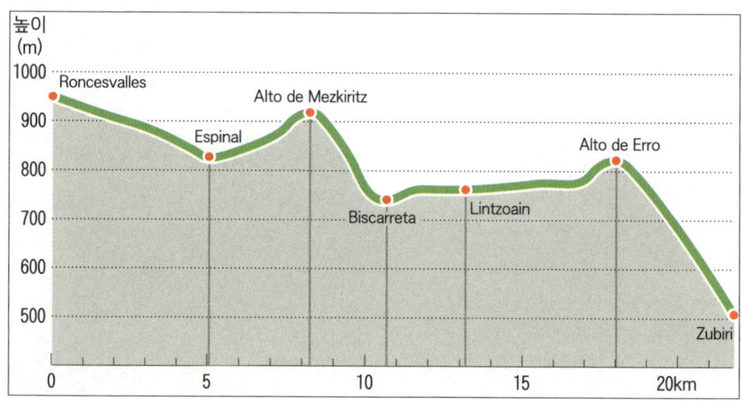

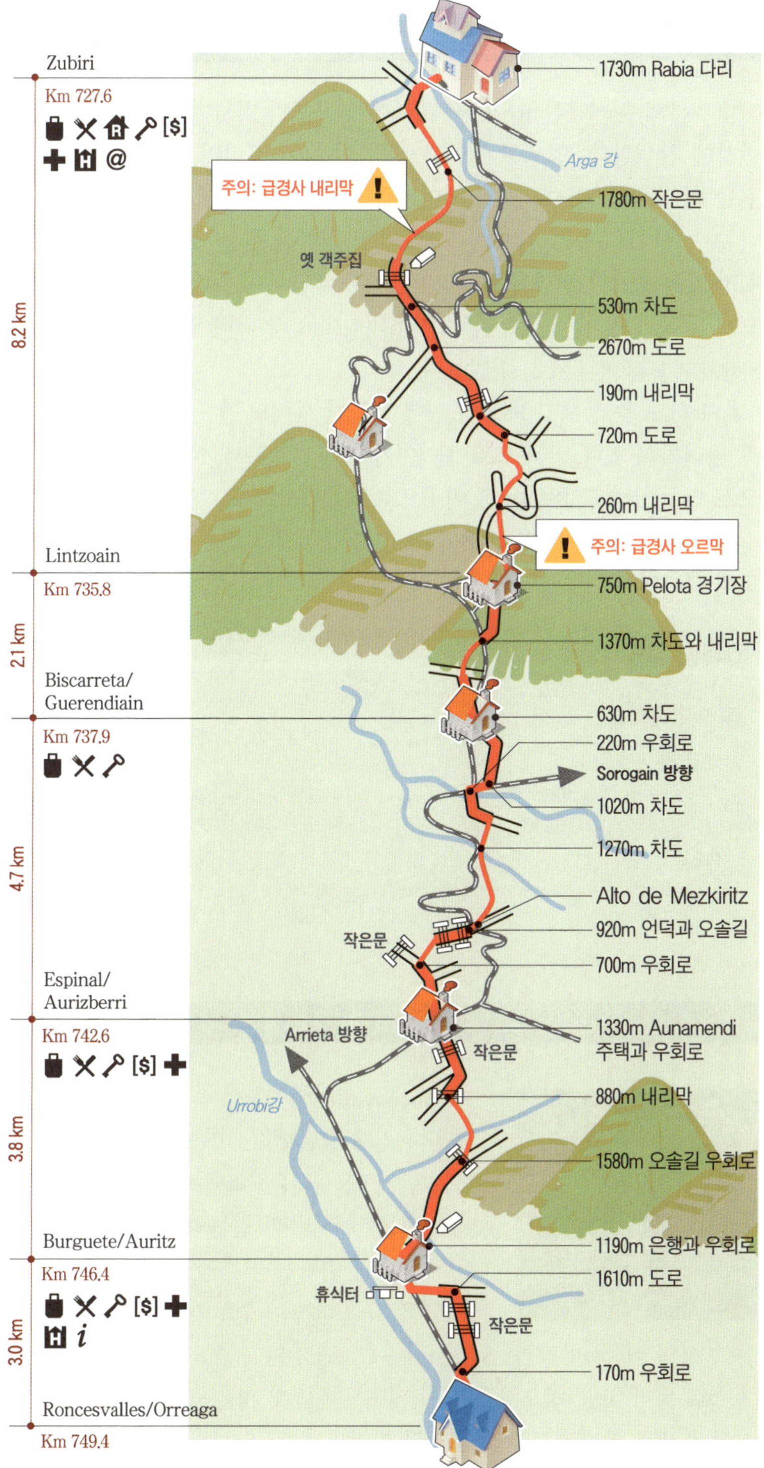
Zubiri
Km 727.6
8.2 km
주의: 급경사 내리막 !
옛 객주집
Arga 강
1730m Rabia 다리
1780m 작은문
530m 차도
2670m 도로
190m 내리막
720m 도로
260m 내리막
! 주의: 급경사 오르막
Lintzoain
Km 735.8
2.1 km
750m Pelota 경기장
1370m 차도와 내리막
Biscarreta/
Guerendiain
Km 737.9
630m 차도
220m 우회로
Sorogain 방향
1020m 차도
1270m 차도
4.7 km
Alto de Mezkiritz
920m 언덕과 오솔길
작은문
700m 우회로
Espinal/
Aurizberri
Km 742.6
Arrieta 방향
1330m Aunamendi
주택과 우회로
작은문
880m 내리막
Urrobi강
1580m 오솔길 우회로
3.8 km
Burguete/Auritz
Km 746.4
1190m 은행과 우회로
1610m 도로
휴식터
작은문
170m 우회로
3.0 km
Roncesvalles/Orreaga
Km 749.4

대부분의 순례자는 Roncesvalles에서 하룻밤 머물며 순례자를 위한 미사에 참석한다. 앞으로 걸어가게 될 이 길이 자신의 내면을 향한 뜻 깊은 여행이 될 것이라고 느끼며, 고딕 양식의 아케이드(아치로 둘러싸인 공간) 사이로 울려 퍼지는 그레고리안 성가를 듣는 것은 오랫동안 잊히지 않을 중요한 경험이 될 것이다. 미사 후반부에 순례자들은 제단 앞으로 나아가 몇 세기 전부터 해오던 의식대로 각 나라 말로 축성(가톨릭 사제가 축복을 비는 기도)을 받는다.

Colegiata를 등지고 도로와 평행으로 난 까미노 길은 평평하며, 나무로 둘러싸여 있다. 왼쪽으로 십자가가 하나 보이는데 14세기 고딕 양식으로 만들어진 후 1880년에 이곳으로 옮겼다고 한다.

숲으로 통하던 까미노는 Burguete로 들어가기 전에 다시 자동차 도로와 합류한다.

도움이 되는 정보

⌂ 숙박시설

알베르게

• Ferme Ithurburia (☎ 559 37 11 17) : 알베르게와 민박을 함께 운영한다. 알베르게는 26명이 이용할 수 있고 15€이다. 저녁식사와 아침식사를 포함하면 33€. 민박은 저녁식사와 아침식사 포함 43€, 까미노를 위한 도시락은 6€. 예약 가능. www.gites-de-france-64.com/huntto

Roncesvalles의 옛 성이며, 도로를 따라 마을이 길게 발달했다. 마을에 들어섰을 때 처음 눈에 띄는 것은, 요새처럼 튼튼하게 지어진 전통 나바라 식 집들의 빨간색 창문과 돌에 새겨진 귀족들의 문장이다. 집들은 도로 옆으로 흘러가는 수로와 함께 어우러져 동화 속의 한 장면 같다. Santander Central Hispano 은행 건물 오른쪽으로 돌아 마을 밖으로 나서게 되면, 첫 번째 개울을 건너도록 한다. 최근에 새로 열린 후, 좀 더 넓혀진 까미노가 Espinal까지 내려간다.

도움이 되는 정보

🍽 먹을거리

- 식료품점들과 빵 가게가 한 곳, 다양한 Bar와 레스토랑이 있다. 알베르게는 없지만 다양한 숙박시설이 있다.
- Bar Frontán(☎ 948 790 406) : Roncesvalles에서 출발해 약 30분이면 Burguete에 도착한다. 아침식사를 하기 적당한 장소이며, 다음 마을 Espinal은 일찍 문을 여는 Bar가 없다.

🏠 숙박시설

알베르게

- Hotel Loiza(☎ 948 76 00 08) : 시기에 따라 가격이 다르다. 싱글 룸 47~59€, 욕실이 있는 더블 룸 58~83€.
- Hostal Burguete(☎ 948 76 00 05) : 욕실 + 더블 룸이 48.50€ 부터 있다. www.hotelburguete.com
- Hostal Juandeaburre (☎ 948 76 00 78) : 세면대 + 더블 룸이 27€부터 있다.

Espinal/Auritzberri　　☀ 6.8km ▶ 742.6km

전형적인 피레네 마을인데, 조금은 조화를 깨는 것 같아 보이는 현대식으로 지어진 성당이 있다. 하지만 Espinal은 1269년 나바라 왕국의 테오발도 2세가 세웠다고 한다.

샛길을 통해 마을에 들어서서 Casa Aunamendi까지는 아스팔트를 통해 오르막길을 오르게 되고, 그 후에는 흙길을 통해 산으로 들어서서 오솔길을 따라 Mezkiritz 언덕 쪽으로 올라가게 된다. 비가 오면 이 길은 진흙탕으로 변하게 된다.

도움이 되는 정보

🍽 먹을거리

- Mayor 거리(마을을 관통하는 도로)에 빵 가게와 여러 개의 Bar, 식당들이 있으며, 그 길 끝에 작은 슈퍼마켓이 있다.

🏠 숙박시설

- Casa Carmen (☎ 948 76 01 54) : 더블 룸 25€. 공동 화장실 사용.
- Casa Errebesena (☎ 948 76 01 41) : 더블 룸 30€, 조식 3€.
- Casa Patxikuzuria (☎ 948 76 01 67) : 더블 룸 24€.
- Camping Urrobi (☎ 948 76 02 00) : www.campingurrobi.com

Alto de Mezkiritz ☀ 8.4km ▶ 741km

이 봉우리에서 도로와 만난다. 이곳에 Roncesvalles 성모상에 부조로 조각된 비석이 있는데 비문에 다음과 같이 쓰여 있다. '이곳에서 우리 Roncesvalles 성모님께 구원을 기도하라.'

다시 도로를 벗어나면 떡갈나무 사이로 비좁은 길이 나오고, 이 길은 다시 아스팔트를 만난 후 더 깊은 숲 속으로 이어진다.

숲이 끝나면 Biskarreta로 진입하는 곳에서 갑자기 콘크리트를 돌처럼 바닥에 깔아놓은 길과 만난다. 처음에는 걸어오던 흙과 자갈길보다 편하게 느껴질 수도 있지만, 얼마 가지 않아 그 단조로움과 딱딱함에 피곤함을 느끼게 된다.

Biskarreta/Guerendiain ☀ 11.5km ▶ 737.9km

마을로 들어가는 길이 한 곳뿐이다. 이 길을 통해 목장만 있는 마을로 들어가게 된다. 이곳에 12세기까지 순례자를 위한 병원이 있었다고 한다. 마을 주민들은 콘크리트가 깔린 길에 상당히 만족해하는 듯싶다. 산책로로 사용할 수 있고 비 오는 날이면 진흙탕으로부터 해방되기 때문이다. 하지만 순례자들에겐 단조롭고 피곤한 길이다. 다행히 이 콘크리트로 된 길은 마을을 벗어나면서 끝난다.

Lintzoain   13.6km ▶ 735.8km

순례자를 위한 서비스 시설이 전혀 없는 마을이다. 문에 귀족 문장을 새긴 나바라(바스크 지방) 사람들의 전형적인 목장 집을 볼 뿐이다. 마을에서 나서면 아주 작은 샛길을 통해서 Alto de Erro까지 올라가게 된다. 올라가다 보면 까미노 중심에 큰 바위 하나와 작은 바위 두 개가 나란히 있는 것이 눈에 띈다. 전설에 따르면 롤랑이 그의 아내와 아들과 함께 지나간 흔적이라고 한다.

Alto de Erro   18.3km ▶ 731.1km

떡갈나무, 자작나무, 송백, 소나무가 울창한 Alto de Erro의 이 숲길은 옛 순례자들의 흔적이 고스란히 남아 있는 곳이라 특별한 느낌으로 다가온다. 까미노는 그동안 숱한 변화를 겪어왔으며, 그만큼 변형된 부분도 많다. 새로 생긴 도로와 경작지와 마을 등이 바뀌고 또 바뀌어왔지만, 이곳은 그 시간의 흔적이 고스란히 남아 있는 곳이기 때문이다. 햇빛이 제대로 들지 못할 만큼 울창한 숲은 수십 세기 동안 한결같이 순례자들을 감싸 안아주었다.

정상에서 내려갈 때 잠시 아스팔트를 지나면 길은 옛 순례자들의 여관이었던 Venta del Puerto로 이어진다. 오늘날은 Venta del Puerto의 폐허마저도 사라져 돌담의 흔적만이 중세 순례자들이 지나던 그 길임을 증명해 준다.

Zubiri는 바스크 어로 '다리의 마을'이란 뜻인데, 그 이름대로 계곡 사이에 자리 잡고 있다. 그러나 지금은 큰 마그네슘 공장이 세워져 그 성격과 입지 조건이 많이 달라졌고 여러 가지 시설을 갖추게 되었다.

순례자들은 'Rabia('광견병'이라는 뜻)다리'라고 부르는 고딕 양식의 다리를 통해 Arga 강을 건너게 된다. 이 이상한 다리 이름은, 주민들이 가축을 데리고 다리를 세 번씩 왕복하면 키우던 동물이 병에 걸리지 않는다는 미신이 있었기 때문이라고 한다. Zubiri에서 5.6km 떨어진 Larrasoana로 가는 사람은 이 다리를 건너 Zubiri로 갈 필요가 없다.

도움이 되는 정보

먹을거리

- 상점에서 필요한 물품을 대부분 다 살 수 있다.
- El bar Baserri : 메뉴 10€, 아침식사는 6시 30분부터 주문 가능.
- Gau Txori : 순례자 메뉴 10.50€.
- 마을 체육관 안에 있는 Bar(☎ 948 30 40 76) : 10€.

숙박시설

알베르게

- 알베르게(☎ 628 324 186) : 옛 학교 강의실에 있다. 2008년에 대대적으로 수리해 80명이 3월~10월 이용 가능. 이용료 6€, 2개의 홀과 식당, 세탁기, 인터넷, 커피 및 음료 자판기가 있다. 알베르게에 도착하면 각자 알아서 잠자리를 잡고 시설을 이용하면 된다. 봉사자인 마리 까르멘Mari Carmen(☎ 628 324 186)은 19:30~ 21:30에만 근무한다.

사설 알베르게

- Zaldiko(☎ 609 736 420) : 24명 이용 가능. 이용료 10€, 세탁기 2€. 자판기, 세탁기, 부엌, 인터넷이 제공된다. www.alberguezaldiko.com
- El Palo del Avellano(☎ 948 304 770, 핸드폰 666 499 175) 새로운 사설 알베르게로 Zubiri에 문을 열었다. 주소 : Avda. De Roncesvalles, 16번지. 더블 룸 2개, 4인실 1개, 8인~12인실 5개가 있다. 이층침대 15€, 개인침대 17€, 더블 룸 58~65€, 오픈시간 13:00~22:00, 세탁기/건조기 각각 3€. 인터넷 제공. 예약 가능. www.elpalodeavellano.com

기타 숙박시설

- Pension Goikoa(☎ 948 304 067) : 더블 룸 30€.
- Hosteria de Zubiri(☎ 948 304 329) : 더블 룸 + 욕실 + 아침식사 70€.
- Hostal gran Txori(☎ 948 304 076) : 더블 룸 49€.
- Pension Venta Berri(☎ 636 134 781) : 더블 룸 27€.
- Pension Usoa(☎ 948 304 306) : 싱글 룸 24€, 더블 룸 38€.

Step 3. 처음 만나는 대도시 빰쁠로냐

　쭈비리Zubiri에서부터 빰쁠로냐Pamplona까지 Arga 강이 순례 길을 따라 흐르고 있다. 국도가 계곡을 따라 연결되면서 까미노의 옛 모습을 많이 잃어버리고, 국도 왼편으로 새로운 까미노가 부분적으로 만들어졌다.

　그중에 Paseo Fluvial('강을 따라 연결된 산책로'라는 뜻)이라는 길이 Arga 강을 따라 Irotz부터 빰쁠로냐의 Magdalena 다리까지 약 11.3km 연결되어 있다. 공식적인 산띠아고 길은 아니지만, 평탄하고 쾌적하다. 공식적 산띠아고 길을 택하게 되면, 아레Arre 다리부터 비야바 Villava(스페인어는 L이 두 개 겹칠 경우 Y로 발음한다.)와 부를라다Burlada 도심을 지나게 되는데 모두 대도시인 빰쁠로냐와 연결된다.

　빰쁠로냐는 까미노에서 처음 만나게 되는 대도시로, 중세에 지어진 Magdalena 다리를 건너면 16세기에 만들어진 거대한 성벽을 통해 멋진 도시로 들어서게 된다.

　이제 빰쁠로냐다. 다리가 아파질 때라 조금 짧게 코스를 잡았다. 며칠 만에 만나는 대도시가 소란스럽게 느껴지거나 체력이 아직 남아 있다면 시주르 메노르Cizur menor까지 계속 이동해도 좋다.

　까미노를 시작하기 전까지 수많은 언어의 공해와 소음 속에서 지내왔으니, 대도시 빰쁠로냐와 만나기 전에 한 번쯤 침묵을 실천해 보는 것도 좋을 것 같다.

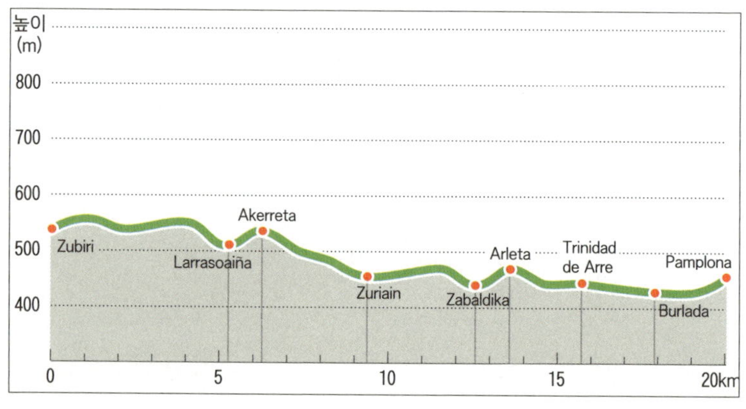

Pamplona/Iruña
Km 707.6
2.7 km
[$]
Burlada
Km 710.3
1.4 km
Trinidad de Arre
(Villava/Atarrabia)
Km 711.7
4.4 km
Irotz
Km 716.1
2.2 km
Zuriain
Km 718.3
3.1 km
Akerreta
Km 721.4
0.9 km
Larrasoaña/
Larrasoaina
Km 722.3
5.3 km
Zubiri
Km 727.6
Paseo Fluvial을
통하는 길
기술학교
Pamplona방향
Irun방향
N-121
Pamplona
순환로
NA-32
휴식터와 샘
구 채석장
석주
Ilurdotz방향
Arga 강
샘
N-135
작은문
마그네슘 공장
Arga 강
1510m 교차로
1950m 우회로
1160m
성당과 알베르게
990m 도로와 통로
580m 작은문
250m 분기점
240m 우회로
870m 국도
350m
차도와 오솔길
1300m 성당
250m 우회로
670m 우회로
1470m
내리막과 다리
1050m 강
600m 차도
880m 마을
940m 차도
940m 차도와 계단
760m 마을
1230m 마을
420m 우회로
1020m 아스팔트
Rabia 다리

마을 중심에서 Rabia 다리를 건너면 다시 까미노로 접어들게 된다. 마그네슘 공장을 지나면 목초지와 과수원으로 둘러싸인 오래된 집들이 있는 Ilarratz와 Ezkirotz이라는 작은 마을을 지나게 되는데, 이 마을은 나바라의 아름다운 자연 외에는 순례자에게 아무런 서비스도 제공하지 않는다.

지금은 초라하지만 나바라 지역 까미노 중에서 중요한 마을이었다고 한다. 11세기 아우구스티노 수도회가 이곳에 순례자 병원을 세웠고, 론세스바예스 지역 영주의 성城이 있던 마을이었기 때문이다.

12세기 프랑크 왕국으로부터 자치권을 부여받는 특권을 누리게 되면서 다른 곳으로부터 예술가와 건축가들도 많이 들어 왔다. 마을에 있는 San Nicolas de Bari 성당은 13세기에 지어진 것이다.

하지만 지금은 알베르게 외에는 순례자를 위한 시설이 거의 없는 마을이다. 여기서 묵을 생각이 아니라면 다리를 건너 마을로 들어갈 필요가 없다. 까미노는 여기까지 왔던 대로 Arga 강을 따라 계속되며, 오르막길이 Akerreta까지 이어진다.

도움이 되는 정보

🍴 먹을거리

- Bar, 레스토랑 : 하나뿐인 bar Perutxena가 San nicolas bari 성당 앞 mayor 거리에 있다. 영업시간이 불규칙해 순례자가 이용하기 어렵다. 대개 정오에 열지만, 화요일은 오후 5시 반에 열고, 월요일은 쉰다.
- Gau Txori : 순례자 메뉴 10.50€.
- 마을 체육관 안에 있는 Bar (☎ 948 30 40 76) : 10€.

🏠 숙박시설

알베르게

- 알베르게 (☎ 948 304 384 / 605 505 489) : 마을 중심에 있는 시청 건물에 있다. 58명 이용 가능. 이용료 6€. 인터넷, 부엌, 냉장고, 전자레인지가 제공되며 세탁기 3€. 아침식사 혹은 저녁식사를 위한 기본적인 식품을 판매 하는데 담당자는 알론소Xabier이다. 호스피탈로가 15:30~19:30에 근무하며 이 시간에 가야 등록하고 묵을 수 있으며 스탬프도 받을 수 있다. 12월 10일~1월 10일 Close.

기타 숙박시설

- Pension El Camino (☎ 948 30 42 50) : 더블 룸 45€, 저녁식사 15€.
- Pension El Peregrino (☎ 948 30 45 54) : 18€.
- Bidea (☎ 948 30 42 88) : 싱글 룸 20€, 더블 룸 32€.

Akerreta ✺ 6.2km ▶ 721.4km

새로 호텔이 하나 생겨 그나마 이 작은 마을에 활력을 불어넣어 주고 있다. 마을을 벗어날 때 도로를 건너면, 덩굴손이 소나무들을 타고 올라간 숲 속에 까미노가 깊이 잠겨 있다. 저 멀리서 간간이 들리는 자동차 소리만이 새들의 고요한 휴식을 방해하고 있다.

몇 개의 나무로 된 계단을 내려가면 길은 Arga 강가를 따라 수평으로 이어진다.

도움이 되는 정보

🍴 먹을거리 🏠 숙박시설

- 호텔 Akerreta(☎ 948 304 572) : 32€, 아침식사 포함.

Akerreta보다 훨씬 큰 마을이지만, 마을 입구에 있는 음료수 자판기가 순례자를 위한 유일한 서비스 시설이다. 샘이 있기는 한데, 마을의 가장 높은 곳에 있다. Arga 강 위에 놓인 다리를 건너 아스팔트로 된 국도를 조금 걷다 보면 다시 까미노로 들어서게 된다.

이 마을에서도, 음료 자판기 외의 서비스 시설은 만날 수가 없다. 마을에서 나갈 때, 정확하게 말하면 국도에 도착하기 바로 직전에 빰쁠로냐까지 가는 두 갈래 길과 만나게 된다.

길 1. El paseo Fluvial 강변 산책로를 지나 빰쁠로냐까지 11.3km

국도 N-135로 나가기 바로 직전, Irotz가 끝나는 곳에서 왼쪽을 보면 보도블록으로 된 길이 나온다. Paseo Fluvial은 빰쁠로냐 주변에 있는 강변 산책로 겸 공원으로 조성된 길이다. 산책을 하거나 자전거를 탈 수 있고 전체 길이가 30km쯤 된다. 이 길을 따라 빰쁠로냐 관문이라 할 수 있는 Magdalena 다리까지 가면 된다.

도시에 도착하기 전에 까미노를 알리는 금속 안내판이 보인다. Burlada를 지나가는 전통적인 까미노를 가리키고 있는데, 굳이 이 표식을 따를 필요 없이 조금 더 가면 Magdalena 다리에 도착하게 된다.

> ★ 주의 : 3.7km 쯤에서 Huarte 마을 주변을 돌아가게 되는데 7km 지점(빰쁠로냐에서 4.3km 전)에 있는 우회하는 길을 주의해야 한다. Arga 강을 따라 magdalena 다리로 가려면 왼쪽으로 가야 한다. 오른쪽은 Ultzama 강을 따라 다른 곳으로 가게 된다.

길 2. 공식적인 까미노로 빰쁠로냐까지 8.5km

길 1과 마찬가지로 보도블록으로 된 길을 따라 간다. N-135를 만나기 직전에 노란 화살표가 왼쪽에 있는 잡초로 덮인 조그만 길을 가리키고 있다. 이 길은 서비스 시설이 전혀 없는 자발디카Zabaldika(스페인어가 아니므로 이렇게 발음하는 것이 옳다.)라는 마을로 연결되며, 도로를 건

너면 피크닉을 할 수 있는 곳에 들어서게 된다.

 탁자와 의자, 바비큐 시설과 주유소를 뒤로 하고 몇 년 동안 보수를 하지 않아 붕괴되어버린 길을 아슬아슬하게 지나 터널에 닿으면 바로 중세 까미노 Arre다리를 건너 Villava로 들어서게 된다.

Trinidad de Arre/Villava/Atarrabia* 　 15.9km ▶ 711.7km

* 이 마을은 세 가지 이름을 다 사용한다.

 Arre는 로마시대부터 전략적인 요충지였다. Ultzama 강 위에 놓인 아치가 6개 있는 다리를 건너면, 기록에는 16세기 건축물이라고 하지만 11, 12세기부터 있었던 것으로 보이는 수도원과 옛 순례자 병원으로 길이 이어진다.

도움이 되는 정보

숙박시설

알베르게

- la Trinidad de arre (☎ 948 332 941) : 성당에서 운영하는 알베르게가 옛 학교 건물에 신설되었다. 41명 이용 가능. 8€. 주방, 식당, 세탁기, 자판기가 있다. 예약 가능. hmtriniarre@maristasiberica.es
- 신설 알베르게 (☎ 948 07 43 29) : 아레와 빰쁠로냐 사이로 난 까미노를 벗어나 약 400m 정도 떨어져 있으나, 안내 표시가 잘 되어 있고 시청 옆에 있기 때문에 찾기 쉽다. 60명 이용 가능. 이용료 6€. 주방, 세탁기/건조기 제공. 빰쁠로냐 알베르게가 만석일 경우 유용하다. Huarte 시청에 문의하면 된다. 4월 1일~11월 30일 open. www.huarte.es
- Villava 시립 알베르게(☎ 948 33 1971) : 48명 이용 가능. 아침식사 포함 14€. 저녁식사 포함 21€. 세탁기 2€, 수건 대여 2.5€. 주방, 식당 사용 가능. 12월 23일~1월 15일 close.

기타 숙박시설
- hotel Villava (☎ 948 33 36 76) : 더블 룸 80€. 순례자를 위한 할인 요금 65€이다, ★미리 꼭 물어봐야 한다.

Burlada　✹　17.3km ▶ 710.3km

Mayor 거리를 통해 도시를 관통하게 된다. 로터리 앞에 있는 마지막 신호등에서부터 이전보다 두 배 정도 큰 까미노 표식판이 눈에 띌 것이다. 여기서 자동차 정비소를 끼고 오른쪽으로 돌아 Larrainzar 거리로 들어서면, Burlada의 옛 까미노로 나가게 된다.

다른 길로 가고 싶으면, 신호등에서 직진해 인도로 내려가 Uranga 공원 담장을 따라 Arga 강까지 가서 터널을 통해 로터리를 지나면 Burlada의 옛길이 나온다. 이 두 길은 모두 빰쁠로냐의 문과 연결되어 있고, 멀리서 빰쁠로냐 대성당의 실루엣이 보인다. 어느새 도시가 낯설어져 버린 순례자는 처음으로 대도시 속에 들어가게 된다.

도움이 되는 정보

최근에 독일의 한 '까미노친구들연합'이 빰쁠로냐 입구에 있는 Magdalena 다리 근처 수영 클럽 옆에 순례자 쉼터를 마련했다. 이용료 4€.

　지금까지 고독 속에서 까미노를 걸어온 순례자들은 대도시의 소음과 복잡함 때문에 혼란을 느낄 수도 있다. 하지만 이제부터 다섯 개 지방의 주요 도시를 거치게 될 것이다.

　Paseo Fluvial 길이거나 혹은 Burlada 길을 지나, Arga 강 위에 놓인 Magdalena 다리를 지나, 중세의 느낌을 그대로 간직한 길을 지나, 나무들과 강과 대성당 실루엣의 환영을 받으며 역사적인 도시로 들어선다. 그리고 기원전 75년 네오 폼페요Cneo Pompeio('새로운 폼페이'라는 뜻)에 의해 건설된 두 개의 방어 진지 사이를 지나, 높은 성벽을 따라 '프랑스 문'이라 부르는 성문으로 들어서게 될 것이다.

　성문을 통해 들어온 이 Navarrerña 지역은 팜쁠로냐에서 가장 오래되고 방어가 잘 되던 곳이라고 한다. 팜쁠로냐는 1000년~1035년 산초 3세의 통치를 받으며 Navarrerña 왕국의 수도로 두각을 나타내기 시작했다.

　까미노는 방어용 성벽의 이끼 낀 돌 틈으로 오랜 역사가 묻어나는 듯한 좁은 골목을 돌다가, 팜쁠로냐 대성당 퍼사드(중앙 출입구)로 연결된

다. 원래 로마네스크 양식으로 지어졌다고 하는데, 안타깝게도 지금은 그 흔적이 일부분만 남아 있다. 알려진 바로는 산띠아고 대성당 공사에 참여했던 장인 에스테반Esteban의 작품이라고 한다.

　1390년 대화재로 소실되자 1525년 고딕 스타일로 재건축하게 되었고 18세기 퍼사드가 손상을 입게 되자 벤

투라 로드리게스Ventura Rodriguez가 새롭게 전면부 공사를 진행하게
되었다. 그 결과 신고전주의 양식 퍼사드로 모습을 갖추고 순례자를 맞
이하게 되었다.

　내부에는 15세기 고딕 스타일의 좋은 예라 할 수 있는 까를로스 3세
와 그의 부인 레오노르의 묘Leonor de Trastamar가 돋보인다. 특히 스페
인 고딕 디자인의 정수를 보여주는 웅장하게 선이 장식된 회랑이 가장
인상적이다.

　까미노는 생기가 넘치는 Curia 거리, San Jose 광장, Los mercaderes 거
리, 18세기의 웅장하고 아름다운 전면부가 돋보이는 plaza consistorial
시청 광장을 통해 Mayor 거리로 들어선다.

　수많은 바Bar와 상점들을 지나 Taconera 정원으로 빠져나와 큰 도로
를 건너면, 1571년 펠리베 2세의 명으로 지어진 요새 Ciudadela로 들
어서게 된다. 이곳을 지나면, 팜쁠로냐는 어느새 추억 속의 장소가 되
어버린다.

도움이 되는 정보

여행자 안내센터　Eslava 1번지. San francisco 광장 코너에 있으며 연중
무휴다. 크레덴샬 발급 및 빰쁠로냐 도장을 받을 수 있고, 까미노 자료 및 빰쁠
로냐에 관한 안내를 받을 수 있다.

응급실　(☎ 948 422 100)Hospital de Navarra, Irunlarrea 3번지.

버스터미널　(☎ 948 223 854) : Plaza de la paz.

기차역　(☎ 902 240 202) : Plaza de la Estacion.

자전거 수리점
- Ciclos Larequi (☎ 948 150 645) : Av. Zaragoza 56번지.
- Ciclos Albero (☎ 948 172 609) : Monasterio de Urdax 23번지.
　★꼭 미리 예약을 해야 한다.
- Ciclos Goñi (☎ 948 213 668) : Erletokieta 8번지.

⑩ 먹을거리

- 레스토랑/카페 : Paderborn 알베르게에 묵는 사람은 바로 옆에 있는 수영
  클럽 레스토랑에서 순례자 메뉴를 8€에 즐길 수 있다.
- 알베르게 Adoratrices 근처 Jarauta 거리에 La viñ, La oreja, Montó,
  Bodegas San Martin 같은 다양한 식당과 Bar가 있어서 저렴하게 식사를
  할 수 있다.
- San Nicolas : 역사지구 San Nicolas 거리 13번지에 있다. 10€에 훌륭
  한 저녁식사를 맛볼 수 있다. 7월~8월에는 15€.

• 카페 Iruña (☎ 948 222 064) : Plaza del Castillo 순례자들에게 저녁 8시부터 11€에 특별한 식사를 제공하고 있다.

🏠 숙박시설

알베르게

• 알베르게(☎ 660 631 656) : Magdalena 다리를 건너자마자 강을 따라 왼쪽으로 약 250m 정도 가면 알베르게 Paderborn이 있다. 전면부를 꽃으로 장식한 별장 같은 건물이다. '까미노 친구들 독일 연합' 중 빰쁠로냐와 자매결연을 맺은 독일 도시 Paderborn에서 운영하고 있다.
26개의 침대가 있으며 이용료 5€. 아침식사 2€, 세탁기 3€이며 자전거 4대를 보관할 수 있다. 3월~10월 open.

시립 알베르게

• 알베르게 de Jesus y Maria (☎ 948 222 644) : 114명 이용 가능. 7€. 2012년 6월에 수리하여 문을 다시 열었다. 크레덴샬이 발급되고 세탁기 무료, 세제 0.50€, 건조기 1€. 난방, 온수, 주방이 제공된다.
jesusymaria@aspacenavarra.org
• Albergue Casa Ibarrola : 2012년 6월에 오픈한 사설 알베르게. 빰쁠로나 소몰이 축제 San Fermin 기간 7월 6일~14일을 제외하고 연중 무휴. 18€ 조식 포함. 20명 수용 가능. 세탁, 건조 각 3€.
info@casaibarrola.com www.casaibarrola.com

기타 숙박시설

• Hostel Hemingway (☎ 948 983 884) : C/Amaya 26번지, 1층. 28명 이용 가능. 도미토리 15€, 2인실 22€. 세탁 3€, 건조 4€, 주방 사용 가능. 12월 22일~1월 2일 close.
info@hostelhemingway.com, www.hostelhemingway.com,
• Aloha hostel (☎948 153 367) : C/Sanguesa 2번지 1층, 26명 이용 가능. 2013년 부터 끄레덴시알을 제시하면 15€. 세탁/건조 4€, 타월 대여 1.5€, 주방, 식당 사용 가능. 예약 가능
info@alohahostel.es www.alohahostel.es
• Pension Otano (☎ 948 223 428) : San Nicolas 25번지, 더블 룸 50€.
• Pension Ezcaray (☎ 948 227 825) : Nueva 24번지, 더블 룸 40€, 자전거 보관 가능.
• Hostal Principe de Viana I (☎ 948 249 147) : Avenida Zaragoza 4번지, 더블 룸 46€, 50€. ★2009년도 가격이며 자주 바뀐다.
• Pension Sarasate (☎ 948 223 084) : 더블 룸 43~143€.
• Casa de Huespedes Dionisio (☎ 948 224 380) : San Gregorio 5번지, 더블 룸 30€.
• Casa de Huespedes La Viña (☎ 948 213 250) : Jarauta 8번지, 더블 룸+공동욕실 30€, 더블 룸+욕실 35€.

Step 4. 용서의 언덕에서 흐르는 별

나바라 지역 분지에 있는 빰쁠로냐와 Rioja 평원 사이에 용서의 언덕 Alto del Perdon이 있다. 몹시 가파라서 걷기 힘들다고 했지만, 비교적 부드럽게 자리끼에기Zariquiegui까지 올라갈 수 있다. 그리고 약 15분 정도 작은 길을 통해 급경사 길을 올라가게 된다.

정상에는 순례자들을 형상화한 조형물이 놓여 있고, 풍력 발전기가 서서 돌아가고 있다. 이곳에서 순례자들은 자신이 걸어온 길을 한 눈에 다 볼 수 있다. 피레네 봉우리들, Erro 언덕, Arga 강 계곡 등.

내려갈 때는 세 곳의 마을을 차례대로 지나가게 된다. 그리고 오늘 의 목적지인 뿌엔떼 라 레이나Puente la Reina('여왕의 다리'라는 뜻)근처에서 솜포르트Somport부터 시작한 아라곤 루트 까미노와 생 장 혹은 론세스바예스에서 시작한 프랑스 루트 까미노가 하나로 합쳐진다. 뿌엔떼 라 레이나는 까미노 중에서 가장 아름답고 상징적인 다리다. 까미노의 기념비적 상징 중의 하나인 '용서의 언덕'과 오바노스Óbanos를 지날 때는 '용서'라는 단어가 자연스레 묵상의 주제가 된다.

내가 용서하지 못한 일은 어떤 것이며, 용서하지 못한 사람은 누구였을까? 내가 용서를 빌어야 할 일은 무엇이었으며, 누구에게 용서를 빌어야 했을까? '용서의 언덕'에서 큰 소리로 용서한 후 용서를 비는 것도 뜻있는 일이다.

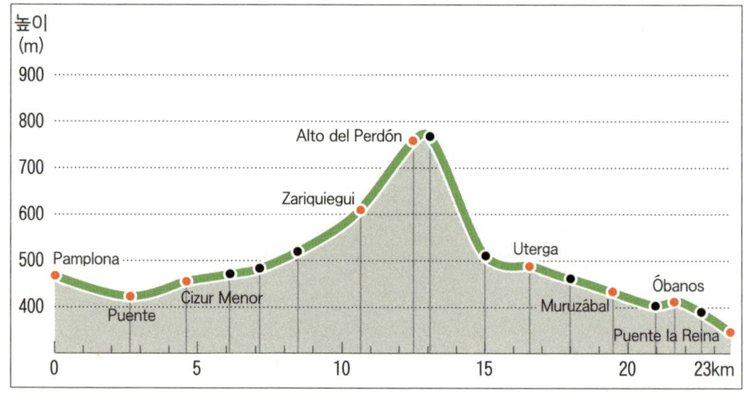

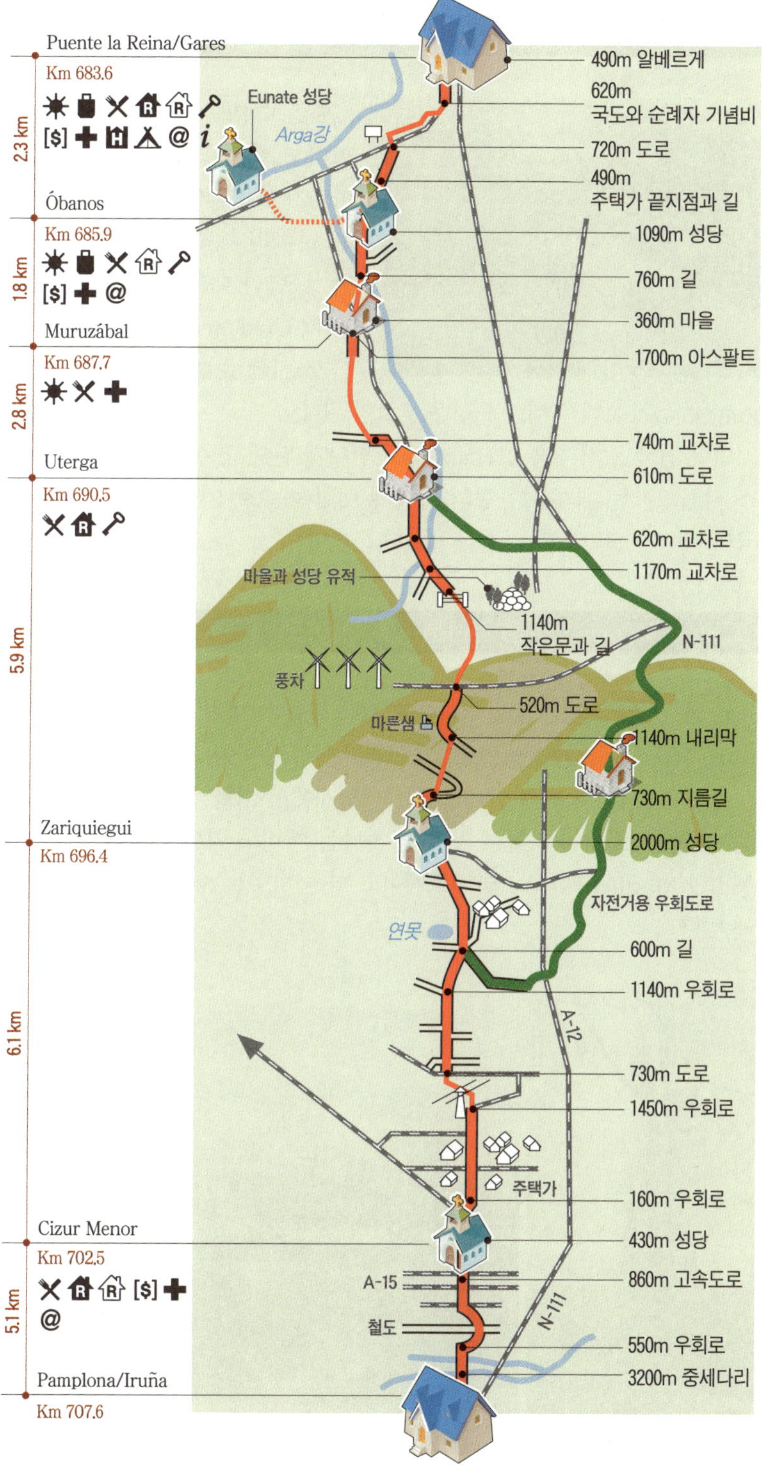

Puente la Reina/Gares
Km 683.6
2.3 km
Eunate 성당
Arga강
Óbanos
Km 685.9
1.8 km
Muruzábal
Km 687.7
2.8 km
Uterga
Km 690.5
마을과 성당 유적
풍차
마른샘
5.9 km
Zariquiegui
Km 696.4
연못
A-12
6.1 km
주택가
Cizur Menor
Km 702.5
A-15
철도
5.1 km
Pamplona/Iruña
Km 707.6
490m 알베르게
620m
국도와 순례자 기념비
720m 도로
490m
주택가 끝지점과 길
1090m 성당
760m 길
360m 마을
1700m 아스팔트
740m 교차로
610m 도로
620m 교차로
1170m 교차로
1140m
작은문과 길
N-111
520m 도로
1140m 내리막
730m 지름길
2000m 성당
자전거용 우회도로
600m 길
1140m 우회로
730m 도로
1450m 우회로
160m 우회로
430m 성당
860m 고속도로
N-111
550m 우회로
3200m 중세다리

Pamplona/Iruña 0km ▶ 707.6km

빰쁠로냐에서 나갈 때 보이는 까미노 화살표는 Ciudadela를 따라가라고 되어 있는데, 그 길은 나바라 대학 캠퍼스로 통한다. 나바라 대학 캠퍼스를 통과할 때 Credencial Universitaria를 소지한 순례자는 중앙 건물 Edificio Central에서 대학 도장을 받으면 된다.

대학 건물을 지나면 Azella 다리와 만나게 된다. 전설에 따르면, 프랑스 샤를르마뉴 대제가 롤랑의 죽음에 대한 복수로 이곳에서 이슬람제국의 왕 아이고란도와 전투를 벌였다고 한다.

Cizur Menor 5.1km ▶ 702.5km

12세기 산 후안Sau Juan 기사단이 세운 순례자 병원 덕분에 번성했던 Cizur Menor는 오늘날 빰쁠로냐와 연결된 별장 및 아파트 거주 지역이다.

이곳에 있는 두 개의 알베르게는 대도시에서 머물기를 원치 않는 순례자들이 머물기에 적합한 곳이다. 하나는 까미노 역사와 함께하는 전통적인 Maribel Roncal 알베르게이고 다른 하나는 San juanista 교회에 있다.

Cizur에서 나가서 작은 공원에서 오른쪽으로 가다가 산띠아고 거리로 들어서면, 화살표를 따라 별장과 주택단지가 이어진다. 여기서부터 완만하게 오르막이 시작된다.

여기서 보면 Alto del Perdon이 가깝게 보이지만, 약 두 시간 반쯤 올라가야 한다. 좀 힘들지만, 잘 견뎌내며 올라가 보면 잠시 후 넓은 평원에 버려진 성당과 Guendulain 성을 볼 수 있다.

자전거 순례자를 위한 정보

Perdon으로 오르는 길과 Uterga까지 내려가는 길은 자전거로는 굉장히 힘든 코스다. Guendulain 성에 도착하기 직전에 아스팔트가 관통하는데 여기 자전거를 위한 도로라는 표지판이 오른쪽을 가리키고 있다. NA-1110 도로는 옛 도로이며, 새로 난 도로와 평행선을 그리고 있다.

정상까지 아스팔트로 오르다 보면, 중간에 Astrain이란 마을을 지나게 된다.

이 마을 중앙광장에 Bar가 있다. Alto del Perdon 왼쪽에 있는 Uterga 로 가는 도로를 타고 Uterga에서 다시 까미노와 만나면 된다.

Zariquiegui ✺ 11.2km ▶ 696.4km

마을에 들어서면 주택단지 속에 고딕 양식으로 지어진 San Miguel 성당이 보인다. 후기 로마네스크 양식으로 된 정문이 아름다워 눈여겨 볼 만하다.

Zariquiegui에서 약 45분이면 정상에 도착하게 된다. Teja의 샘 혹은 Reniega(거절의 샘)을 만나게 되지만 거의 말라 있다. 전설에 따르면, 신앙을 버리면 물을 주겠다고 악마가 순례자들을 유혹했으나 이를 거절하는 바람에 말라버렸다고 전해지고 있다.

도움이 되는 정보

⌂ 숙박시설

알베르게

- 알베르게 Zariquiegui(☎ 948 353 353) : 16명 이용 가능, 이용료 11€. 저녁식사 12€. 세탁기/건조기, 온수, 난방, 주방 제공. 예약 가능. 14:00~ 22:00. www.alberguedezariqiegui.com.

Alto del Perdon ✺ 13.6km ▶ 694km

순례자를 의미하는 철로 만든 기념비가 제일 먼저 눈에 띈다. 1996 년 '나바라 까미노친구들연합'에서 세운 것이다. 오래 전에는 순례자 병원과 Perdon 성모를 모시는 성당이 있었다고 하는데, 지금은 이 기념

비가 이곳의 중요한 상징물이 되었다. 기념비에 쓴 '별들이 바람에 따라 흐르는 길을 지나'란 글은, 이 기념비의 뜻과 함께 까미노의 의미를 제대로 표현하고 있다.

언덕에서 내려다보면, 그전에는 국도였다가 지금은 고속도로가 된 길이 터널을 지나 Alto del Perdon을 지나가고 있는 것이 보인다.

Alto del Perdon에서 내려오면 까미노는 고속도로 왼편에서 고속도로와 평행을 이루며 나란히 이어지고 있다. 낮은 구릉들을 지나면, 까미노와 고속도로 사이에 한때는 마을이 있었다고 하는 Aquiturrain이 보인다. 14세기 무렵 마을은 사라졌고, 성당은 폐허가 된 채 지금도 그 흔적이 남아 있다. 이 마을을 통해 Uterga로 들어갈 때는 내리막길을 조심해야 한다.

Uterga   17.1km ▶ 690.5km

돌로 지어진 집만 몇 채 있다. 예전에는 서비스 시설이 전혀 없었는데 지금은 알베르게와 레스토랑이 생겼다. 이 마을을 지나면 거의 차가 다니지 않는 아스팔트로 들어서게 된다.

도움이 되는 정보

🍽 먹을거리

- 알베르게의 식당에서 메뉴가 12€이며 샌드위치 및 간단한 음식도 판다.

🏠 숙박시설

사설 알베르게

- Perdon (☎ 948 34 46 61 / 948 34 45 98) : 마을 부녀자들이 함께 운영하고 있다. 18명 이용 가능. 이용료 16€. 3개 있는 단독 더블 룸은 50€다. www.caminodelperdon.es
- Mayor 거리 분수대 맞은편에 있는 알베르게에서 20명 이용 가능. 이용료 10€. 주방, 세탁기, 온수 제공.

이 마을을 대표하는 건물은 후작의 궁Palacio del Marqués이다. 이곳에서 alacio de Muruzábal'이란 상표의 포도주를 생산하고 있다.

San Esteban 성당은 고딕과 바로크 양식 혼합으로 만들어져 있다.

Muruzábal에서 노란 화살표를 따라가다가 마을을 벗어나기 전에, 다른 방향을 가리키는 이정표가 눈에 띈다. 'Eunate 2.5km ➡'

Eunate는 Santa Maria de Eunate 성당을 뜻한다. 들판 중앙에 덩그러니 홀로 서 있는 참으로 독특해 보이는 성당이다. Somport에서 시작하는 아라곤 루트 선상에 있으므로 살짝 돌아가게 되긴 하지만, 꼭 들러볼 만한 곳이기에 적극 추천한다.

Eunate 성당 건물은 팔각형인데, 성당을 둘러싼 기둥과 아치도 팔각형으로 배치해 놓았고, 외벽 역시 팔각형으로 놓여 신비로워 보인다. 전설에 따르면 12세기 템플 기사단이 예루살렘 사원 디자인을 그대로 본따 만든 것이라고 전해지고 있다.

'Eunate'는 바스크 어로 100개의 문을 뜻하는 말로 그 안에 모셔놓은 Eunate 성모상은 출처 미상이다. 여덟 개의 축으로 이어진 천장 중심에 쐐기 돌(돔 중심에 있는 무게 축을 잡아주는 돌) 이 없고, 넓은 실내가

완벽하게 조화를 이루다가 성모상을 모시는 반원의 제단에서 살짝 어긋나 있다.

Eunate에서 노란 화살표를 따라 2km쯤 아라곤 루트를 따라가다 보면, Óbanos에서 France 루트를 만날 수도 있고 직접 Puente la Reina로 들어갈 수도 있다.

Óbanos ☀ 21.7km ▶ 685.9km

마을에 들어설 때부터 좁은 골목 양 옆으로 늘어선 오래된 집들의 외관이 예사롭지 않다. 낡았지만 돌로 지어진 건축물들의 외관이 중후하고, 집집마다 가문의 문장이 돌에 새겨져 있는 것

을 보면, 이곳에 귀족들의 집이 있었다는 것을 알 수 있다. 거리가 조성된 모습 또한, 이곳이 역사적으로 중요한 곳임을 느끼게 한다.

Óbanos는 시골 귀족들의 마을이었는데, 1327년 중소 귀족들이 이곳에 모여 왕권 남용을 저지하기 위해 회합을 갖고 힘을 모으기로 합의했었다고 한다. 그러나 이곳은 결국 나바라 왕국에 귀속되고 말았다. 중세 봉건제도 아래 귀족들이 담합하여 중앙 왕권을 견제하는 역할을 했던 곳이었다는 역사적인 의의만 기억될 뿐….

2년마다 여름이면 이 마을 주민들은 '오바노의 신비'라는 연극을 공연한다. 까미노에서 일어난 아키텐의 공주 펠리시아Felicia와 그녀의

오빠인 길레르모Guillermo 공작에 관한 것인데, 파울로 코엘류의 소설 《순례자》를 통해서도 널리 알려진 전설 같은 이야기이다.

아주 오랜 옛날 아키텐(현재 프랑스 보르도 지방부터 스페인 국경에 이르는 프랑스 남부에 있던 왕국)의 공주 펠리시아는 산띠아고 순례를 마치고 돌아오는 길에 이곳에 정착해 가난한 이와 병든 이, 순례자들을 돌보는 데 자신의 삶을 바치기로 결심한다.

그 사실을 알게 된 왕이 그녀의 오빠 길레르모에게 펠리시아를 데리고 올 것을 명하자 길레르모는 펠리시아를 찾아가 설득한다. 그러나 그녀는 끝내 궁으로 돌아가는 것을 거절하고, 이에 화가 난 길레르모는 그녀를 살해하고 만다.

후회와 자책감이 극에 달했던 길레르모는 산띠아고 순례를 떠나게 되고, 돌아오는 길에 동생과 똑같이 Óbanos에 정착해 성당을 세운다. 그 후 그는 가난한 이와 병든 이, 순례자를 위해 살았으며, 성인품에 오르게 되었다고 한다. Arnotegui 소성당은 세월이 흐르면서 개축되고 또 개조되어 원래 성당의 모습은 몇 개의 석주에서만 그 흔적을 찾아볼 수 있다.

Óbanos를 벗어나면서 콘크리트로 포장된 산책로를 따라가다 보면 Eneriz 도로를 만나게 된다. 여기서 아라곤 루트와 나바라 루트는 하나로 합쳐지게 된다.

도움이 되는 정보

🍽 먹을거리

- 다양한 식품점과 빵 가게가 있고, 여러 개의 Bar와 식당이 있다.
- Bar San Guillermo : 길레르모 성인 이름을 딴 광장에 있다. 순례자 메뉴가 9€.
- 레스토랑 Gazolaz (☎ 948 344 141) : 축구장 옆에 있다. 순례자 메뉴가 8.50€.

🏠 숙박시설

알베르게

- Albergue Usda(☎ 676 560 927) : 36명 이용 가능. 이용료 7€. 냉장고와 온수가 제공되며 욕실이 2개다. 자전거 2대 보관 가능. 호스피탈레로는 주앙 아이리사리Sr. Juan Irisarri이다. 4월1일~10월 15일 open.

기타 숙박시설

- Apartamento Turistico Raichu(☎ 948 344 285) : 더블 룸 25~45€.

Puente la Reina/Gares*　　🌟 24km ▶ 683.6km

* Puente la Reina는 '왕비의 다리'라는 뜻이다.

　나바라 까미노 루트의 상징적인 마을이며, 까미노 때문에 생기게 된 전형적인 도시라 할 수 있다. 순례자는 마을 입구부터 출구까지 Mayor 길을 따라 직진하면 된다. 이곳은 나바라의 왕과 아라곤의 왕의 명에 따라 정방형의 전형적인 도성을 만들게 되었다고 한다. 길 따라 늘어선

건축물의 아름다움에 빠져 걷다 보면, 어느새 Mayor 길은 로마네스크 다리에서 끝난다.

여섯 개의 아치를 가진 이 다리는 11세기에 나바라의 왕 산초 3세의 왕비인 Reina Doña Mayor(레이나Reina :'왕비'라는 뜻. 도냐Doña : 여성에게 붙이는 존칭. 마요르Mayor : 왕비 이름)의 후원으로 지어졌다. 이 다리 덕분에 순례자들은 편안하게 Arga 강을 건널 수 있게 된 것이다. 이곳은 전 까미노 여정 중에서 가장 아름다운 여울 중의 한 곳이며, 그 상징성으로도 유명하다.

마을 입구에서 돌로 된 천장을 통해 내려가면 옛 순례자 병원과 Crucifijo 성당으로 연결된다. Crucifijo 성당은 템플 기사단에 의해 세워졌다고 하는데, 오래 전에 한 게르만 순례자가 기증한 Y형 십자가의 예수상이 있다.

Mayor 길 중간쯤 산띠아고 성당이 있는데, 1543년에 만들어진 내부 중앙 회랑은 고딕 양식이지만 두 개의 문은 로마네스크 양식이며 검은 야고보Santiago Beltza 성상이 보관되어 있다.

San Pedro 성당에는 쵸리Txori의 성모상이 있다. 예전에는 Puente Reina 다리에 있었다고 한다. 그때 쵸리(바스크어로 '작은 새'라는 뜻)가 규칙적으로 날아와 부리로 성상의 얼굴을 청소했다고 전해져 오고 있다. 이 성모상이 오늘날 Puente la Reina 마을 축제의 기원이라 할 수 있다.

도움이 되는 정보

🍽 먹을거리

- Mayor 길에 다양한 상점이 있다. 호텔 Jakue의 식당 메뉴는 11.50€ + 8%의 세금을 합한 가격이다. 여러 개의 bar와 식당들이 있고, Plaza Juan de Mena 모퉁이에 있는 Bar Joaquin과 Bar plaza에서는 순례자 메뉴가 9.50€부터 있다.

🏠 숙박시설

사설 알베르게를 포함해 알베르게가 세 곳 있다.

알베르게

- 알베르게 de los padres Reparadores(☎ 948 340 050) : Crucifijo 성당 옆에 있다. 두 번째 만나게 되는 알베르게로 마을에서 가장 오래된 알베르게다. 산띠아고 길의 전통을 유지하고 있으며 100명이 이용 가능. 이용료 5€. 온수, 주방, 커피 및 음료 자판기, 세탁기/건조기, 인터넷이 제공되며 정원이 있다. 연중무휴. 12:00~23:00. economo.puente@esic.es
- 사설 알베르게 : 첫 번째 도로로 나오면 보인다. 호텔 Jakue에서 운영하고 있는데 깨끗하고 쾌적하다. 32명 이용 가능. 두 개의 홀로 나뉘어져 있으나 이층으로 된 침대가 각각 커튼으로 분리되어 있다. 이용료 10€. 아침식사 4€, 저녁 식사 13€, 전화로 예약시 10€. 온수, 주방, 인터넷이 제공되며 난방이 된다. 세탁기/건조기 각 2.50€, 유료 마사지 서비스, 자전거 보관 가능. 4월~9월 open, www.jakue.com
- 알베르게 santiago Apostol (☎ 948 340 220 / 600 701 246) : 마지막에 보인다. Arga 강 건너편에 있는데 수영장과 캠핑시설이 갖춰져 있다. 100명 이용 가능. 이용료 8€. 전자레인지, 인터넷, 난방이 제공되고 세탁기 2€, 건조기 3€, 점심 및 저녁식사 9€. 4월 1일~10월 31일 open. alberguesantiagoapostol@hotmail.com

기타 숙박시설

- HotelJakue (☎ 948 341 017) : 더블 룸 61~132€.
- Hotel Bidean (☎ 948 340 457) : 더블 룸 45~62€.

Step 5. NO PAIN, NO GLORY!

　까미노는 사람들만 왕래하는 곳이 아니라 다양한 사상과 철학, 예술이 직접 교류하는 곳이기도 하다. 1,000년 전에는 에스텔라Estella라는 도시가 없었으므로 그때 순례자들은 비야뚜에르따Villatuerta에서 직접 이라체Irache로 갔다. 그러다가 1090년 산초 라미에즈Sancho Ramirez 나바라 왕국의 왕이 매년 늘어나는 순례자들을 맞이하기 위해 프랑스 도성을 본 따 에스텔라를 조성했다고 한다. 이런 도시들은 여행자들에게 모든 형태의 서비스를 다 제공하고 있다.

　순례 닷새째, 무엇보다 발의 통증이 심해질 때다. 한 알베르게에서 판매하는 티셔츠에 적힌 글귀가 유독 마음에 와 닿는다.

　NO PAIN, NO GLORY!

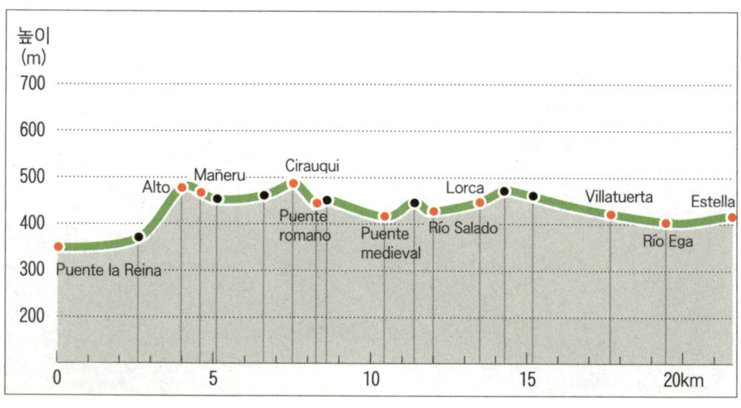

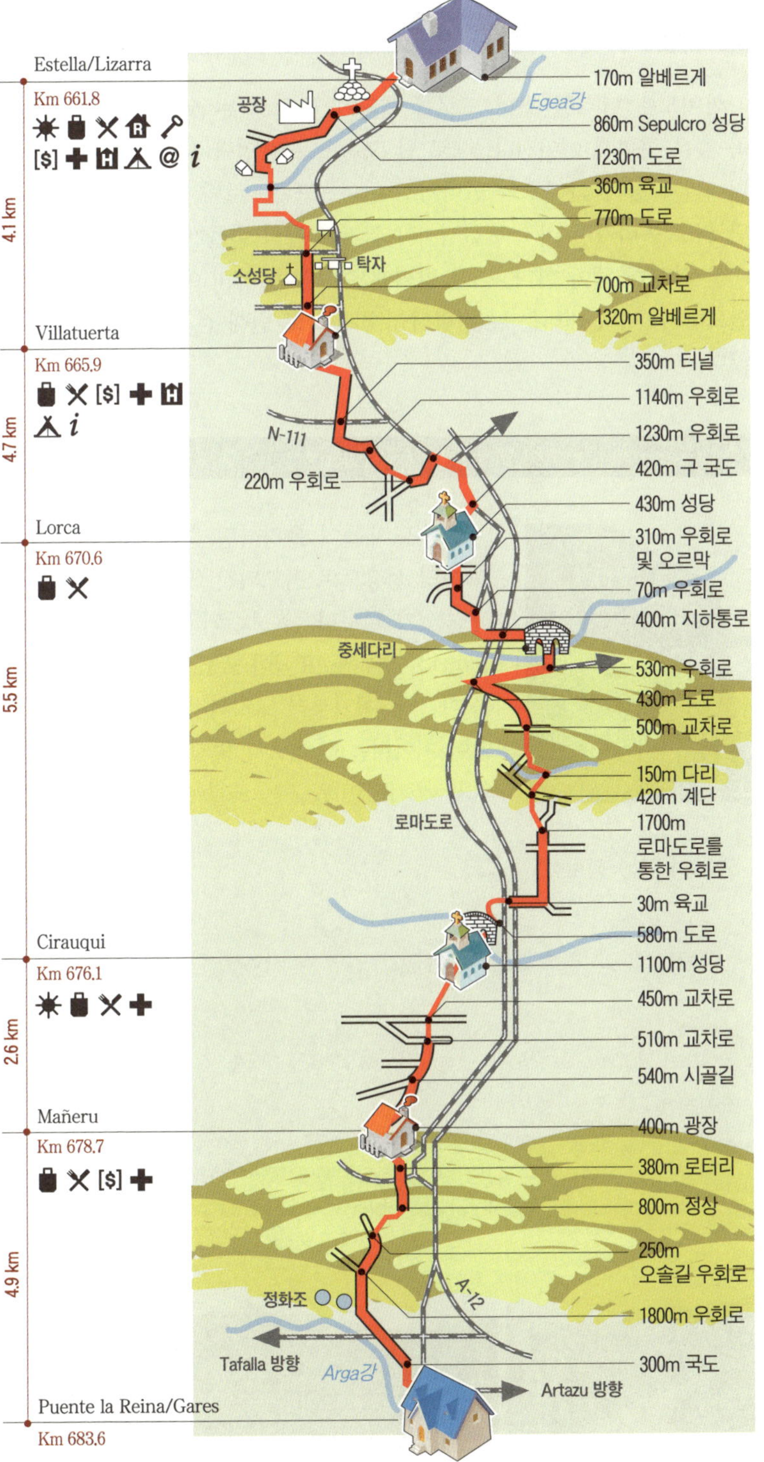

Estella/Lizarra
Km 661.8
[$]
Egea강
170m 알베르게
860m Sepulcro 성당
공장
1230m 도로
360m 육교
770m 도로
소성당
탁자
700m 교차로
1320m 알베르게
Villatuerta
Km 665.9
350m 터널
1140m 우회로
N-111
1230m 우회로
420m 구 국도
220m 우회로
430m 성당
310m 우회로
및 오르막
Lorca
Km 670.6
70m 우회로
400m 지하통로
중세다리
530m 우회로
430m 도로
500m 교차로
150m 다리
420m 계단
로마도로
1700m
로마도로를
통한 우회로
30m 육교
580m 도로
Cirauqui
Km 676.1
1100m 성당
450m 교차로
510m 교차로
540m 시골길
Mañeru
Km 678.7
400m 광장
380m 로터리
800m 정상
250m
오솔길 우회로
정화조
1800m 우회로
Tafalla 방향
Arga강
300m 국도
Artazu 방향
A-12
Puente la Reina/Gares
Km 683.6

까미노는 다리를 건너 도로를 횡단해 흙으로 된 오솔길을 지나 계곡 깊은 곳까지 이어진다. 새로 난 고속도로가 언덕 사이로 모습을 드러내다가 잠시 까미노와 만나기도 한다. 고속도로와 만나기 직전, 언덕 위로 올라가는 마지막 급경사가 짧지만 몹시 힘들기 때문에 미리 준비를 단단히 해야 한다. 더운 날씨에는 충분한 양의 예비 물이 반드시 필요하다. 비가 내리는 날은 바닥이 진흙으로 변해 걷기가 여간 힘들지 않다.

옛 수도사들이 운영하던 순례자 병원 일부가 고딕 성당으로 변모되긴 했지만, 오래된 집과 거리가 너무나 잘 보존되고 있어서 놀랍기만 하다. 까미노 표식이 Forzosa 길로 순례자를 이끈다. 여기부터 묘지까지 양 옆으로 포도밭이 이어지는 산책로가 멋지다. 이제 포도주의 땅에 가까이 왔음을 느낄 수 있다.

도움이 되는 정보

⑩ 먹을거리
• 공중전화 박스 앞에 작은 상점이 있고, 성당 옆에 bar가 한 곳 있다.

🏠 숙박시설
• Casa Rural Casa Isabel(☎ 948 340 283) : 더블 룸 36€.

알베르게
• 알베르게 Lurgorri(☎ 619 265 679) : 12명 이용 가능. 아침식사를 포함해 이용료 10€. 온수, 난방, 주방이 제공되고 4월~10월 open. 예약 가능. subizaalbeniz@telefonica.net

언덕 하나를 올라가야 하는데, Cirauqui는 바스크어로 '살모사 둥지'라는 뜻이라고 한다. 중세 성벽 일부로 둘러싸여 있고, 찬란한 13세기 성당이 둘 있다. 그중 한 곳이 San Roman 성당인데, 여러 경로로 동방으로부터 영향을 받은 듯한 로마네스크 입구가 인상적이다.

도움이 되는 정보

🍽 먹을거리

- 빵 가게와 식료품 상점이 있다.
- 알베르게 Maralotx의 레스토랑 : 저녁 메뉴 10€.
- 길 위에 식당이 여러 곳 있다. Los Cazadores, Las Torres, Iturrizar 등에서 순례자 메뉴가 9€.

🏠 숙박시설

알베르게

- 알베르게 Maralotx (☎ 678 635 208) : 까미노를 사랑하는 아이노아 Ainhoa와 호세라Josera 두 사람이 운영하는 곳으로 완벽하게 수리된 건물에 자리 잡고 있다. 28명 이용 가능. 이용료 10€. 저녁식사도 10€이며 아름다운 테라스가 있다. 3월 1일~10월 31일 open. 2인 1실 2개 보유 40€.

Cirauqui에서 벗어날 때쯤 놀랄만한 역사 유물이 우리를 기다리고 있다. 그것은 바로 프랑스 Burdeos에서 Astorga까지 연결되었던 로마 시대 대로大路의 흔적이다. 로마 도로는 폭이 5~7m쯤 되며 배수가 잘 되도록 길 가운데가 약간 불록하다.

로마인이 남겨 놓은 도로 끝에서, 순례자는 Pamplona－Logroño 구간 고속도로를 넘어갈 수 있는 새로 건설된 다리를 건너게 된다. 1세기경에 만들어진 후 지금까지 남아 있는 몇 m 도로를 지나 21세기 고속도로를 바로 만나게 되는 것이다. 타임머신이라도 탄 것처럼 수십 세기의 시간을 훌쩍 뛰어넘은 것 같아 신기하기만 하다.

여기서부터 쾌적한 농경지를 따라가다가, 작은 내에 놓인 돌다리를 건너면 1.5km 정도 정통적인 까미노를 걷게 된다. 그리고 Lorca에 도착하기 조금 앞에서 우회도로를 통해 고속도로 아래로 난, Alloz 저수지로 향하는 도로로 접어든다. 이어서 중세에 지어진 또 다른 다리를 통해 소금Salado강을 건너게 된다.

중세 프랑스 신부였던 에메릭 피코드Aymeric Picaud의 순례 안내서를 보면, 순례자들이 타고 온 말에게 이곳에서 물을 먹이면, 얼마 지나지 않아 물의 염분 때문에 말이 죽었다는 기록이 나온다고 한다. 그러나 지금 이 강물에는 염분이 없다.

Lorca　☀ 13km ▶ 670km

이 마을 역시 산띠아고 길 때문에 생겨났다. Mayor 거리가 까미노를 따라 동서東西 수직으로 나 있다. Mayor 길 중간에 샘이 있는 작은 정원이 있어서, 잠시 쉬거나 간식을 먹기에 적합하다.

도움이 되는 정보

🍽 먹을거리

- 마을 광장에 빵 가게가 있고 마을 출구에 작은 식료품점이 있다.
- 알베르게 La bodega del : 까미노에 있는 식당. 메뉴 8.50€.
- Casa Julio : 다리 건너 도로 위에 있고 식사 가능.

알베르게

* 두 곳의 알베르게 (☎ 948 541 190) : Mayor 거리에 마주보고 있다. 진행 방향 오른쪽에 있는 알베르게는 호세 라몬Jose Ramon이 운영한다. 14명 이용 가능. 이용료 7€. 욕실이 2개, 인터넷, 주방이 제공된다. 세탁기가 2€이고 연중무휴. 10:00~ open. txerra26@mixmail.com
* La bodega del camino(☎ 948 541 162 / 948 541 327) : Mayor 거리에서 진행 방향 왼쪽에 있다. 36명 이용 가능. 이용료 8€, 에어컨 있는 방 10€. 인터넷은 무료이며 세탁기 2€, 건조기 3€, 아침식사 3€, 침대 시트 대여 2.40€, 수건 대여 2.50€. 주방은 없다. www.labodegadelcamino.com

Villatuerta　　✸　17.7km　▶　665.9km

　Villatuerta 역시 까미노에 활력을 다시 찾게 해준 마을이다. 노란 화살표는 마을 아래쪽으로 연결되어 있지만, 편의시설 및 서비스 시설은 대부분 위쪽 마을에 있다.

도움이 되는 정보

* 까미노에 식료품점이 하나 있다. 시립체육관의 Bar를 포함해 다양한 Bar와 빵 가게 등이 눈에 띈다.

알베르게

* Albegue de villatuerta (☎ 948 536 095) 30명 이용 가능, 세탁/건조기 각 3€, 10~12€. www.alberguevillatuerta.com

Estella/Lizarra　　✸　21.8km　▶　661.8km

　중세에 만든 다리를 통해 마을을 떠난다. 도로를 건너기 전에 2002년 이곳에서 세상을 떠난 캐나다 순례자를 기리기 위한 기념비가 있다. 이제부터 잘 정비된 작은 길을 통해 Ega 강 계곡으로 들어가게 된다.

Ega 강이 끊임없이 넉넉한 자연을 선물해 주고 있는 곳이다. 게다가 프랑스 장인匠人들이 오늘날 Rua de Curtidores라 부르는 거리를 풍성하게 채워놓아, 까미노 중에서 산띠아고를 가장 잘 느낄 수 있게 해준다. 15세기 순례자들이 '아름다운별Estella'이라고 부른 이 도시는, 산초 라미에즈Sancho Ramirez 왕에 의해 커다란 바위산 아래 건설되었다.

한때 산 후안San Juan의 수도사들은 자신들의 영역 안에 도성을 건설해 줄 것을 왕에게 요구했다고 한다. 그러나 왕실은 Estella를 새로운 도성으로 삼기로 결정하고, 이곳에서 들어오는 수익금의 10%를 다시 Estella에 돌려줘 도시발전 기금으로 쓸 만큼, 이곳의 번영에 관심을 쏟았다.

Estella에는 여러 역사적 기념물이 있다. San pedro de la Rua 성당은 고딕 양식으로 된 세 곳의 회랑과 이슬람 풍의 입구가 시선을 끈다. Palacio del los reyes 나바라 왕궁은, 이 지방의 특색을 잘 드러내고 있는 로마네스크 양식의 건물이며, San Miguel 성당은 후기 로마네스크 양식으로 된 입구가 멋지다. 1259년 테오발도 2세가 세운 Santo Domingo 수도원이 이 중에서 가장 빼어나 보인다. 이 모든 것이 조화를 이루고 있는 Estella는 흥미진진한 도시 중의 하나라 할 수 있다.

도움이 되는 정보

🍽 먹을거리

- La Aljama (☎ 948 552 355) : 까미노 협회에서 운영하는 알베르게 근처에 있는 식당으로 메뉴 9.50€ + 8% 세금을 줘야 한다.
- 레스토랑 Casanova : 옛 시가지 Fray Wenceslao de Oñte 거리와 Plaza de los Fueros가 만나는 곳에 있다. 11€로 맛과 가격을 동시에 만족시켜 주는 곳이다.
- Cafeteria Scorpio (☎ 948 554 310) : Plaza de los Fueros 안에 있다. 콤비네이션 디쉬가 7.50€부터 있다.

🏠 숙박시설

알베르게

- 알베르게(☎ 948 550 200) : Estella 까미노 친구 연합회 알베르게로 도시 입구 Rua 거리에 있다. 102명 이용 가능. 이용료 6€, 세탁기 3€, 건조기 2€다. 인터넷, 주방이 제공된다. 연중무휴. (12:30~22:00). Caminodesantiagoestella@gmail.com
- 같은 협회에서 운영하는 다른 알베르게(☎ 948 554 551) : Estella 초입에서 오른쪽으로 돌면 나오는 Cordeleros 거리에 있다. 34명 이용 가능. 이용료 7€. 주방, 인터넷이 제공. 세탁기 3€. open 5월 10일~9월 30일. www.anfasnavarra.org
- 알베르게 Parroquial : San Miguel 성당에서 운영하는 알베르게로 24명 이용 가능. 정해진 가격 없이 기부 형태로 운영. 주방, 냉장고, 온수가 갖춰져 있으며 욕실이 2€. 저녁 아침 식사를 제공해준다. 연중무휴.

  ★ 주의 : San Miguel 성당 입구를 등지고 성당 길 건너 왼쪽으로 조금 올라가면, 건물 모퉁이 옆에 알베르게 입구가 있다. 표시가 잘 안 보이므로 San Miguel 성당에서부터 주의를 기울이기 바란다. i.miguelarellano@gmail.com
- 알베르게 juevenil oncineda(☎ 948 555 022) : 150명 이용 가능. 9.90€. 개인침대 13.50€. www.albergueestella.com

기타 숙박시설

- Hostal Cristina(☎ 948 550 450) : Baja Navarra 1번지, 더블 룸 45€.
- Fonda San Andres(☎ 948 554 158) : Plaza Santiago 58-1번지, 더블 룸, 공동 욕실 30€, 더블 룸+욕실 35~38€.
- Fonda Izarra(☎ 948 550 678) : Caldereria 20번지. 더블 룸, 공동 욕실 30€.

Step 6. 고독의 길

　솜포르트Somport부터 아라곤 루트를 통해 이곳까지 온 순례자라면 까미노에 대해 잘 알고 있을 것이다. 하지만 론세스바예스Roncesvalles에서 시작한 사람이라면 처음으로 고독의 길을 맞이하게 되는 셈이다.

　빌리마요르 데 몽하르딘Villamayor de Monjardin에서 로스 아르꼬스Los arcos까지 13km쯤 되는 거리를 마을도 도로도 없는 외진 길을 걸어가야 한다. 곧 까스띠야Castilla 평원에 도달하게 될 터이니, 그곳에 가기 전에 미리 연습하는 곳이라 할 수 있다. 평소보다 두 배의 물과 음식을 꼭 준비해야 한다.

　아예기Ayegui에서 곧바로 아스께따Azqueta로 가는 길이 있고, 살짝 돌아 이라체Irache를 거쳐 아스께따에 가는 길이 있는데 대부분 이라체를 거쳐 가는 길을 택한다. 이라체 수도원의 우아한 자태를 볼 수 있고, 그곳에 세계에서 유일하게 물과 포도주가 나오는 샘이 있기 때문이다.

　이라체 수도원은 나바라에서 가장 오래된 순례자를 위한 병원이 있던 곳이었다고 한다. 그러나 지금은 지나가는 순례자들을 위해 목을 축일 수 있는 물과 포도주, 그리고 약간의 여유를 한 잔씩 나눠주고 있다. 까미노 정신의 핵심이라고 할 수 있는 배려의 마음을 직접 실천하고 있는 곳이라고 할 수 있다. 다른 사람들을 배려하는 마음가짐이 까미노 곳곳에 지금도 바이러스처럼 번져가고 있다. 여러분도 이곳에서 '배려'라는 바이러스에 감염될 준비를 하기 바란다.

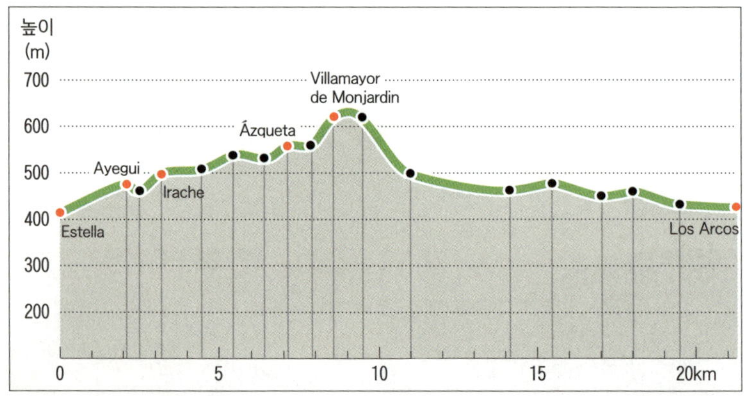

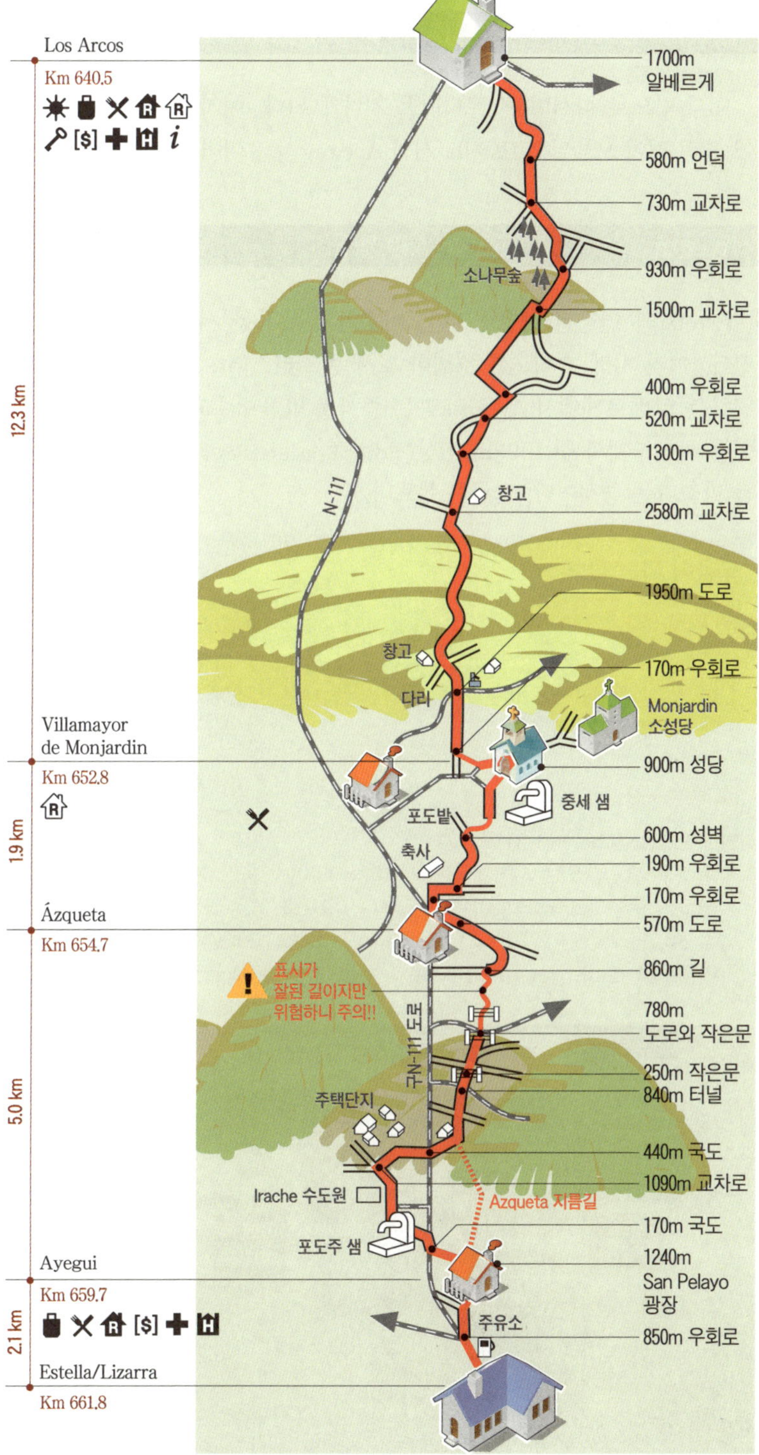
Los Arcos
Km 640.5
1700m
알베르게
580m 언덕
730m 교차로
소나무숲
930m 우회로
1500m 교차로
400m 우회로
520m 교차로
1300m 우회로
N-111
창고
2580m 교차로
1950m 도로
창고
170m 우회로
다리
Monjardin
소성당
Villamayor
de Monjardin
Km 652.8
900m 성당
중세 샘
포도밭
600m 성벽
축사
190m 우회로
170m 우회로
Ázqueta
570m 도로
Km 654.7
860m 길
표시가
잘못된 길이지만
위험하니 주의!!
780m
도로와 작은문
N-111 도로
250m 작은문
840m 터널
주택단지
440m 국도
1090m 교차로
Irache 수도원
Azqueta 지름길
170m 국도
포도주 샘
1240m
San Pelayo
광장
Ayegui
Km 659.7
주유소
850m 우회로
Estella/Lizarra
Km 661.8
12.3 km
1.9 km
5.0 km
2.1 km

도시 밖으로 나서면 큰 로터리를 지나게 된다. 여기서부터 보도블록이 깔린 길이 오늘날의 Estella 시와 Ayegui 시를 이어주고 있다.

Estella와 연결된 마을이지만, 이곳만의 독특한 서비스를 제공하고 있다. 여러 차례 까미노를 경험한 호세 아스티스Jose Astiz 시장이 후원하는 알베르게에서 Ayegina라는 증서를 만들어주고 있다는 점이다. 이는 까미노에서 첫 100km 이상(최소한 Roncesvalles부터 여기까지) 순례를 마쳤다는 증서이다. 발급은 무료다.

도움이 되는 정보

🍽 먹을거리

- 도로를 따라 식료품점과 빵 가게 등이 있다. 중앙로에 다양한 Bar와 식당들이 있다. 알베르게에 머문 사람에게는 시립체육관 안에 있는 식당에서 8€에 식사를 할 수 있다.

🏠 숙박시설

알베르게(☎ 948 554 311)
- 동네 한가운데 있는 시립체육관을 넓혀 80명이 이용할 수 있는 알베르게로 만들어 운영하고 있으며 이용료는 6€다. 온수를 쓸 수 있고 세탁기/건조기 각 3€, 인터넷 6€, 아침식사 3€, 저녁식사 8€다. 크레덴샬을 발급해 준다. 연중무휴. albergue_municipal_ayegui@hotmail.com

　Ayegui를 벗어나며 이정표는 두 가지 옵션을 보여준다. 하나는 직진해서 바로 Azqueta로 가는 길, 두 번째는 왼쪽으로 나서서 Irache로 가는 길이다. 노란 화살표를 따르면 자동적으로 Irache로 향하게 되는데, 나바라 까미노의 상징적인 포인트인 Irache 수도원과 와인이 나오는 샘을 만날 수 있다.

Irache　　☀ 2.8km ▶ 659km

　수도원에 도착하기 바로 전에 Irache 와인 공장에서 운영하는 샘을 만나게 된다. 이 샘에는 수도꼭지가 두 개 있는데, 한쪽 수도꼭지에서는 와인이 나오고 다른 쪽에서는 물이 나온다. 이는 Irache의 옛 순례자 병원에서 빵과 와인을 나누어 주던 전통을 되살린 것이다.

　Irache 수도원은 나바라에서 가장 널리 알려진 수도원 중의 하나로 Montejurra 산자락 아래 있다. 이 수도원은 958년에 설립된 베네딕트 수도회 소속인데, 1054년 Nejera 영주가 순례자 병원으로 지정했다. 17세기에는 나바라 최초 대학으로 그 역할이 바뀐 적도 있다.

　건물은 중세, 르네상스, 바로크 양식의 단편들로 이루어져 있다. 큰 타워는 마드리드 El escorial San Lorenzo 수도원에서 영감을 얻어 만들어졌고 세 개의 회랑으로 연결되었으며 12세기에 지어졌다.

Azqueta　　☀ 7.1km ▶ 654.7km

　Azqueta에는 시원한 물을 제공하는 샘 외에는 별다른 서비스 시설이 없다. 하지만 마을 중앙광장에 샘이 있고 의자들이 준비되어 있어서 쉬었다 갈 수 있는 오아시스 역할을 톡톡히 하고 있다. 목장을 한 곳 지나가다 보면 포도밭이 보이고, 중세의 샘이 있다.

　13세기에 만들었다는 돌 천장을 중앙의 더블 아치가 지탱해주고 있다. 1991년에 보수했다고 한다.

Villamayor de Monjardin　　☀ 9.0km ▶ 652.8km

　언덕 위에 있는 작은 마을에서 바라보는 전경이 멋지다. 알베르게가 두 곳 있다. 이 마을은 아름다운 San Andres 성당 덕분에 유명해진 곳이다. 벽돌로 장식된 바로크 스타일의 탑이 있는 로마네스크식 성당이다. 이 성당 안에는 12세기에 제작했다고 하는 은으로 된 십자가가 보관되어 있다.

까미노는 끝이 보이지 않는 포도밭 사이로 이어지고 있다. 세 시간 동안 포도밭과 밀밭 사이로 난 길을 걸어가야 하지만 까미노 표식이 잘 되어 있어서 길을 잃을 염려는 하지 않아도 된다. 이곳에서는 드넓게 열린 공간 속에서의 정적이 유일한 동반자이다.

Urbiola에서 Olejua로 가는 교차로에 물을 받을 수 있는 샘이 하나 있다. Arco에 도착하기 2km 전에 왼쪽으로 소나무 밭이 보이는데, 거기 외에는 전혀 그늘을 만날 수 없다.

Los Arcos   🌞 21.3km ▶ 640.5km

마을 입구에 들어서면, 주민 한 사람이 주차장을 개조해 설치해 놓은 음료자판기와 벤치가 보인다. Arcos는 15세기와 16세기에 번성했는데, 나바라 왕국과 까스띠야 왕국 국경에 자리 잡고 있어서 두 왕국 어디에도 세금을 내지 않는 특권을 누렸다고 한다.

이러한 부유함은 경이로운 Santa Maria 성당에서 엿볼 수 있다. 내부를 장식하고 있는 프레스코화는 크리스토발 곤잘레스Cristobal Gonzalez의 작품이다.

바로크 양식의 장식과 고딕 양식의 회랑, 그리고 1516년에 만들어진 성가실의 좌석들은 깊은 인상을 준다. 16세기 르네상스 양식의 타워는 30년에 걸쳐 만들어졌다고 한다.

도움이 되는 정보

여행안내센터Tourist informationIn(☎ 948 640 021) : Fueros 광장 시청사 아래 있고 월요일에는 문을 닫는다.

🍽 먹을거리

- 마을 중심에 식료품과 빵을 파는 상점이 있다.
- 레스토랑 Mavi(☎ 948 640 081) : La Serna 2번지, 메뉴 9.50€.

🏠 숙박시설

알베르게

- 추천하고 싶은 곳은, 나바라 '까미노친구들연합'에서 운영하는 알베르게(☎ 948 640 230)이다. 장인들이 살던 옛집에 운치 있게 자리 잡고 있으며 동네 중앙통과 가까워 상점, 식당, 유적지 등을 찾아가기 편하다. 노란 화살표를 따라 Arcos 옛 지역을 관통하면 아치로 된 문이 나오는데 그 문을 통해 나오면 보인다. 72명 이용 가능. 이용료 4€. 주방, 식당, 온수, 난방, 인터넷 제공. 4월 1일~10월 31일. open.

사설 알베르게

- Casa de Austria Mayor(☎ 948 640 797) : 거리를 통해 마을로 들어서면 첫 번째로 보이는 알베르게다. 54명 이용 가능. 이용료 8€. 커피 및 음료 자판기, 인터넷 제공. 세탁기 3€, 건조기 1€, 아침식사 3€. 연중무휴. www.viveelcamino.com/albergue-casa-austia
- Casa Alberdi(☎ 650 965 250) : 마지막으로 보이는 알베르게다. 30명 이용 가능. 이용료 10€. 연중무휴. 11:00~23:00.
- Casa Romero(☎ 948 640 083) : Clmayor 19번지에 있고 28명 이용 가능. 이용료 6€. 주방, 거실, 세탁기/건조기, 자판기 제공, 자전거 보관 가능. 연중무휴. 07:00~22:00.

기타 숙박시설

- Hostal Suetxe(☎ 948 441 175) : 싱글 룸 + 욕실 29.50€, 더블 룸 + 욕실 48€.
- Hostal Ezequie(☎ 948 640 296) : Zaragoza로 가는 도로 위에 있다. 싱글 룸 22€, 더블 룸 + 욕실 49€.
- Hotel Monaco(☎ 948 640 000) : 싱글 룸 34~49€, 더블 룸 59~60€.

Step 7. 오르막내리막

　나바라 지역을 곧 벗어나 새롭게 리오하Rioja로 접어들게 된다. 하지만 리오하의 환영을 받기 전에 순례자들은 쉽지 않은 코스를 오르락내리락 하는 관문을 지나야만 한다.

　아르꼬스Arcos~산솔Sansol에서는 포도밭이 가득 펼쳐지는 평평한 길을 걷게 된다. 하지만 또레스 델 리오Torres del Rio~비아나Viana는 11km나 되는 길을 끊임없이 오르막과 내리막을 반복하며 걸어야 하고, 여러 차례 자동차 도로를 건너는 것도 감수해야 한다. 그리고 횡단보도가 없는 차도(국도)를 여러 번 건너야 한다.

　언덕들 사이로 께사르 보르지아Cesar Borgia의 도시 비아나가 멀리 보인다. 언덕들을 다 넘어가야 비아나에 도착하게 된다. 비아나는 오랜 역사를 지닌 매력적인 도시다. 순례자들을 위한 서비스 시설도 갖추어져 있다. 비아나부터 로그로뇨Logroño까지는 약 9.4km 정도 되는데 걷기 편안한 평지이다.

　집을 떠나 순례를 시작한 지 7일째, 이제 제법 까미노가 익숙해졌을 것이다. 그리고 문득 집에 있는 가족들의 모습이 떠오르기 시작했을 것이다. 너무 가까이 있어서 때론 소홀했던 가족의 의미를 이번 코스에서 되새겨 보자.

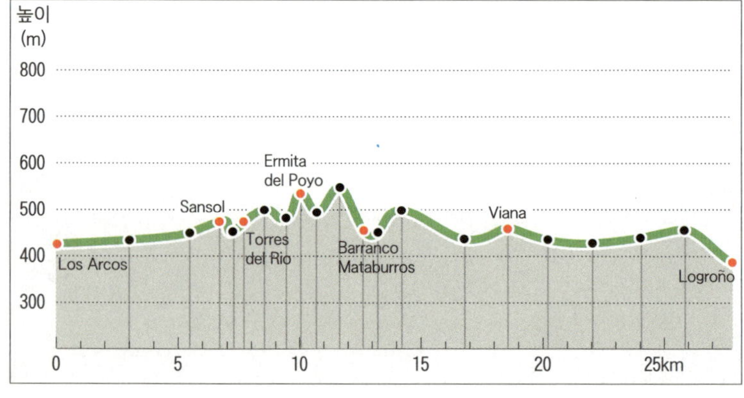

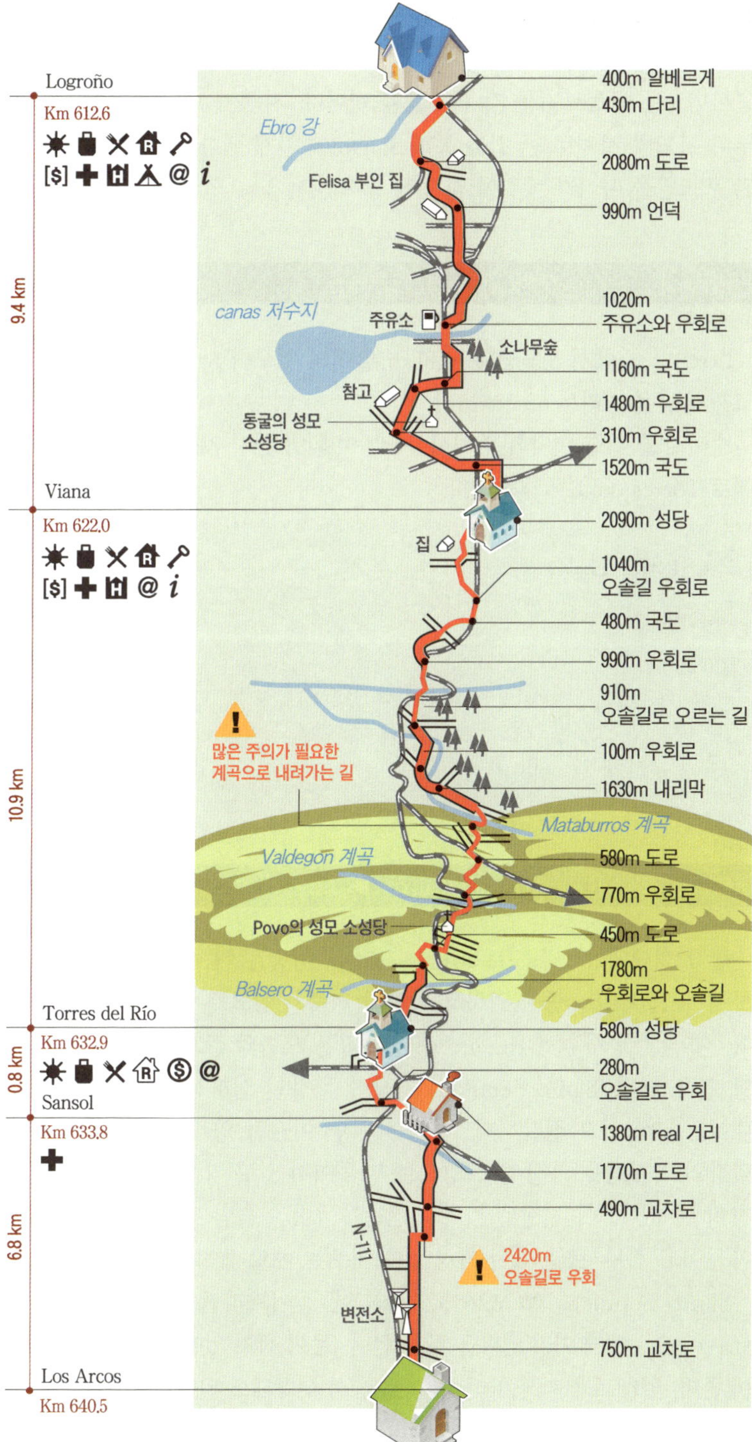

Logroño
Km 612.6
9.4 km
Ebro 강
Felisa 부인 집
canas 저수지
주유소
소나무숲
참고
동굴의 성모
소성당
400m 알베르게
430m 다리
2080m 도로
990m 언덕
1020m
주유소와 우회로
1160m 국도
1480m 우회로
310m 우회로
1520m 국도
Viana
Km 622.0
10.9 km
집
2090m 성당
1040m
오솔길 우회로
480m 국도
990m 우회로
910m
오솔길로 오르는 길
100m 우회로
1630m 내리막
많은 주의가 필요한
계곡으로 내려가는 길
Mataburros 계곡
Valdegon 계곡
580m 도로
770m 우회로
Povo의 성모 소성당
450m 도로
1780m
우회로와 오솔길
Balsero 계곡
Torres del Río
Km 632.9
0.8 km
580m 성당
280m
오솔길로 우회
Sansol
Km 633.8
1380m real 거리
1770m 도로
490m 교차로
6.8 km
N-111
2420m
오솔길로 우회
변전소
750m 교차로
Los Arcos
Km 640.5

까미노는 공동묘지를 지나 마을을 벗어나, 자동차 도로와 평행을 이루며 포도밭 사이로 난 길을 통해 Sansol에 가게 된다. 가까운 것 같지만 포도밭을 따라가는 길이 꽤 멀게 느껴진다.

Sansol   ☀   6.8km ▶ 633.7km

Los Arcos에서 Sansol은 6.8km 떨어져 있으며 Sansol에서 산띠아고까지 남은 거리는 633.8km다.

순례자를 위한 어떠한 편의시설도 준비되어 있지 않다. 좁은 협곡 너머로 Torres del Rio가 보인다.

도움이 되는 정보

🏠 **숙박시설**

알베르게

• 알베르게 de Peregrinos Arcadi(☎ 618 197 520) : Cl Taconera, 10번지에 있다. 14명 이용 가능. 이용료 5€. 온수, 주방이 제공되지만 난방이 안 되고 세탁기도 없다. 연중무휴.

Torres del Rio   ☀   7.6km ▶ 632.9km

팔각 형태의 산 세뿔끄로Santo Sepulcro 성당은 이 마을의 보석 같은 곳이며 전 까미노 중 유일하고 독특한 건축 기법으로 만들어진 건물이다. 예루살렘 사원과 Eunate 성당과 같은 모습의 팔각의 성당으로 성당 입구 위에 Santo Sepulcro 기사단 문장인 십자가가 새겨져 있다. 내부는 단정하고 정갈하다. 천정을 보면 이슬람 양식의 영향을 받아 팔각의 꼭짓점을 가진 별 모양으로 만들어져 있고 각 꼭짓점마다 작은 창이 나 있다. 이 천정은 기독교 건축가들이 이슬람 양식을 어떻게 받아들이고 접목시켰는가를 가장 잘 보여주는 예로 꼽힌다.

Santo Sepulcro (☎ 626 325 691)에 들어가려면 마리 까르멘Sra. Mari Carmen에게 미리 연락을 해야 한다. 문이 잠겨 있어 연락을 해야 열어 준다. 알베르게 까사 마리Casa Mari에서 부탁해도 된다. 입장료 1€.

여기서부터 지속적으로 오르고 내리는 긴 코스가 시작된다. 약

10km에 달하는 이 길은 비아나로 연결된다. 까미노는 첫 번째 언덕인 Alto de poyo로 오르게 되는데 이곳에는 16세기에 지어진 고딕 스타일의 Poyo 성모 성당이 있다. 다시 자동차 도로로 내려가 차도와 나란히 걸어 축구장까지 언덕을 오르면 여기부터 리오하의 평원이 시작되어 Logroño까지 이어진다.

Viana　　✹　18.5km ▶ 622.0km

자동차 도로를 따라 도시 하단부로 통과하면 시간과 노력이 절약되지만, 노란 화살표는 마을 구시가지로 올라가도록 안내한다. 성벽으로 둘러싸인 구시가지는 순례자들의 편의를 위한 여러 가지 시설을 갖추고 있다. 이곳은 옛 까스띠야 왕국과 나바라 왕국의 국경이었고, 또한 네 개의 순례자 병원이 있었기 때문에 순례자들에게 중요한 기착지로 여겨진다. 정치적으로도 주요한 도시였다고 한다.

Viana에서 가장 대표적인 이정표는, 바로크 스타일의 시청과 대성당이라고 할 정도로 화려하고 웅장한 Santa Maria 성당이다. 성당 입구는 로마 개선문에서 영감을 얻은 르네상스식 건축물이다.

이 도시의 대표적인 인물은 시저 보르지아Cesar Borgia라는 인물로 왕자이자 추기경이며 전사였다. 그는 전형적인 르네상스형 인간으로 자유주의를 표방했던 사람이었다. 1506년 나폴리 감옥에서 도망쳐 Viana로 왔으나 1507년 레린Lerin 백작과의 결투로 사망하여 Santa Maria 성당에 안치되어 있다.

도움이 되는 정보

자전거 수리점 : Calle la Rueda 46번지(☎ 948 645 149)

🍽 먹을거리

- 알베르게 주변에 두 곳의 빵 가게뿐만이 아니라 다양한 상점들이 있다.
- Armendariz (☎ 948 645 927) : 알베르게 근처 Navarro villoslada 19번지, 메뉴 10€.
- 레스토랑 Pitu : 메뉴 9€.
- Cafeteria El portillo : 콤비네이션 메뉴 등 10€.

🏠 숙박시설

알베르게
- 시립 알베르게(☎ 609 141 798) : San pedro 성당 옆에 있다. 54명 이용 가능. 이용료 6€. 주방, 온수, 냉·온 음료 자판기, 인터넷 제공. 세탁기 3€. 자전거 보관 가능. 연중무휴. www.viana.es
- 성당에서 운영하는 알베르게(☎ 948 645 037) : Santa Maria Magdalena 성당에 있다. 15명 이용 가능. 순례자들의 기부금으로 운영된다. 바닥에 매트리스를 깔고 자야 하고 주방, 온수, 저녁 및 아침식사를 제공해준다. 여름에만 문을 연다.
- 사설 알베르게 Izar(☎ 660 071 349) : C/el cristo 6번지. 2013년 3월 1일 오픈. 44명 이용 가능. 이용료 8€. 2개 더블 룸 15€. 세탁기 /건조기 각 3€. 타월 대여 3€. 예약 가능. 12:00 open. Albergueizar@gmail.com, www.albergueizar.com

기타 숙박시설
- Hostal Armendariz(☎ 948 645 078) : Navarro villoslada 19번지, 싱글 룸 19.20€, 더블 룸 35.08€.
- Hostal San pedro(☎ 948 645 927) : 시립 알베르게 근처, 싱글 룸 25€, 더블 룸 40€.

노란색 화살표는 Viana 구시가지에서부터 우리가 들어왔던 반대쪽으로 순례자를 이끈다. 작은 도로들을 지나 약 1.5km쯤 가서 N-111 도로를 건너면, Viana의 수호 성모인 동굴의 성모Virgen de las cuervas 소성당에 이르는 길로 들어서게 된다.

이곳에서 한 템플 기사단이 머물며 나바라 왕국과 까스띠야 왕국 국경에서 화폐를 환전하고 관세 징수를 담당했었다고 한다.

고속도로 교차 지점을 뒤로 하고 가다 보면, Logroño로 이르는 붉은 빛깔의 길에 들어서게 된다. Logroño에 들어서기 직전에 한 농부의 집을 지나게 되는데, 까미노에서 아주 유명한 집이다.

단층 건물에 잡동사니 가구와 화분들로 둘러싸인 평범한 집이지만, 이곳은 까미노의 인간 이정표 격인 펠리사 부인이 살던 곳이다.

그녀는 수십 년간 순례자들에게 무화과와 시원한 물, 그리고 사랑을 전했던 분이다. 글을 쓸 줄 몰랐던 그녀는 그녀의 집을 지나간 순례자 수를 종이에 막대로 그려 표시해 두었다. 펠리사 부인은 92세의 나이로 2002년 10월에 돌아가셨는데, 지금은 그녀의 딸 마리아가 어머니의 뜻을 이어받아 크레덴샬에 도장을 찍어 주고 있다.

까미노에서 처음 만나는 큰 강인 Ebro 강 너머부터는 대도시답게 번잡함을 느끼게 된다. 우리는 돌다리Puente de Piedra를 통해 Logroño로 들어선다.

Logroño   27.9km ▶ 612.6km

전통적인 산띠아고 도시이다. Logroño 시가 생기게 된 것은 여러 이유가 있겠지만, Logroño 시가 발전을 거듭하며 주요 도시로 꼴을 갖추게 된 것은 까미노 덕분이라고 할 수 있다. 순례자들은 Puente de piedra를 통해 Ebro 강을 건너 도시로 들어선다. 그리고 강을 건너자마자 서쪽을 향해 돌이 깔려 있는 길이 길게 뻗어있는 Rua Vieja 거리를 만나게 된다. 이 길로 들어서면 포도주 도가, 상점, 주점, 공예품점 등 다양한 상점들이 눈에 띈다. 그중에서 순례자들이 가장 반길 만한 곳은 1655년에 세워진 고풍스런 알베르게일 것이다.

Logroño와 오늘날 Rioja로 알려진 이 지역은 알폰소 6세에 의해 지금의 모양을 갖추게 되었다고 할 수 있다. 그는 까스띠야 왕국의 국경을 Ebro 강 오른쪽까지 확장하고, Santo Domingo de la Calzada 동료인 San Juan de Ortega에게 Puente de Piedra(돌 다리)를 확장 보수하도록 했다.

이 공사가 11세기 말에 끝나면서 도시 발전의 촉매제 역할을 하게 되었다. 현재의 다리는 중세에 지은 다리를 1884년에 증축한 것으로 12개의 아치와 방어용 타워가 있다.

바로크식 타워 2개가 Logroño 스카이라인을 장식하고 있는데, 1959년부터 Calahorra 주교청을 Logroño로 옮기게 되면서 대성당이 된 Santa Maria la Redonda 성당 타워이다.

Rua Vieja는 Calle de Barriocepo로 이어져, 유일하게 중세 도성의 모습이 남아 있는 까를로스 5세 문 혹은 까미노 문Puerta del camino으로 향하게 된다.

대학 순례 증서를 갖고 순례하는 이들은 Logroño 대학에서 도장을 받을 수 있다. Logroño에 있는 두 개의 대학 중에서 UNED는 까미노 위에 있어서 쉽게 받을 수 있지만 University of Rioja는 까미노를 벗어나 있다. 한 도시, 한 대학만으로도 충분하니 특별한 이유가 없는 한 UNED에서만 도장을 받아도 무방하다.

★ 주의 : UNED는 골목에 있어 자칫하면 그냥 지나칠 수 있다.

도움이 되는 정보

버스터미널 Avenida de España 1번지(☎ 941 235 983).
기차역 Estacion de Renfe, Plaza de Europa(☎ 902 240 202).
응급실 구급차 호출(☎ 061)
San Millan 병원 Avenida de Autonomia de la Rioja 3번지(☎ 941 294 500).
자전거 수리점
• Hogar ciclos. Avenida de Navarra 8-10번지(☎ 941 261 236).
• Bicicletas Jose Mari. Duguesa de la victoria 39번지(☎ 941 242 414).
여행자 안내센터 Paseo del Espolon(☎ 941 291 260).
시립 안내센터 Portales 39-2번지. 배낭 보관 10:00~13:15 가능.

먹을거리

• La Redonda (☎ 94 236 816) : Portales 49번지, 메뉴 8~9€.
• El Rey del Jamon (☎ 941 263 873) : Portales 45번지.
• El Moderno (☎ 941 220 042) : Plaza de Martinez Zaporta 7번지, 메뉴 9€.
• Kuppa (☎ 941 274 594) : Plaza de Mercado 25번지, 메뉴 9€.
• The Druken Duck (☎ 941 220 622) : Avenida Portugal 38번지.
• La Union (☎ 941 220 070) : San Agustin 15번지, 메뉴 10.50€.

알베르게

- 까미노친구들연합 알베르게(☎ 941 260 234 / 941 239 201) : 88명이 이용 가능. 이용료 7€. 난방 및 냉방, 주방, 전자레인지, 인터넷 제공. 자전거 보관 가능. 세탁기 3€, 건조기 1€.
- 알베르게 Puerta del Revelin(☎ 941 700 832) : 40명이 이용 가능. 이용료 10.50€. 세탁기/건조기 제공. 자전거 보관 1€. 연중무휴. 11:00~22:00. www.alnerguerevelin.es
- 산띠아고 성당 알베르게 Parrequial de Santiago(☎ 941 501 209) : 이용하는 순례객들에게 매트리스를 깔아주기 때문에 이용 가능한 인원이 유기적이며, 기부제로 운영. 온수가 제공되며 난방은 없다. 식사는 공동으로 준비해 먹는다. 6월~9월 open.
- Albergue de Peregrinos de Logroño(☎ 941 248 686) : Rua Vieja 32번지. 리오하 시립 까미노친구들연합 알베르게. 68명 이용 가능. 연중무휴, 7€. 예약 불가. 16:00부터 오픈. 리셉션 20:00까지 근무. 세탁기 3.5€, 건조기 2€. 주방 없음. 전자레인지 있음. Info@asantiago.org, www.asantiago.org ,
- Santiago 성당 Albergue(☎ 941 209501) : C/Barriocepo 8번지 1층. 연중무휴. 세탁기/건조기 없음. 난방 없음. 이용 인원 필요에 따라 매트리스 사용. Info@santiagoelreal.org, www.santiagoelreal.org,
- 사설Albergue Check in Rioja(☎ 941 272 329) : 30명 이용 가능. 이용료 10.50€. 세탁기 3.5€, 건조기 2€. 난방, 온수 가능. 예약 가능. 13:00 open. info@checkinrioja.com, www.checkinrioja.com
- 사설 Albergue Logroño(☎ 941 254 226) : 48명 이용 가능. 이층 침대 10€, 싱글 룸 20€, 더블 룸 30€, 트리플 15€. 연중무휴. info@alberguelogrono.es, www.alberguelogrono.es,
- 사설 Albergue Puerta del Revellín(☎ 941 700 832) : Plaza Martinez Flamarique, 4번지. 36명 이용 가능. 이용료 10.50€. 세탁기 3.5€, 건조기 1€. 온수, 난방 가능. 주방 없음. 전자레인지. 자전거 보관 1€. 연중무휴. 예약 가능. 11:00~ open. Albergue@alberguerevellin.es, www.alberguerevellin.es

기타 숙박시설

- Hostel Entresueños. (☎ 941 271 334) : C/Portales 12번지.92명 수용 가능. 순례자용 이층 침대. 14명 이용 가능. 이용료 14€. 세탁기 3€, 건조기 3€. 난방, 온수 가능. 세탁기/건조기 5€. 주방 없음. 전자레인지. 자전거 보관 가능. 크리스마스 휴가 1주일 제외. 연중무휴. info@hostellogrono.com, www.hostellogrono.com

Step 8. 디오니소스의 선물, 와인의 땅

쾌적한 산책을 뒤로 하고 길은 포도밭 고랑의 평원 속으로 주로 이어지다가 다양한 편의시설을 갖춘 마을들을 지나게 된다. 좀 길게 느껴지는 이 코스 중에 지나가게 되는 마을은 나바레떼Navarrete와 벤또사Ventosa 두 곳이다. 그리고 인공 연못 주위로 수목이 우거진 라 그랑지La Gragera 공원을 거치게 된다. 이곳은 로그로뇨Logroño 시 공원이다.

뒤이어 정통 까미노 길을 따라 Alto de San Anton로 향하는 오르막 길을 가게 되는데 이곳은 예전에 San Antonio 수도원이 있던 곳이다. 마지막 오르막길에서 내려오면 Najerilla 강의 계곡과 옛 나바라 왕국의 수도였던 나헤라Najera에 도착하게 된다. 나헤라가 리오하Rioja 지방의 기념비적인 도시라 할 수 있다.

순례 8일째가 되니 낯설던 스페인 풍경이며 스페인어, 음식도 점차 익숙해진다. 순례 동료들과도 만남과 헤어짐을 반복하는 동안 친숙해져서 구간 별로 동행이 되기도 한다. 살아가는 동안 우리는 얼마나 많은 인연을 맺게 될까? 포도주를 서로 나누며 인생 순례길에서 만나게 된 소중한 인연, 순례 동반자들의 이야기에 귀를 기울여 본다.

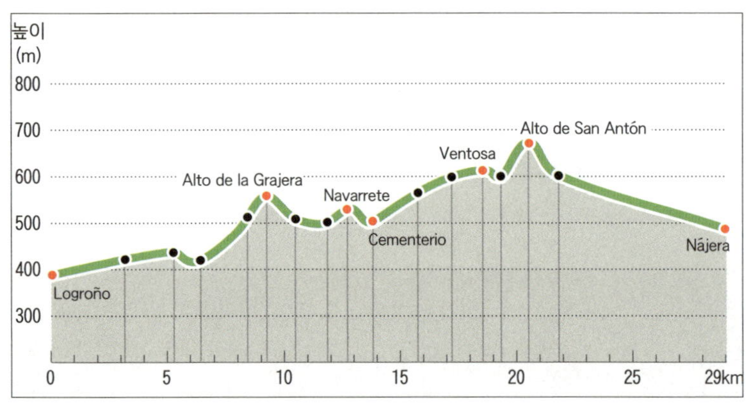

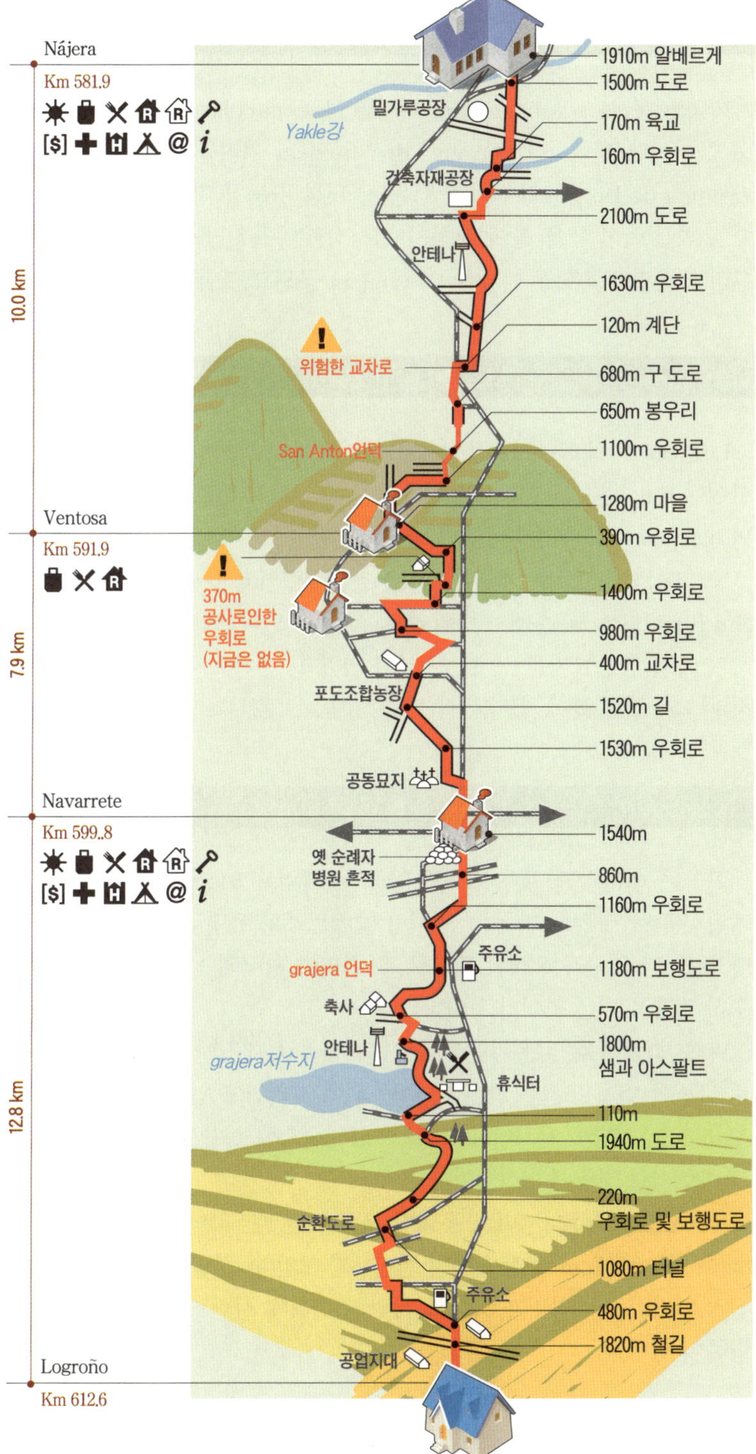

Nájera
Km 581.9
10.0 km

1910m 알베르게
1500m 도로
밀가루공장
Yakle강
170m 육교
160m 우회로
건축자재공장
2100m 도로
안테나
1630m 우회로
120m 계단
위험한 교차로
680m 구 도로
650m 봉우리
San Anton언덕
1100m 우회로
1280m 마을
390m 우회로

Ventosa
Km 591.9
7.9 km

370m
공사로인한
우회로
(지금은 없음)
1400m 우회로
980m 우회로
400m 교차로
포도조합농장
1520m 길
1530m 우회로
공동묘지

Navarrete
Km 599..8
1540m
옛 순례자
병원 흔적
860m
1160m 우회로
12.8 km
grajera 언덕
주유소
1180m 보행도로
축사
570m 우회로
안테나
1800m
grajera저수지
샘과 아스팔트
휴식터
110m
1940m 도로
220m
순환도로
우회로 및 보행도로
1080m 터널
주유소
480m 우회로
1820m 철길
공업지대

Logroño
Km 612.6

까미노 문Puerta del Camino을 나서면 Plaza circular de los Alfereces로 들어서게 된다. 긴 Marques de Murrieta 거리를 따라 걷다 보면 Avenida de Burgos와 만나게 되는데, 닛산 자동차 대리점에 도착했을 때 왼쪽으로 방향을 틀어 자동차 검사장ITV 표시 쪽으로 가면 된다. 그리고 뚫린 고속도로 아래로 La Grajera 공원으로 들어간다.

Logroño시의 Grajera 공원으로 까미노가 관통한다. 수목림과 호수 사이에 Bar 한 곳과 레스토랑이 있다. Alto de la Grajera 언덕을 지나면 Navarrete로 내려가는 길이 나온다.

Navarrete로 들어가기 전에 1185년에 설립되고 1세기 후 파괴된 옛 San Juan de Acre 순례자 병원 흔적을 볼 수 있다. 병원 전면부는 건재하여 마을 공동묘지를 꾸미는 일부가 되었고, 공동묘지는 Navarrete에서 나오는 길에 볼 수 있다.

이곳은 세라믹 공방과 포도주 양조장, 그리고 Rioja 지방 정부가 오래된 저택을 복원해 만든 멋진 시립 알베르게로 유명하다. Logroño보다 훨씬 더 역사가 오래된 도시로, 까스띠야 왕국과 나바라 왕국이 무수히 전쟁을 치른 곳이기도 하다.

마을 초입에 유명한 가문의 문장이 새겨진 대저택들이 지형학적으로 완벽한 입지 조건을 갖춘 채 언덕 위에 자리잡고 있다. 이곳에선 La Asuncion 성당이 돋보인다. 16세기 르네상스식 성당이며 내부의 바로크식 주제단 병풍이 인상적이다.

Navarrete에서 나서며 공동묘지 문을 지날 때, 고딕 양식으로 된 옛 San Juan de Acre 순례자 병원 전면부가 보인다. 성당 앞에 1986년 자전거를 타고 순례하다가 사고로 사망한 벨기에 사람 앨리스의 추모 조형물이 있다.

도움이 되는 정보

🍽 먹을거리

- 다양한 상점과 빵 가게가 있다.
- Bar los Arcos(☎ 941 440 459) : 알베르게 바로 옆에 있다. 메뉴 9~10€.
- Meson deportivo(☎ 941 441 065) : Plaza de las Pilas, 메뉴 8.5€.
- 레스토랑 El Albero y El Molino(☎ 941 440 564) : 메뉴 9€.

🏠 숙박시설

알베르게

- Albergue La Casa del Peregrino (☎ 630 982 928) : C/Las Huertas 3번지. 20명 이용 가능. 8€. 이층침대(14명), 싱글 룸/더블 룸 25€. 예약 가능. 4월~10월 open. 세탁기/건조기, 온수, 난방, 주방, 자전거 보관 가능.
  alberguenavarrete@gmail.com, www.alberguenavarrete.wordpress.com
- Albergue El Cántaro(☎ 941 441 180) : C/Herrerías, 16번지. 연중무휴, 31명 이용 가능, 이층침대 12명(10€), 싱글 룸 20€, 더블 룸 30€, 끄레덴시알 발급. 세탁기 건조기 각 3€, 난방, 온수. 전자레인지. 자전거 보관 가능.
  Info@alberguelcantaro.com, www.alberguelcantaro.com
- Albergue Navarrete(☎ 941 440 722) : 까미노친구들연합 알베르게. 3월~11월 open. 약 50명 이용 가능. 7€. 세탁기/건조기 각 3€. 난방, 온수, 주방. 13:30~ open.
  C/San Juan, info@asantiago.org, www.asantiago.org

작고 조용한 마을이다. 자동차 도로가 정통 까미노 길 위에 만들어져 조금 돌아가야 한다. San Saturnio 협회에서 운영하는 훌륭한 알베르게를 이용할 수 있다. 다시 까미노에 들어서면 Alto de San Anton까지 오르막이 계속된다. 이곳에서 순례자들은 고독한 시간을 만끽하게 될 것이다. Najerilla 계곡과 평원 끝에 Nájera 지역이 보이기 시작한다.

공업지대를 지나 Yalde 강의 다리를 건너면, 건축 폐기물과 폐가구가 쌓인 낡은 밀가루 공장이 보인다. 이 공장 담벼락에 근처 마을 성당 수사 에우제니오Eugenio가 써놓은 글이 눈에 띈다. '순례자여! 누가 당신을 불렀는가? 어떤 감춰진 힘이 당신을 이곳으로 이끌었는가?' 원본 글과 독일어로 번역된 글이 함께 적혀 있다.

N-120 도로를 건너면 바로 Nájera에 들어서게 된다. 하지만 알베르게까지 가려면 약 2km 정도 자동차가 왕래하는 길을 따라가야 한다.

Nájera ✦ 30.7km ▶ 581.9km

Najerilla를 관통해 옛 시가지로 들어가게 된다. 거대한 바위산 아래 세워진 옛 Rioja 지방의 수도로 10~11세기 빰쁠로냐가 이슬람 세력에 의해 파괴된 후 나바라 왕국의 수도가 있던 곳이기도 하다. Nejerilla 위에 놓인 여덟 개 아치형 다리를 통해 구시가지는 신시가지로 이어진다. 어떤 역사가들은 까미노의 유명한 자선가 산 후안 오르테San Juan de Ortega가 이 다리를 세웠다고 주장하고 있다.

Nájera에는 괄목할 만한 성당이 많은데 역사적으로 가장 주요한 곳은 Santa Maria la Real 수도원이다. 이 수도원은 1502년 돈 가르시아 왕의 후원으로 세워졌다. 전설에 따르면 가르시아가 사냥을 하던 중에 그의 사냥매가 비둘기를 쫓아 동굴에 들어가게 되었는데 그 동굴에서 성모 마리아가 아기 예수를 안고 있는 성상을 발견했다고 한다.

고딕 양식의 회랑, 4면으로 된 바로크 양식의 제단 병풍과 성가실 좌석이 Rioja 지방 예술의 기념비적인 작품이다. 성당 아래 동굴에서 수도원 원형의 일부분을 볼 수 있는데 그중 Panteon Real은 나바라 왕국 왕과 왕비의 무덤이라고 한다. 동굴 안에는 성모상이 모셔져 있으며, 별도의 조명 없이 양초 한 개만으로 불을 밝히고 있다.

도움이 되는 정보

여러 형태의 상점들이 있다. 인터넷은 시립 도서관 (☎ 941 361 625, Plaza san miguel)에서 이용하면 된다.

🍽 먹을거리

- 레스토랑 Olimpo(☎ 941 360 849) : Plaza de la Cruz 2번지, 메뉴 11€.
- 레스토랑 El Mono(☎ 941 363 028) : Calle Mayor 43번지, 메뉴 10€+ 8% 부가세.
- Bodegon la juderia(☎ 941 361 138) : Constantino Garran 13번지, 메뉴 9~12€.
- Meson el Buen Yantar(☎ 941 360 274) : Martires 19번지, 메뉴 8.50€.
- 레스토랑 La Amistad(☎ 941 360 877) : La cruz 6번지, 메뉴 10~15€.
- 레스토랑 Rio(☎ 941 363 700) : Paseo de San Julian 1번지, 메뉴 9.50€.

🏠 숙박시설

알베르게

- 시립 알베르게(☎ 615 180 474) : 강 옆 Plaza de Santiago에 있다. 90명 이용 가능. 기부제이다. 세탁기/건조기 사용, 자전거 보관 불가. 연중무휴.
- 사설 알베르게 Sancho III(☎ 941 361 138) : 10명 이용 가능. 이용료 8€. 세탁기, 온수 제공. 자전거 보관 가능. 주방 없음. 여름에는 12:30에 문을 열며 그 외 시즌에는 'Bar Bodegon la Juderia'에 문의해야 한다. alberguelajuderia@yahoo.es
- 알베르게 Alberone(☎ 674 246 826) : 32명 이용 가능. 이층침대 8€, 싱글 룸 24€, 더블 룸 40€. 세탁기 3.5€, 건조기 4€. 주방, 온수, 난방이 제공. 예약 가능.
- calle mayor(☎ 941 630 407) : 16명 이용 가능. 이용료 8€. 세탁기와 주방은 사용하지 못함. 예약 가능. callemayor@grupostar.com
- 사설 Albergue Puerta Najera (☎ 941 36 23 17) : 2012년 3월 개관 C/carmen 4번지. 34명 이용 가능. 3월~10월. 세탁기 3€, 건조기 2€, 온수, 난방, 주방 전자레인지만 있다. 자전거 보관 가능. 11:00 open. reservas@alberguedenajera.com, albergue@alberguedenajera.com www.alberguedenajera.com

기타 숙박시설

- Hostal Ciudad de Najera(☎ 941 360 660) : Cuarta Calleja de san miguel, 더블 룸 50€.
- Hostal Hispano II(☎ 941 363 615) : La cepa 2번지, 싱글 룸 29.50€, 더블 룸 42€.
- Hostal San Fernando(☎ 941 363 700) : Paseo de San Julian 1번지, 싱글 룸 41€, 더블 룸 65€.

Step 9. 닭이 불러온 기적, 도밍고 델 라 칼자다

　리오하Rioja 지방에서 가장 매력적인 코스이다. 까미노는 아스팔트가 없는 길로 이어져 산띠아고 중에서 가장 신화적인 장소 중의 하나인 산토 도밍고 델 라 칼자다Santo Domingo de la Calzada로 향하게 된다.

　이번 코스 중에 만나게 되는 유일한 마을인 아소프라Azofra에는 편의 시설이 거의 없다. 여기서부터 16km를 걷는 동안에는 들판에 자라는 곡류와 Demanda 산맥의 풍경만이 동반자다.

　분기점이나 교차 지점에서는 항상 노란 화살표에 주의를 기울여야 한다. 부드러운 구릉과 농경지를 따라 다섯 시간 가량 걸으면 마지막에 도밍고 델 라 칼자다가 나온다. 까미노의 큰 자선가였던 도밍고 델라 칼자다의 이름을 딴 곳이다.

　소설가 파울로 코엘류의 소설 《순례자》에서 주인공이 '산 채로 매장을 당하는 훈련'을 하던 장소이기도 하다. 작가는 소설 속에서 '누구나 두려워하고 있는 죽음이 삶에서 가장 가치 있는 것들을 실현할 수 있도록 동기를 부여해 준다'고 적었다. 이번 코스를 통해 죽기 전에 꼭 해야 할 일은, '사는 일'이다. 죽음은 이처럼 삶을 가치 있게 해주는 동기가 된다.

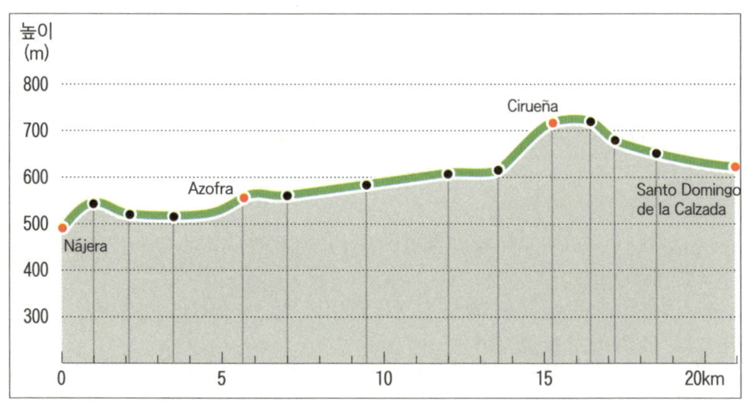

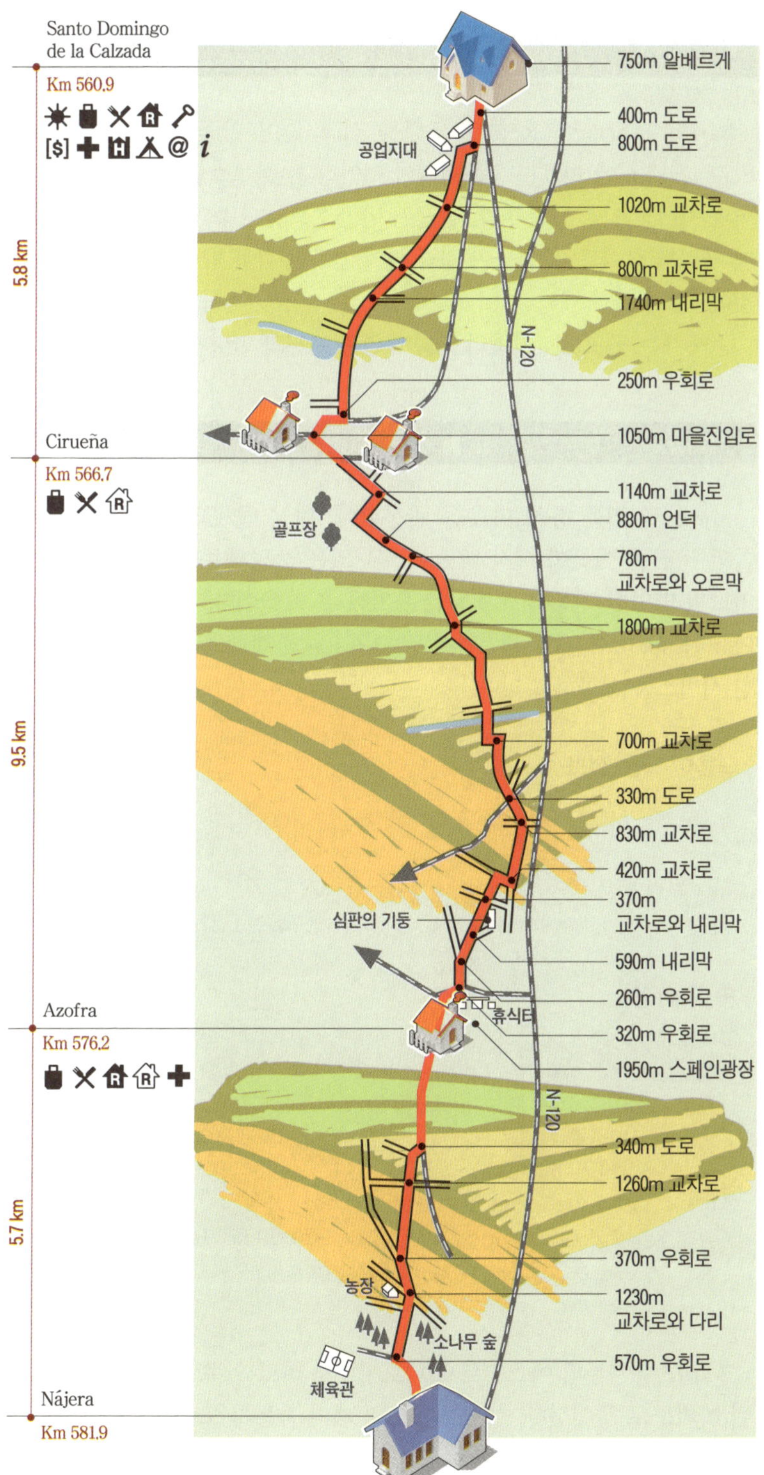

Santo Domingo
de la Calzada
Km 560.9
공업지대
750m 알베르게
400m 도로
800m 도로
1020m 교차로
800m 교차로
1740m 내리막
N-120
250m 우회로
Cirueña
Km 566.7
1050m 마을진입로
1140m 교차로
골프장
880m 언덕
780m
교차로와 오르막
1800m 교차로
5.8 km
9.5 km
700m 교차로
330m 도로
830m 교차로
420m 교차로
370m
교차로와 내리막
심판의 기둥
590m 내리막
260m 우회로
휴식터
Azofra
320m 우회로
Km 576.2
1950m 스페인광장
N-120
340m 도로
1260m 교차로
370m 우회로
농장
1230m
교차로와 다리
소나무 숲
570m 우회로
체육관
5.7 km
Nájera
Km 581.9

Santa Maria la Real 수도원을 끼고 돌아 마을 밖으로 나서면 Peñaescalera에 이르는 오르막길이 이어진다. 불그스름한 사암으로 된 벽과 이어진 인공 동굴들과, 발굴된 비밀 통로들이 보인다. 처음 Nájera 에 자리를 잡게 된 주민들이 계곡 밑에 매복한 적을 방어하기 위해 만든 것이라고 한다.

순례자는 곧 Rioja 지방의 드넓게 열린 평원과 만나게 된다.

Mayor 거리를 통해 마을을 관통한다. 마을 곳곳의 저택들과 귀족들의 문장은 이곳이 예사 마을이 아니었음을 말해준다. Azofra는 까미노의 다양한 전통을 오랫동안 유지해 온 마을이다. 시립 알베르게가 Plaza España에 새로 생기면서 두 개의 Bar와 함께 순례자들에게 쾌적한 서비스를 제공하고 있다.

도움이 되는 정보

알베르게 근처에 두 곳의 식료품점이 있다.

▮●▮ 먹을거리

- El Peregrino (☎ 941 416 041), Bar Sevilla (☎ 941 379 231) : 메뉴 9€.

숙박시설

알베르게
- 시립 알베르게 calle de Las Parras 7번지(☎ 941 379 220) : 입구에 쾌적한 마당이 있으며, 분수대 가까이 앉아 피곤한 발을 쉴 수 있다. 60명 이용 가능. 이용료 7€. 온수, 난방, 주방, 인터넷이 제공되며 세탁기/건조기 각 3€다. 연중무휴. 12:00~22:00. lomaa@hotmail.com, www.azofra.org
- 사설 알베르게 de Roland Kalle(☎ 941 379 096) : 12명 이용 가능. 이용료 4€. 주방은 없고 온수 제공. 하절기 open.

Azofra에서부터 아스팔트로 나오자마자 바로 왼쪽으로 돌아 흙길로 된 까미노로 들어선다. 여기서부터 몇 개의 자동차 도로를 건너야 되는 데 그중 San Millan de la Cogolla로 가는 길이 있다.

이정표는 길을 건너 직진을 하라고 하지만, 루트를 벗어나 옛 순례자들이 많이 찾았던 San Millan de la Cogolla로 우회하여 유명한 Suso와 Yuso 수도원에서 휴식을 취하는 것도 좋다.

Suso('위쪽'이라는 뜻)는 산에서 발굴된 모자라베Mozarabe 사원이다. 모자라베는 가톨릭 점령지에서 살던 이슬람교도를 일컫는 말이다. 이곳은 밀란Millan이란 사람과 그의 추종자들이 살던 곳으로 931년 동굴 옆에 베네딕트 수도회 수도원이 건설되었으며 모자라베 스타일 성당으로 지금까지 보존되고 있다. 《Las Glosas Emilianenses》는 스페인 로망스어로 기록된 최초의 문헌으로 964년 이 수도원에서 상업 부기 문서로 작성된 고문서이다. 이 수도원에서 바스크어로 기록된 고문서도 최초로 발견되었다고 한다.

Yuso('아래'라는 뜻)는 나바라 왕국의 국왕이 또다시 더 큰 수도원을 건설하라고 명하여 지어졌으며 성당과 사제관이 돋보인다.

Cirueña ✺ 15.2km ▶ 566.7km

길고도 외진 들판을 지나면 주택단지와 골프 클럽 때문에 까미노는 새로 놓인 농업 도로를 통해 이어진다. 여기서부터 Santo Domingo까지 5.8km는 걷기 편안하다.

도움이 되는 정보

ᴵᴼᴵ 먹을거리

- 식료품점과 여러 곳에 Bar가 있다.

⌂ 숙박시설

알베르게

- San Millan(☎ 606 639 849) : 8명이 이용 가능하고 기부로 운영된다. 온수와 식사를 제공해준다.
- 알베르게 Virgen de guadalupe(☎ 638 924 069) : 23명 이용 가능. 이용료 13€. 아침식사 3€. 세탁기 4€. 주방 있으나 사용 못함. 예약 가능. 3월 ~10월 open. virgendeguadalupe@gmail.com

바로 옆에 Viloria라는 마을이 있는데도 순례자들이 이곳을 찾아오는 바람에 Domingo라 부르게 되었으며 리오하 지방의 콤포스텔라라고 일컫는 곳이다. 이곳은 까미노의 큰 후원자였던 도밍고 델라 칼자다는 San Millan과 Valvanera에서 수도자로 살고 싶어 했다. 그러나 입회가 거절되자 그는 평생에서 가장 훌륭한 삶을 살 장소로 이곳을 택하게 되었다.

숲을 정비하고 Nájera에서부터 Redecilla까지 까미노 루트를 만들었다. 그리고 Oja 강을 건너는 다리를 세우고 성당과 병원을 설립하여 순례자들을 맞이했다. 1109년 세상을 떠난 후, 그는 자신의 열정이 담긴 까미노 길 위에 묻혔다. 훗날 그의 묘역 위에 세워진 건물이 바로 로마네스크 상석을 가진 대성당이다.

대성당 입구는 두 곳인데, 정문은 로마네스크, 오른쪽 문은 르네상스 양식으로 지어졌다. 세 곳의 회랑 천정은 고딕 양식으로 만들어졌으며, 멋진 종탑은 바로크 양식의 정수를 보여준다. 실내에 두 마리의 닭이 있는 벽감이 보존되고 있는데, 이는 Santo domingo de Calzada의 대표적인 기적을 기억하기 위한 것이다.

그 내용은 다음과 같다. 중세 때 독일에서 온 순례자 가족이 산토 도밍고의 한 여관에 묵게 되었는데, 여관의 하녀가 그 부부의 아들을 사랑하게 되어 그를 유혹했지만 관심을 끄는 데 실패했다. 그러자 앙심을 품은 하녀는 여관의 은으로 된 잔을 행랑 속에 감춰 누명을 씌웠고, 청년은 사형을 선고받았다.

아들은 교수 된 채로 마을에 방치되었고, 그의 부모는 슬픔에 잠긴 채 순례를 마치고 돌아오는 길에 아들이 밧줄에 매달려 아직 살아 있는 것을 보게 되었다. 도밍고 성인이 그의 다리를 받치고 있었던 것이다.

부모는 곧바로 영주에게 이 사실을 알렸지만 영주는 믿지 않고 비웃으며, "네 아들이 살아 있다면 내가 지금 먹고 있는 이 닭도 살아 있겠구나!" 하고 말했다. 그러자 그의 식탁 위에 놓여 있던 구워진 닭이 벌떡 일어나 홰를 치며 노래를 했다고 한다.

도움이 되는 정보

알베르게 근처에 다양한 상점들이 있다.
• 자전거 수리점 : Demanda ciclos(☎ 616 581 497), Avenida Juan
  Carlos 29번지.

⫶◉⫶ 먹을거리

• 레스토랑 La Taberna(☎ 941 341 478) : Calle Mayor, 메뉴 9~10€.
• Los Arcos(☎ 941 342 890) : 메뉴 9.50~11€.
• Hostal el Corregidor (☎ 941 342 128) : 메뉴 12€.
• El Abuelo(☎ 941 342 791) : 알베르게 근처
• Hidalgo(☎ 941 340 339) : Calle Hilario Perez 10번지, 메뉴 12€.
• Cerveceria Dados(☎ 941 342 306) : Plaza de la Alameda 1번지.

⌂ 숙박시설

알베르게

• 시립 알베르게 Casa del Santo(☎ 941 343 390) : 기부로 운영. 주방,
  온수, 난방 제공. 2009년 새 알베르게 open. 162명 이용 가능. 만석일
  때 구 알베르게에 51명 추가 이용 가능.
  www. alberguecofradiadelsanto.com
• 수녀님이 운영하는 알베르게(☎ 941 340 700) : Calle Mayor에 있다. 시
  토 수녀회 수녀님들이 운영하고 있다. 33명 이용 가능. 기부제에서 유료 기
  부로 전환. 최소 5€. 거실, 주방, 벽난로, 온수, 인터넷 제공. 5월~10월
  open. 12:00~22:00. www.cister-lacalzada.com

기타 숙박시설

• Hospederia Cisterciense (☎ 941 340 700) : Pinar 2번지, 수녀님이
  운영. 싱글 룸 32€, 더블 룸 53€, 점심, 저녁식사 11.24€다.
• Pension Miguel (☎ 941 343 252) : 싱글 룸 18€, 싱글 룸+욕실 28€,
  더블 룸 30€, 더블 룸+욕실 42€. 트리플 룸 42€, 트리플 룸+욕실 60€.
• Pension Rio (☎ 941 340 277) : 싱글 룸 20~25€, 더블 룸 30~40€.
• Hostal Rey Pedro I (☎ 941 341 160) : 더블 룸 54~59€, 부가세 별도.
• 특별한 장소를 원하는 사람에게는 국립 파라도르Parador를 추천한다. 산
  토 도밍고 순례자 병원이었던 곳으로 특급 호텔이다(☎ 941 340 300). 예
  약 필수, 인터넷을 통해 시즌에 따라 할인 혜택을 받을 수 있다. 65세 이상
  은 추가 할인된다. 더블 룸 135~145€. www.parador.es

 항상 앞을 향해 나아가리라!

　산토 도밍고Santo Domingo에서 풍부한 예술을 만끽한 후 이제 리오하 지방에서 마지막으로 포도밭 고랑과 언덕들과 여러 마을을 지나게 된다. N-120 자동차 도로의 갓길에 보행자 도로가 만들어져 있어서 안전하게 걷는 데는 무리가 없지만, 전속력으로 달리는 트럭들과 자동차의 소음 속에서 Alto de Pedraja 언덕을 올라야 한다.

　그라뇽Grañón을 지나면서부터 평원을 향해 서서히 올라가게 된다. 리오하 지방을 벗어나 부르고스Burgos 지방에 들어서게 된다는 표지판이 나타나는데, 그곳에 멋진 글이 적혀 있다. "어디가 되던, 항상 앞을 향해 가리라Ir donde sea, siempre que sea hacia delante!" 리오하 지방을 뒤로 하고 끝이 없을 것 같은 까스띠야Castilla로 들어서게 된다. 이제 산띠아고로 가는 길의 풍경은 지평선뿐이다.

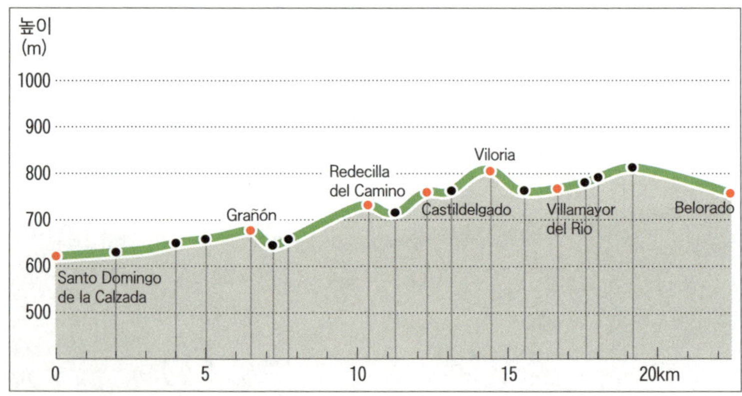

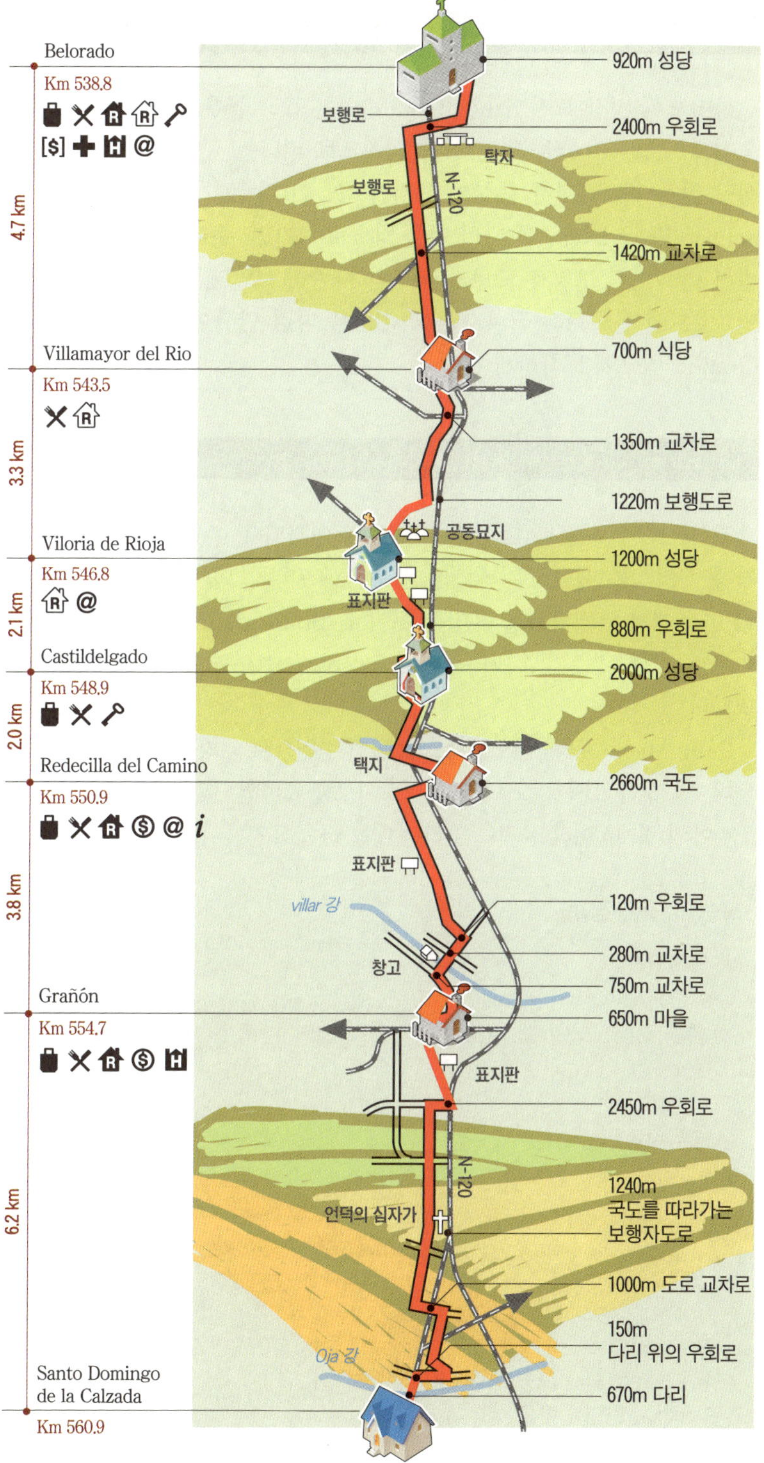

Belorado
Km 538.8
[$]
4.7 km
Villamayor del Rio
Km 543.5
3.3 km
Viloria de Rioja
Km 546.8
2.1 km
Castildelgado
Km 548.9
2.0 km
Redecilla del Camino
Km 550.9
3.8 km
Grañón
Km 554.7
6.2 km
Santo Domingo
de la Calzada
Km 560.9
920m 성당
보행로
2400m 우회로
탁자
보행로
N-120
1420m 교차로
700m 식당
1350m 교차로
1220m 보행도로
공동묘지
1200m 성당
표지판
880m 우회로
2000m 성당
택지
2660m 국도
표지판
villar 강
120m 우회로
280m 교차로
창고
750m 교차로
650m 마을
표지판
2450m 우회로
N-120
1240m
국도를 따라가는
보행자도로
언덕의 십자가
1000m 도로 교차로
150m
다리 위의 우회로
Oja 강
670m 다리

　까미노의 멋진 도시 Santo Domingo는 좁고 곧은 Calle Mayor를 중심으로 순례자들을 맞이하며, 서쪽으로 떠나는 길을 환송한다. 대성당 앞을 지나자마자 문장이 새겨진 집들이 일렬로 보인다. 이 Calle del Rio Palomarejos를 따라 마을 밖으로 나가면, 순례자들을 위해 특별히 만들어진 보행자 도로가 국도와 나란히 보인다. 약 4.2km를 가면 이 보행자 도로는 끝나지만 N-120를 따라 만들어진 도로를 통해 Grañón 입구에 도착하게 된다.

　직선으로 난 Calle Mayor는 까미노와 연결된다. 순례자들은 우물과 각종 서비스를 제공하는 상점들을 지나게 된다. 그중 빵 가게 두 곳은 이 마을에서 특별하고도 유명한 곳이다. Bollos de Grañón은 버터케이크Torta Manteca가 유명하고 Magdalenas y Españolas는 쿠키로 유명하다.

　Calle Mayor 끝에서 오른쪽으로 돌면 평원으로 내려가는 길을 만나게 된다. 몇 개의 표시가 잘 되어 있는 교차로를 지나면, 이곳이 리오하와 까스띠야의 경계선이라는 것을 알리는 대형 금속 표지판이 보인다.

도움이 되는 정보

🍴 먹을거리

- 빵 가게 두 곳과 식료품점이 두 곳 있다. 광장에 Bar가 두 곳 있어서 샌드위치를 살 수 있고, 레스토랑은 마을에서 1km 떨어진 Virgen de Carrasquedo 성당 옆에 있다.

⌂ 숙박시설

알베르게
- San Juan 성당 바로 옆에 있는 옛 사제관이다. 돌로 된 비좁은 계단을 올라가면 이층에 방과 주방이 있고 2개의 고딕식 창과 벽난로가 있는 식당이 있다. 15명이 묵을 수 있으며 바닥에 매트리스를 깔고 자야 되고 온수를 제공해준다. 15명이 넘더라도 어떤 식으로든 잠자리를 마련해 준다. 공동으로 준비하는 저녁식사 및 독특한 스타일로 순례자들이 많이 추천하는 곳이다. 순례자들을 위해 매일 오후 기도회가 열린다. 연중무휴. 시청(☎ 941 420 818)에서 안내를 받을 수 있다.

기타 숙박시설

- 유스호스텔 (☎ 941 746 000) : 마을에서 1.2km 떨어진 Virgen de Carr asquedo 성당에 있다. 아침·저녁식사를 포함해 23.10€, 아침·점심· 저녁을 먹을 때는 28.30€.
- Casa rural Jacobea (☎ 687 505 544 / 941 420 684) : Calle Mayor 32번지에 있다. 더블 룸 45€, 아침식사 5€.

Radecilla del camino　　10.0km ▶ 550.9km

　규모에 비해 서비스 시설이 잘 갖춰진 마을이다. 마을 입구에 있는 여행자 안내센터가 잘 운영되고 있고, 성당에는 12세기에 사용되던 세례대Pila Bautismal가 보존되어 있다. 알베르게가 있는 Calle mayor를 지나다 보면 마을이 보인다.

도움이 되는 정보

여행자 안내센터에서 인터넷을 사용할 수 있다.

🍽 먹을거리

- 식료품점이 한 곳 있다. Bar Paredes는 자동차 도로 위에 있으며, 샌드위치나 콤비네이션 저녁식사를 할 수 있다.

🏠 숙박시설

알베르게

- 시립 알베르게 carmen(☎ 947 585 221) : 성당 앞에 있으며 시설이 훌륭하다. 48명 이용 가능. 정해진 이용료 5€. 주방, 식당, 인터넷 제공. 세탁기 1€. 연중무휴. 11:00 open. www.redecilladelcamino.es. turismoredecilladelcamino@telefonica.net

　농업용 도로를 통해 중세 까미노의 작은 마을로 들어가게 된다. 11세기 까스띠야 왕국의 알폰소 7세가 산띠아고에 봉헌하는 수도원과 병원을 세웠는데 그 건물들이 지금의 San Pedro 성당이 되었다. 순례자를 위한 서비스 시설이 많지는 않지만, 대부분 국도변에 있다. 광장을 가로지르면 N-120을 따라가는 보행자 도로를 다시 만나게 된다.

　약 800m 정도 가서 국도를 따라가는 보행자 도로는 왼쪽으로 우회하여 도밍고 델 라 깔사다의 고향인 Viloria로 향하게 된다. 여기서 마을을 지나쳐 직진해 차도의 갓길로 가면 시간을 단축할 수는 있지만, 500m 정도 우회하여 성 도밍고가 태어난 마을을 방문하는 것도 의미가 있다. 그러나 중세의 까미노가 이 마을을 통과했는지는 알 수 없다.

도움이 되는 정보

▥ 먹을거리

- 식료품점과 빵 가게가 성당 뒤에 있다. 레스토랑 El chocolatero(☎ 947 588 063). 메뉴 12.50€.

⌂ 숙박시설

기타 숙박시설
- Hostal el chocolatero(☎ 947 588 063) : 싱글 룸 22~26€, 더블 룸 42~47€.

도밍고 델 라 깔사다는 1019년 5월 12일 이 마을에서 태어나 지금도 보존되어 있는 성당 세례대에서 세례를 받았다고 한다.

오늘날 Viloria에는 문장이 새겨진 저택들이 보이는 외길밖에 없으며, 약 20가구가 상징적으로 남아 이 마을이 사라지지 않도록 원형을 유지하고 있다. 그리고 새로 생긴 알베르게가 이 사명을 지키고 있다.

도움이 되는 정보

🏠 숙박시설

알베르게

- 사설 알베르게(☎ 679 94 11 23 / 947 58 52 20) : 2007년 Calle Nueva 6번지에 있는 옛집을 리모델링 했다. 까미노 경험이 풍부한 두 명의 자원봉사자 아카시오Sr. Acacio와 오리에타Sra. Orietta가 운영 하고 있다. 16명 이용 가능. 이용료 10€. 온수, 주방, 인터넷 제공. 자전거 보관 가능. 세탁기 3€. 식사는 그날의 순례자들과 함께 준비하며 기부금으로 받는다. casaperegrina@yahoo.es

다시 N-120을 따라 보행자 도로로 걸어가면 자동적으로 이 마을로 들어서게 된다. 까미노는 성당과 공동묘지를 지나 다시 N-120과 수평으로 Belorado까지 이어진다.

Belrado	☀ 22.1km ▶ 538.8km

　　1116년 전사 알폰소 7세에 의해 새로 형성된 마을이며 중요한 중세
도시다. 주민들은 마을에 있는 16세기에 지은 Santa Maria 성당과 17
세기에 지은 San Pedro 성당, 두 곳을 잘 보존하기 위해 조심스레 사용
하며 관리하고 있다. 두 성당은 6개월마다 번갈아가며 문을 연다. 겨울
에는 Santa Maria 성당이 닫혀져 있다.

　　멋있어 보이는 오래된 상가들과 가죽 공장들을 지나면 알베르게가
나타난다. 두 개의 사설 알베르게가 추가되어 Belorado는 까스띠야 지
방에서 순례자들에게 숙소를 가장 많이 제공하는 도시가 되었다.

도움이 되는 정보

다양한 형태의 상점들이 있다.

🍽 먹을거리

- Plaza Mayor에 다양한 식당들이 밀집되어 있다. 메뉴를 약 8~9€에 즐길 수 있고, 여름에는 쾌적한 노천 식당이 열린다.

🏠 숙박시설

알베르게

- Santa Maria 성당 알베르게(☎ 947 580 085) : 옛 극장 건물을 원형 그대로 보존하면서 알베르게로 쓴다. 24명이 이용 가능하고 기부금으로 운영된다. 무대가 있던 곳이 주방, 객석이 있던 곳이 식당이며 온수와 성당 측면에 있는 세탁장, 건조대를 쓸 수 있다. 사람이 다 차면, 옆에 있는 주차장에 32명이 이용할 수 있는 이층침대와 욕실, 식당이 마련되어 있다. 5월1일~11월1일 open.

사설 알베르게

- Santiago(☎ 947 562 164) : 마을에 들어서기 직전 오른쪽에 있다. 마을에서 약간 떨어져 있는 것이 단점이다. 2007년에 문을 열었으며 옛 농업 창고를 개조한 곳으로 98명이 묵을 수 있다. 이용료 7€. 더블 룸이 12개 이고 주방, 식당, 거실, 온수 제공. 세탁기 3€, 건조기 3€, 저녁식사 8€. 침대 시트 및 담요 추가 10€. 더블 룸 + 욕실 30~40€다. www.a-santiago.es
- Cuatro cantones(☎ 696 427 707) : Calle de Hipolito Lopez 10번지, 산띠아고 콤포스텔라 순례자 연합회에서 운영하고 있다. 이용료 7€. 2개의 큰 방에 62명 이용 가능. 스프링 매트와 세탁기/건조기 각 3€, 멋진 잔디밭 정원, 수영장, 주방, 식당, 전화, 인터넷, 난방, 아침식사 제공. 연중무휴. cuatrocantones@hotmail.com
- El Caminante(☎ 947 580 231) : Calle Mayor 36번지에 위치하고 방 하나에 22개. 이층침대. 이용료 5€. 주방과 식당 제공. 세탁기 3€, 인터넷 7€, 저녁식사 10€, 아침식사 3€. g.caminante@hotmail.com / www.alberguecaminante.com

유스호스텔

- El Corro(☎ 947 580 683 / 670 591 173) : 40개의 침대가 있고 이용료 13.5€. 주방, 온수, 난방, 식당이 제공. 자전거 보관 가능. 여름에는 캠핑장도 운영한다. www.beloaventura.org
- Verdeancho(☎ 947 580 261) : 민박 형태이며 싱글 룸 35€, 더블 룸 48€.
- Casa Waslala(☎ 647 102 254) : 민박 형태이며 싱글 룸 38€, 더블 룸 70€. 아침과 저녁식사 포함.

기타 숙박시설

- Pension Toni(☎ 616 010 808 / 947 580 525) : 싱글 룸 25~30€, 더블 룸 36~40€, 4인실 60€. 욕실 있음.
- Hotel Belorado(☎ 947 580 684) : 싱글 룸 25~30€, 더블 룸 40~50€.
- Pension Ojarre(☎ 947 580 223) : 더블 룸 + 욕실 30€, 더블 룸 21€.

까스띠야Castilla는 아름다운 풍경 속으로 순례자를 이끈다. 그러나 순례자는 거친 까스띠야 지방, 나바라의 푸른 산과 리오하의 목초 구릉이 곧 그리워질 것이다.

이번 코스 절반은 부드러운 능선을 바라보며 평탄한 길을 지나가게 되지만, 비야프랑까Villafranca부터는 Oca('거위'라는 뜻) 산을 올라가야 한다. 옛날 순례자들에게 Oca 산은 어두운 숲 속에 숨어 있는 도적 떼와 사나운 산짐승 때문에 두려운 곳이었다.

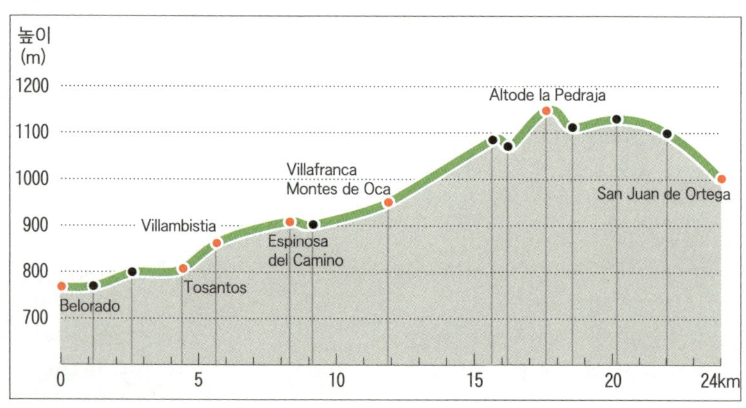

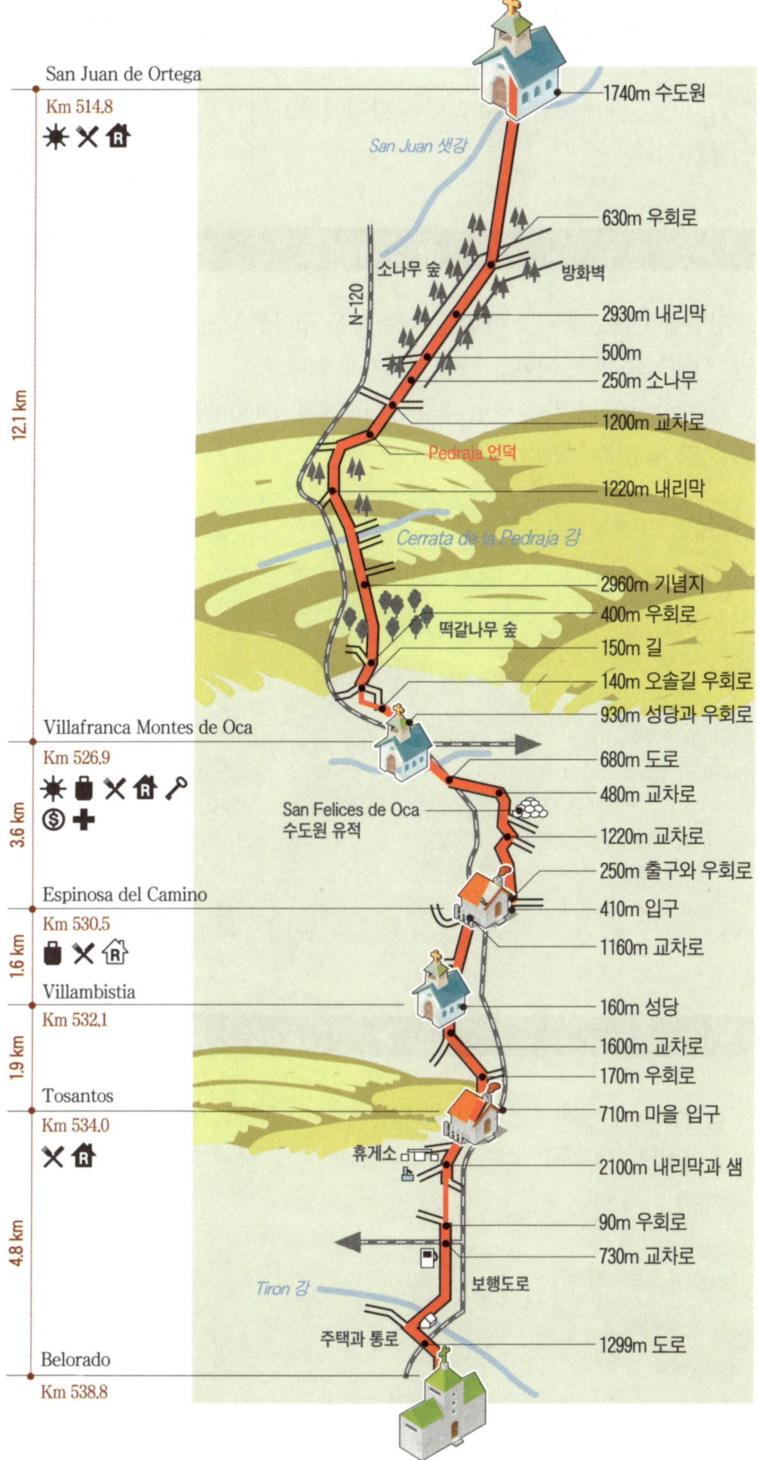

San Juan de Ortega
Km 514.8
12.1 km
1740m 수도원
San Juan 샛강
630m 우회로
소나무 숲
방화벽
N-120
2930m 내리막
500m
250m 소나무
1200m 교차로
Pedraja 언덕
1220m 내리막
Cerrata de la Pedraja 강
2960m 기념지
400m 우회로
떡갈나무 숲
150m 길
140m 오솔길 우회로
930m 성당과 우회로
Villafranca Montes de Oca
Km 526.9
3.6 km
680m 도로
480m 교차로
San Felices de Oca
수도원 유적
1220m 교차로
250m 출구와 우회로
410m 입구
Espinosa del Camino
Km 530.5
1.6 km
1160m 교차로
Villambistia
Km 532.1
160m 성당
1600m 교차로
170m 우회로
1.9 km
Tosantos
Km 534.0
710m 마을 입구
휴게소
2100m 내리막과 샘
4.8 km
90m 우회로
730m 교차로
Tiron 강
보행도로
주택과 통로
1299m 도로
Belorado
Km 538.8

Tiron 강 위에 놓인 나무로 만든 다리에서 내려서면 새로이 까미노가 시작된다.

정면에 보이는 바위 위에 있는 아름다운 성당은 Virgen de la Peña이다. 까미노는 마을 뒤편을 통해 지나가게 된다.

밀밭 사이로 나 있는 아름다운 산책로에서 Villambistia 성당 실루엣을 보며 30분쯤 걷는다.

도움이 되는 정보

다양한 형태의 상점들이 있다.

🍽 먹을거리

- Bar El Castano에서 샌드위치를 판다.

🏠 숙박시설

- 성당 알베르게(☎ 947 58 03 71)를 까미노 데 산띠아고 연합에서 운영하고 있다. 옛 성당 사제관에 있는데, 자동차 도로로 마을에 들어가면 첫 번째 골목 왼쪽에 있다. 30명이 머물 수 있고 식사를 제공하며 기부금으로 운영된다. 저녁식사 후 기도 시간이 있어 관심 있는 사람은 참여할 수 있다. 4월~11월 중순 open. 13:00~22:00.

세월에 의해 많이 훼손되긴 했지만, 아직 사용하고 있는 San Esteban 성당이 마을 입구에 있다. 까미노는 튜브가 넷 달린 팔각형 분수를 지나 계속 이어진다.

도움이 되는 정보

🏠 숙박시설

알베르게

- Villambistia 시립 알베르게(☎ 680 501 887) : 14명 이용 가능, 6€, 08:00~23:00. 세탁기/건조기, 자전거 보관이 가능하다. 연중무휴.

Espinosa del Camino　🐚　8.3km ▶ 530.5km

　거리가 한적하다 못해 적막감마저 든다. 한때는 부잣집이었을 저택들이 세월과 함께 색이 바래져 가고 있다. 마을은 바르셀로나 출신의 은퇴한 노인이 운영하는 알베르게 덕분에 그나마 활기를 잃지 않는 것 같다. 까미노는 Espinosa를 지나 농업 도로를 통해 6, 7세기 San Felices 수도원 유적이 남아 있는 곳으로 향한다. 전설에 의하면 부르고스를 건립한 디에고 백작의 유해가 모셔졌던 곳이라고 한다.

도움이 되는 정보

다양한 형태의 상점들이 있다.

🍽 먹을거리

• 마을 광장에 음료나 샌드위치를 먹을 수 있는 Bar가 있다.

🏠 숙박시설

알베르게

• 알베르게 Campana(☎ 678 479 361) : 뻬뻬Sr. Pepe가 운영하고 있다. 2개의 방에 10개의 침대와 장작 난로가 있고 의무 기부 형태라 가격이 다양하다. 자전거 보관 가능. 식사 제공. 12월 15일~1월 15일 close.

Villafranca Montes de Oca　🐚　11.9km ▶ 526.9km

　오늘날 Villafranca의 전신이었던 Auca(라틴어로 Oca)는 이슬람의 침입으로 파괴되었고, 서고트 족의 옛 주교청도 조금밖에 남지 않았다. 1075년 알폰소 7세는 까미노 위에 새로운 마을을 세우기로 결정하고

Auca가 있던 자리에 Villafranca를 세웠지만, 주교좌는 부르고스로 옮겨갔다.

순례자를 위한 병원이 세워지자 그 주위로 마을이 생겨나, 지금은 옛 학교 자리에 알베르게가 운영되고 있다. 14세기 엔리케 2세의 부인이 세운 San Antonio Abad 병원과 수도원은 안토니오 수도회가 사용해 왔는데, 완전히 새로 복원되었다.

화려한 전면부에는 스페인의 두 왕(이사벨과 페르난도)의 문장이 새겨져 있고, 중세에 만들어진 여러 까미노 안내서에 의하면 순례자들을 위해 훌륭한 서비스를 제공하였다고 기록하고 있다. 성당은 산띠아고에 봉헌하는 성당으로 복원된 후, 아름다운 모습을 자랑하고 있다.

병원 뒤 급경사를 따라 Montes de Oca로 오른다. 중세의 순례자들에게는 위험한 곳이었지만 지금은 전혀 위험하지 않다. 그리고 소음이 들리지 않는 무성한 떡갈나무 숲 속을 걷다 보면, 옛 순례자의 느낌을 그대로 느낄 수 있다. 정상에 오르면 까미노의 중요한 정점 중의 하나인 San Juan de Ortega 수도원이 나타난다.

도움이 되는 정보

🍽 먹을거리

• Bar El Puerta에서 식료품점을 운영하며, 샌드위치를 판다. El pajaro의 메뉴는 9.5€, Meson Alba의 메뉴는 10€.

🏠 숙박시설

알베르게

• 트럭들의 소음이 들리는 도로 옆에 있다. 이층침대가 38개 있고 이용료 6€. 전자레인지와 냉장고가 있으며 문의는 메이티Sra. Maite(☎ 687 594 296)와 데레사Sra. Teresa(☎ 947 582 124)에게 하면 된다. 다른 알베르게와 달리 야간에도 문을 닫지 않는다.
• 사설 알베르게 "San anton abad"(☎ 947 582 150) : 호텔 부속 알베르게로 과거 순례자 병원을 개조한 곳이다. 하루쯤 고급스러운 곳에서 휴식을 취하는 것도 나쁘지 않다. 49명 이용 가능. 3월 15일~11월 15일 open. 방 형태에 따라 이용 요금이 5€~43€. 저녁식사 12€, 아침식사 8€. Wifi 이용가능. 예약 가능. www.hotelsanantonabad.com

기타 숙박시설

• Hostal El pajaro(☎ 947 582 029) : 싱글 룸 18€, 더블 룸 32€.
• Casa rural la Alpargateria(☎ 947 582 029) : 주방 사용 가능, 싱글 룸, 더블 룸, 1인당 17€.

1060년 낀따나오르뚜뇨Quinta-naortuño의 부유한 가정에서 태어난 산 후안San Juan은 한 사제의 요청으로 Santo Domingo를 위해 까미노에 다리를 놓았다. 그리고 예루살렘을 순례한 후, Monte de Oca에서 순례자들을 도우며 살았다고 한다. 그가 1163년에 세상을 떠나자, 그의 시신은 그가 지었던 성당의 로마네스크식 경당에 안치되었다.

1477년 가톨릭 신자인 이사벨 여왕이 이곳을 순례하던 중에 가뭄이 해갈되자, 산 후안에 의해 기적이 일어났다고 인정한 후 성당에 오늘날 볼 수 있는 여러 건물을 증축하도록 명령했다. 내부에는 질 드 실로Gil de Silo가 만든 성인의 영묘가 있는데, 고딕 스타일의 천정에 이사벨 여왕과 페르난도의 문장이 새겨져 있다.

성당 입구에 있는 조각으로 장식된 로마네스크식 왼쪽 기둥에 수태고지(성모 마리아에게 천사 가브리엘이 찾아와 성령으로 잉태함을 알려주는 것) 장면을 새긴 조각이 있다. 이 조각은 매년 춘분~추분(3월 21일~9월 21일) 사이 성당 전면부의 왼쪽 창을 통해 들어오는 햇빛에 의해 빛을 발한다. 이를 이곳 주민들은 Milagro de la Luz('빛의 기적'이라는 뜻)이라고 한다. 이와 함께 오래된 전설이 전해져 내려오고 있다. 성인이 지은 이 성당을 찾으면 아기를 낳지 못하던 여자도 아기를 잉태하게 된다는 것이다.

도움이 되는 정보

🍽 먹을거리
- El bar Marcela(☎ 947 560 116)에서 샌드위치와 따뜻한 음식을 판매함.

🏠 숙박시설
알베르게
- 알베르게가(☎ 947 560 438) 수도원 옆에 있다. 신부님과 신부님 여동생이 함께 운영하고 있다. 70명 이용 가능. 이용료 5€. 큰 홀에 매트리스를 깔고 자야 하고 저녁에는 신부님이 마늘 수프를, 아침에는 밀크커피를 제공한다. 온수는 쓸 수 있으나, 난방이 안 되고 주방이 없다. 3월 1일~11월 1일 open.

순례자들은 몬테 데 오까Monte de Oca에서 부르고스Burgos까지 가는 두 갈래 까미노 중에서 하나를 선택한다. 첫 번째는 산 후안 오르테가San Juan de Ortega에서 우회하여 로그로뇨Logroño에 서 부르고스 사이에 있는 N-120 도로가 놓인 살두엔다Zalduenda와 이베아스 데 후아로스 Ibeas de Juarros를 지나가는 길이고, 두 번째는 더 오래된 길인데 아헤스AgéS와 아따뿌에르까Atapuerca를 통과하는 길이다.

두 길 다 까미노의 노란 화살표 표식이 길을 안내하고 있지만, 순례자들이 대부분 택하는 길은 80만 년 전에 이베리아 반도에 처음으로 집단 거주지가 있었다고 하는 아따뿌에르까를 지나는 경로이다.

살두엔다와 이베아스 데 후아로스 를 지나가는 코스는 훨씬 평탄하다. 주로 N-120 도로를 따라가는 보행자 길로 부르고스 입구에 닿는다. 어느 경로를 선택하더라도 거리가 멀거나, 소음에 시달려야 하는 각각의 단점을 가지고 있다. 부르고스는 스페인의 민족 영웅 엘 시드 El Cid의 고향이다. 11세기 초 아랍인과 대치할 때 엘 시드는 종교와 자유를 지키기 위해 자신을 헌신했다. 그 용기와 절개로 적군에게도 존경을 받던 엘 시드는 프랑스의 롤랑과 함께 중세 영웅의 모델이었다.

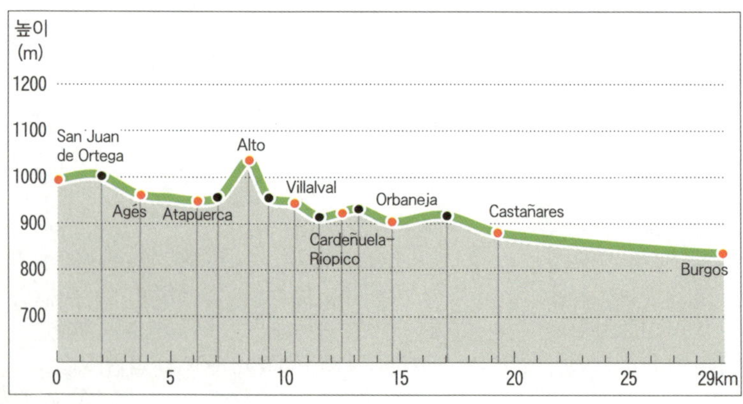

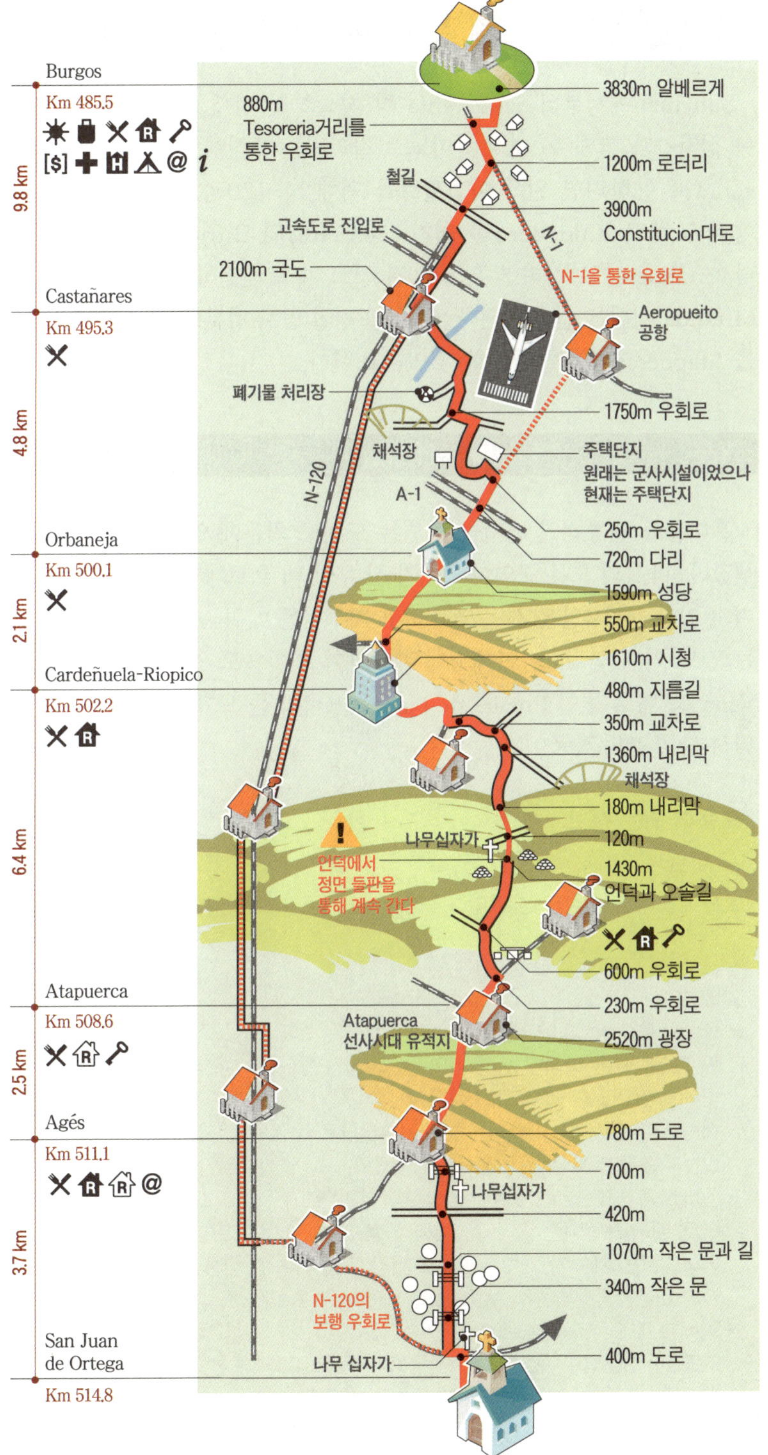

Burgos
Km 485.5
9.8 km
880m
Tesoreria거리를
통한 우회로
철길
고속도로 진입로
2100m 국도
Castañares
Km 495.3
N-120
폐기물 처리장
채석장
A-1
Orbaneja
Km 500.1
4.8 km
2.1 km
Cardeñuela-Riopico
Km 502.2
6.4 km
언덕에서
정면 들판을
통해 계속 간다
나무십자가
Atapuerca
Km 508.6
Atapuerca
선사시대 유적지
2.5 km
Agés
Km 511.1
나무십자가
3.7 km
San Juan
de Ortega
N-120의
보행 우회로
나무 십자가
Km 514.8
3830m 알베르게
1200m 로터리
3900m
Constitucion대로
N-1을 통한 우회로
N-1
Aeropueito
공항
1750m 우회로
주택단지
원래는 군사시설이었으나
현재는 주택단지
250m 우회로
720m 다리
1590m 성당
550m 교차로
1610m 시청
480m 지름길
350m 교차로
1360m 내리막
채석장
180m 내리막
120m
1430m
언덕과 오솔길
600m 우회로
230m 우회로
2520m 광장
780m 도로
700m
나무십자가
420m
1070m 작은 문과 길
340m 작은 문
400m 도로

San Juan에서부터 Santoventa 방향으로 첫 번째 교차로까지 가면 큰 십자가와 함께 두 개의 까미노로 갈라지는 표식이 나온다. Santoventa로 향하려면 왼쪽 아스팔트를 택해 N-120과 나란히 놓인 보행자 도로로 Zaldadero를 거쳐 Catañares와 Burgos까지 가면 된다. Atapuerca로 가려면 흙으로 된 길로 계속 직진하여 옛 Madrid : Miranda 철길을 건너면 된다. 이 철길 건설 공사 덕분에 선사시대 유적을 Atapuerca에서 발굴할 수 있었다고 한다.

Agés　　　3.7km ▶ 511.1km

흥미롭고 전통적인 건축물이 있는 도시로 최근에 알베르게가 세 곳 생겼다. 마을의 모든 구역이 건축가 산 후안 데 오르테가의 작품들로 꾸며져 있다. 산 후안은 산을 정비하고 저수지를 메워 Atapuerca까지 가는 길도 다져 놓았다. 아헤스에서 나가며 왼쪽으로 약간 떨어진 곳에 Vena 강 위로 놓인 Puente de piedera(돌다리)를 보게 되는데 이 다리 역시 산 후안의 작품이다.

도움이 되는 정보

🍽 먹을거리

- 알베르게 San Rafael에 있다. 유일한 Bar다. 순례자 메뉴 8€.

🏠 숙박시설

알베르게

- Casa Caracol : 마을로 들어서자마자 왼쪽에 있는 첫 번째 알베르게는 핀란드에서 온 여성인 까사 까라꼴casa caracol이 운영을 하고 있다. 바닥에 매트리스를 깔고 자야 한다. 아침식사와 저녁식사가 제공되며, 식사와 숙박 모두 정해진 이용료는 없고 기부금으로 운영되고 있다. 그녀가 보이지 않는다면 Bar에 열쇠를 맡겨 두었을 것이므로 열쇠를 받아 들어가면 된다.
- 알베르게 El Pajar de Ages(☎ 947 400 629 / 699 273 856) : 노란색으로 된 리모델링한 집이다. 38명 이용 가능. 이용료 아침식사 포함해 11€이다. 주방, 세탁기, 난방, 인터넷 제공. 자전거 보관 가능. 건조기 2€, 저녁식사 9€. 연중무휴. www. elpajardeages.es
- 알베르게 San Rafael(☎ 947 400 697) : 시립이지만 사설로 관리되고 있다. 36명이 이층침대에서 묵을 수 있고 20명이 쓸 수 있는 매트리스가 있다. 이용료 6€. 난방이 되며 세탁기, 인터넷 제공. 연중무휴. 11:00～23:00. www.alberguedeages.com

Atapuerca   6.2km ▶ 508.6km

마을 입구에서 우회하면 선사시대 유적지로 갈 수 있으나 여름에만 가이드가 동행해 준다 3km 정도 떨어져 있고 같은 길로 되돌아 나와야 하니 꼭 가보고 싶은 사람만 가보는 게 좋을 것이다.

Atapuerca는 문화 인류학에 있어서 혁명적인 장소다. 이곳에서 선사시대의 생태계 및 환경을 조사할 방대한 자료들이 출토가 된 덕분에 유럽에 인류가 살았었다고 추정되는 연대를 기존보다 훨씬 오래전인 100만 년 전으로 입증할 수 있게 되었기 때문이다. 더 흥미로운 장소는 뼈의 동굴Sima de Los Huesos로 이어지는 13m 깊이 정도 되는 작은 통로이다. 이곳은 약 40만 년 전에 시체를 던져 넣기 위해 사용되던 곳으로 유골이 상당수 출토되었다.

이 마을은 대도시 부르고스 인접지역으로 많은 변화가 있었던 곳이다. 1054년 이곳에서는 까스띠야 이 레온Castilla y Leon 왕국의 국왕 페르란도 1세와 나바라의 돈 가르시아 사이에 전투가 있었는데, 돈 가르시아는 이 전투에서 전사하였다. 이 모든 역사를 기념하듯이 선사시대의 거석Menhir이 서 있다.

수에 비해 시설이 좀 부족한 편이다. 연중무휴.
- El Peregrino(☎ 661 580 882) : 사설 알베르게로 새로 지어진 건물이다. 36명 이용 가능. 이용료 7€. 6개의 별도의 더블 룸은 35€. 예쁜 정원, 주방, 온수, 난방 제공. 자전거 보관 가능. 3월~10월 open. 13:00~22:00. www.albergueatapuerca.com

기타 숙박시설
- Centro de Turismo rural papasol(☎ 947 430 320) : Calle de En medio 36번지, 더블 룸이 6개 있다. 이용료 48~70€.
- La casa delperegrino(☎ 661 580 882) : 더블 룸 30€.
- Atapuerca에서 숙소를 찾지 못할 경우 순례자들은 Olmos de Atapuerca로 간다. 약 2km정도 떨어져 있는 곳에 훌륭한 시립 알베르게가 있기 때문이다. 또한 Olmos에서 Atapuerca까지 되돌아갈 필요 없이 까미노를 만날 수 있도록 표식이 되어 있다.

Olmos de Atapuerca

숙박시설

알베르게
- 시립 알베르게 Sr. Alvaro(☎ 633 586 876) : 24명 이용 가능. 이용료 7€. 주방, 식당, 온수를 사용할 수 있고, 난방이 되며 프랑스식 벽난로가 있다. 침대가 모자랄 경우 문화센터에서 14개의 매트리스를 사용할 수 있다. 저녁식사는 10€. 연중무휴. 오픈 유무를 사전에 확인하고 출발해야 한다.
- ★ 추천수 많음.

Atapuerca에서 나서자마자 왼쪽으로 난 산을 향해 오르막길을 가야 하는데, 도중에 군사 사격 시설을 지나가게 된다. 경사가 완만한 작은 산에 올라가 봉우리에 서면 끝이 보이지 않는 부르고스 지방의 평원을 처음으로 보게 된다. 큰 나무 십자가가 돌 위에 서 있는데, 이곳을 지나가는 순례자들이 재앙을 떨치고 보호를 요청하기 위해 돌을 올려놓는 관습을 만들었다고 한다.

내리막길 끝에 집이 여섯 채 있는 Villalbal에 도착하게 되지만, 순례자를 위한 서비스 시설은 전혀 없다. 여기서부터 아스팔트가 부르고스까지 함께 한다.

마을의 유일한 차도가 까미노와 병행한다.

도움이 되는 정보

- albergue Via miera(☎ 634 407 091) 2011년 7월 오픈. 이용 요금 7€.
  24명 이용 가능. 세탁기/건조기 각 2€. 온수, 주방 없음.

역시 차도를 통해 마을을 지나게 되며, Bar가 한 곳 있다. Orbaneja 를 뒤로 하고 아스팔트는 고속도로 위에 놓인 다리로 우리를 이끈다. 이곳 에서 어디를 통해 부르고스로 들어갈지 결정해야 한다. 직진하면 Villafria

까지 계속 아스팔트를 걸어가야 하며, 이 길을 택하면 Villafria부터 약 10km에 달하는 산업지대에서 자동차 소음에 시달려야 한다.

다른 길도 있다. 다리를 건너 옛 군사시설 자리에 세워진 새 주택단지 앞에 서면 왼쪽으로 난 흙길이 보인다. 이 길은 화살표나 표식이 잘 보이 지 않아 잘못 들어온 것 같지만, 몇 미터 가면 표식이 나온다. 이 길 역시 부르고스를 향해 가는데, 농업지대를 지나가다 보면 몇 개의 등성과 목 초지 사이에 있는 공항의 펜스를 따라 걷게 된다. 이 길 역시 이상적인 까 미노는 아니지만 Villafria를 통하는 것보다는 안전하고 쾌적하다.

부르고스의 위성도시로 N-120이 관통하는 마을이다. 최소한의 서비스 시설이 되어 있는 마을이며 대소시의 소음과 복잡함 속으로 들어서기 전에 잠시 쉴 수 있는 그늘을 제공해 준다. 순례자들은 부르고스로 들어가면 다른 세상에 온 것 같은 느낌을 가질 수 있다. 지난 며칠 동안 소음이나 번잡함과는 다소 멀리 있었기 때문이다. 하지만 시립 알베르게까지 가는 사이 대도시에 적응이 될 것이다.

도움이 되는 정보

🍽 먹을거리

- El Albergue (☎ 947 482 845), El Descanso (☎ 947 486 375), La taberna(☎ 947 220 033).

공업지대, 도시의 첫 주택가, 큰 길과 현대적인 거리를 지나, 역사가 깊은 구시가지로 들어서게 된다. 역사적인 도시 Burgos는 까미노를 위해 만들어진 곳은 아니지만 까미노에서 중요한 위치를 차지하고 있는 곳이다. 산띠아고 순례자 및 스페인 북부로 가는 상인들의 중심지여서 상점과 시장이 많고, 순례자를 위한 병원이 30곳이 넘었었다.

884년 디에고 로드리게Diego Rodriguea Porcelos가 세운 작은 마을 부르고스는 이렇게 변모된 것이다. 1035년 까스띠야 왕국이 부르고스에 자리를 잡게 되었고, 1075년에는 Oca 주교청이 부르고스로 옮겨 오면서 스페인에서 가장 중요한 도시가 되었다.

순례자들은 Calle de las Calzadas 거리를 통해 부르고스에 들어서게 된다. 성벽으로 둘러싸인 Calle Fernan Gonzalez 구역에 가면, 수공예품이 많아서 예술가와 상인의 발걸음이 끊이지 않는다. 이 길을 통해 1221년 페르난도 3세 시절에 재건축된 대성당에도 갈 수 있다.

성당을 만든 건축가에 대해 알려진 바가 없지만, 건축가가 프랑스의 영향을 많이 받은 사람임에는 틀림없는 것 같다. 성당은 날렵하고 높은 고딕 양식으로 지어졌는데, 그 시기 스페인에서는 볼 수 없던 건축 양식이다. 건물 중심부는 13세기에 완공되었고, 15세기에 독일 출신 석공인 후안 데 콜로니아Juan de Colonia(쾰른의 Juan)와 그의 아들 시몬이 고딕 첨탑과 종탑을 증축하였다.

부르고스 도심에서 나올 때 전설적인 두 개의 옛 순례자 병원을 보게 되는데 Hospital del Rey와 Las Huelgas 수도원이 그것이다. 첫 번째 Hospital del Rey는 1195년 알폰소 8세에 의해 건설되었다. Huelgas 수도원 역시 알폰소 8세에 의해 지어졌는데 수녀와 귀족의 거처로 사용되기도 하였다. 독일 Kúning이 지은 중세 안내서는 '이곳에서는 만족할 때까지 먹고 마실 수 있다.' 라고 기술하고 있다.

다시 까미노로

부르고스는 순례자에게 까미노에서의 특별한 분기점이 되는 곳이다. 여기부터 레온까지는 산, 들, 계곡, 구릉들이 모두 기억 속에만 존재하게 된다. 순례자를 맞이하는 새로운 풍경은 메마르고 거칠고 수평으로 펼쳐진 까스띠야의 끝도 없는 평원뿐이다.

도움이 되는 정보

모든 형태의 상점이 다 있다.

응급 의료 시설

- Los Cubos(☎ 947 270 311) : 시립 알베르게 근처에 있다.
- San Agustin(☎ 947 260 782)

버스 터미널 Miranda 4번지(☎ 947 288 855 / 947 265 665)

기차역 Plaza de la Estacion(☎ 902 240 202).

자전거 수리점

- Ciclo Cano(☎ 947 207 127) : Calle del Carmen.
- Ciclo E. Garcia(☎ 947 489 840) : La Flor de las Huelgas(☎ 947 202 288)

여행자 안내센터

- 시립 안내센터(☎ 947 288 874) : Plaza del Rey San Fernando.
- 주립 안내센터(☎ 947 203 125) : Plaza de Alonso Martinez 7번지.
- 까미노 데 산띠아고 연합 안내센터(☎ 947 268 386) : 여름에만 대성당 안에 개설된다. 크레덴샬을 이 안내센터나 시립 알베르게에서 만들 수 있다.

▣ 먹을거리

- 대학 캠퍼스 안의 경제학부 건물에서는 메뉴 4.40€, 법대 건물에서는 4.65€. 점심식사 시간에만 판매.
- 레스토랑 Miguel : San Pedro구역, 알베르게에서 시청과 성당 사이에 있다. 메뉴 8.50€.
- Comedor Vegeteriano(채식 식당)(☎ 639 883 611) : Fernan Gonzalez 37번지.
- 2013년 3월부터 한국까미노친구들연합 가맹점 식당 Don Nuño에서 라면을 제공하고 있다. Restaurante Don Nuño. C/Nuño 3번지. 대성당 맞은편 위치. 라면과 공기밥 7.90€.(☎ 947 200 373)

⌂ 숙박시설

알베르게

- Emaus 성당 알베르게 : Calle San Pedro Cardena 31번지, 첫 번째로 보이는 알베르게이다. 지금은 이전하여 San Jose Obrero 성당 옆에 있는데 옛 시가지에서 먼 편이다. 20명 이용 가능. 이용료 5€, 저녁, 아침 식사 기부제 제공. 온수, 난방 제공. 자전거 보관이 가능하다. 4월~11월 1일 open.
- 알베르게 Santiago y Santa catalina (☎ 947 207 952) : Divina pastor 경당, 역사지구 안 Plaza Mayor 옆에 있는 성당 20m 앞에 있다. 16명이 이용 가능. 이용료 5€. 작지만 쾌적하다. 주방은 없고 온수, 난방, 인터넷 제공. 세탁기 3€. 4월~10월 open. 12:00~22:00.

- 시립 알베르게 (☎ 947 460 922) : C/Fernan Gonzalez 28, Camino de santiago 연합에서 운영한다. 새로 오픈해 가장 시설 좋은 알베르게 중의 하나다. 각각의 이층침대는 칸막이로 구분. 150명 이용 가능. 이용료 5€, 세탁기 3€, 건조기 2€. 주방, 온수, 인터넷 등 편의시설이 잘 갖추어져 있고 대성당에서 가깝다. 부활절~9월 15일. 12:00~22:30, 9월 16일~부활절. 14:00~22:00 open. asociacion@caminosantiagoburgos.com www.caminosantiagoburgos.com

기타 숙박시설

- Pension Victoria(☎ 947 201 542) : San Juan 3번지, 싱글 룸 16~20€, 더블 룸 27~32€.
- Hostal Vilahoz(☎ 947 298 598) : Corrales 15번지, 싱글 룸 20€, 더블 룸 36€.
- Hostal Joma(☎ 947 203 350) : San Juan 26번지, 싱글 룸 14€, 더블 룸 24€.
- Hostal Hidalgo(☎ 947 203 481) : Almirante Bonifaz 14번지, 싱글 룸 18€, 더블 룸 36€.
- Hostal Garcia(☎ 947 205 553) : Santander 1번지, 싱글 룸 25~30€, 더블 룸 30~35€.
- Hostal la Tesorera(☎ 947 223 592) : Victoria 79번지, 더블 룸 31~45€.
- Hostal Manjon(☎ 947 208 689) : Gran Teatro 1~7번지, 싱글 룸 30~41€, 더블 룸 28~34€, 더블 룸 + 욕실 34~44€.
- Pension Pena(☎ 947 206 323) : Pueblo 18번지, 싱글 룸 16€, 더블 룸 36€.
- Pension Ana(☎ 619 267 784) : Austria 8번지, 싱글 룸 20€, 더블 룸 36€.
- Hotel Puerta Romero(☎ 947 460 738) : San Amaro 2번지, 싱글 룸 35€, 더블 룸 62€.

Burgos ▶ Hontanas (Burgos)
➡ 29.4km   ⏳ 약 7시간 15분

　이번 코스는 크게 두 단계로 나눌 수 있다. 첫 번째는 라베Rabe까지인데, Arlanzón 계곡을 통해 상쾌하게 걷다보면 편의시설이나 마을을 만날 수 있다. 라베 다음부터는 마을 한 곳을 지난 후 까스띠야의 적막한 길을 걷게 된다.

　돌투성이인 메쎄따(고원)가 얕은 둔덕들로 나뉘어 온통 밀로 뒤덮여 있다. 첫 번째 평지에 Hornillos del camino와 알베르게가 나타난다. 두 번째 메쎄따를 통해 Arroyo San Bol(Arroyo은 '샛강'이라는 뜻)으로 내려가면 하룻밤을 지낼 수 있는 특별한 장소가 나온다. 이곳에 안토니오 수도원과 알베르게가 한 곳 있다. 세 번째 평원은 순례자를 목적지까지 이끌어 준다. 중세 순례 여행을 체험해 보고 싶은 이들은 산 볼San Bol 알베르게에 머무는 것이 좋다. 밀밭 한가운데 동떨어진 알베르게는 까미노에서만의 특별한 경험이 될 것이다. 문명의 이기로부터 멀어져, 순례자들이 함께 준비해서 먹는 저녁식사 후 쏟아질 듯한 별빛의 향연을 보는 것은 신비스럽기까지 하다.

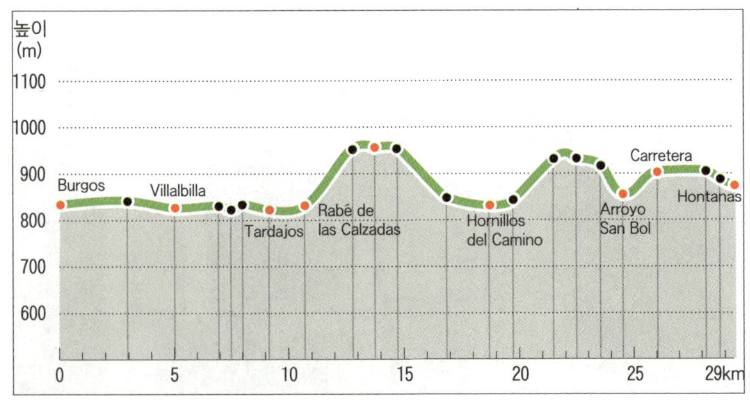

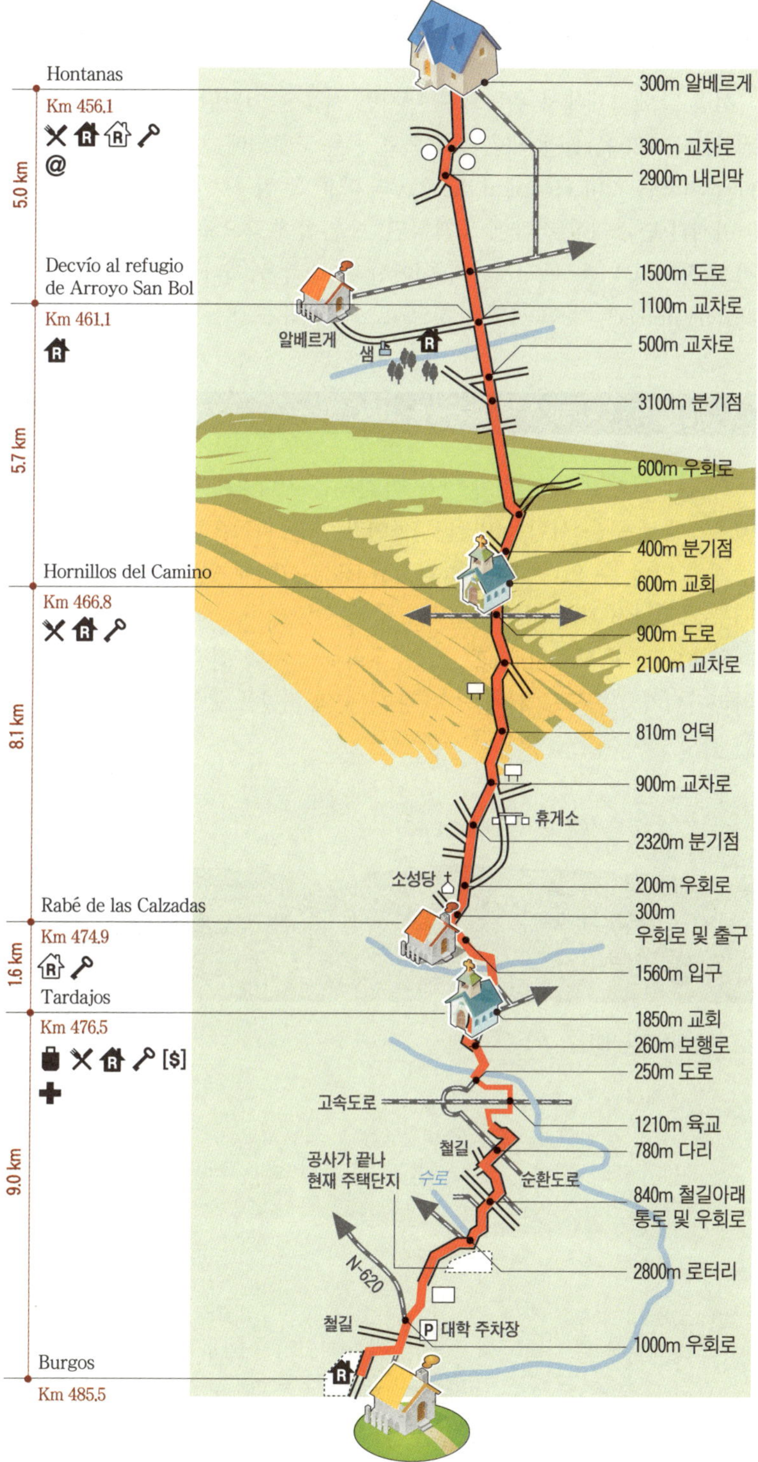

Hontanas
Km 456.1
5.0 km
Decvío al refugio
de Arroyo San Bol
Km 461.1
5.7 km
Hornillos del Camino
Km 466.8
8.1 km
Rabé de las Calzadas
Km 474.9
1.6 km
Tardajos
Km 476.5
9.0 km
Burgos
Km 485.5
300m 알베르게
300m 교차로
2900m 내리막
1500m 도로
1100m 교차로
500m 교차로
3100m 분기점
600m 우회로
400m 분기점
600m 교회
900m 도로
2100m 교차로
810m 언덕
900m 교차로
2320m 분기점
200m 우회로
300m
우회로 및 출구
1560m 입구
1850m 교회
260m 보행로
250m 도로
1210m 육교
780m 다리
840m 철길아래
통로 및 우회로
2800m 로터리
1000m 우회로
알베르게
샘
소성당
휴게소
고속도로
철길
수로
순환도로
공사가 끝나
현재 주택단지
N-620
철길
대학 주차장

시립 알베르게에서 왼쪽으로 나서면 처음 들어왔던 큰 길로 나서게 된다. N-120을 통해 레온 방향으로 뻗은 도로인데, 이를 뒤로하고 대학 캠퍼스를 지나 Hospital del Rey의 다른 쪽 입구로 향한다.

마지막 단과대학 건물에 도착하면, 오른쪽에 흙으로 된 까미노가 다시 시작되어 다음 목적지까지 이어진다. 대학을 지나면서 Credencial Universitaria를 가진 사람은 부르고스 대학의 도장을 받으면 된다.

마을에 들어갈 필요 없이 마을 아래쪽을 지나가게 된다. 이 마을 알베르게에서 묵을 사람은 마을로 들어가 마을 위쪽으로 올라가면 알베르게를 만날 수 있다. Burgos와 Tardajos 사이에 있어서 순례자들이 대부분 지나쳐 가는 곳이다.

왼쪽으로 난 Villalbilla로 가는 우회로를 지나 철길 건너 화살표를 따라가다가 고속도로 위에 난 다리 한 곳과 터널을 통해 Tardajos에 가는 길로 들어선다.

도움이 되는 정보

🍽 먹을거리

- 알베르게 옆에 빵과 식료품을 파는 상점이 있고, 마을에 두 개의 Bar가 있다. 까미노에서 가장 가깝고 저렴한 식당 El Meson Tomasa(☎ 947 291 265)가 있다. 메뉴 7€.

🏠 숙박시설

알베르게
- 도로 오른쪽 옛 학교 건물에 있다. 많이 낡았지만 침대가 12개 있으며 주방, 온수를 쓸 수 있다. 이용료 없이 기부금으로 운영된다. 열쇠는 시립 체육관(☎ 947 291 227)에서 받으면 된다. 겨울에는 Close.

기타 숙박시설
• Hostal San Roque (☎ 947 291229) : 더블 룸+욕실 35.50€.

　Ubierna강 위에 놓인 Arzobispo('대주교'라는 뜻) 다리를 건너면 마을 중앙으로 이어진다. Tardajos는 까미노의 역사적인 장소이다. 옛 로마 성터에 건설된 도시이며 순례자 병원이 있던 곳이기 때문이다. 예전에는 다음 마을까지 이어지는 길이 습지대였지만, 지금은 아스팔트로 포장되어 있다.

도움이 되는 정보

먹을거리
• 다양한 상점과 빵 가게들이 있다. 마을 입구에 있는 Bar Ruiz와 Bar Pecesitos에서 메뉴를 9€에 제공한다.

숙박시설

알베르게
• 시립 알베르게(☎ 947 451 189) : 장인이 쓰던 옛집으로 18명이 이층침대에서 묵을 수 있다. 이용료 없이 기부금으로 운영되며 온수를 쓸 수 있고 의자와 탁자가 있는 정원이 있다. 3월 19일~11월 1일 open. 15:00~22:00. 그 외 기간은 시청에 열쇠를 요청해야 한다.

기타 숙박시설
• Pension Ruiz(☎ 947 451 125) : 싱글 룸 15€, 더블 룸 30€, 공동 욕실.

튼튼한 돌집 사이로 난 구불구불한 도로들이 2개의 로마 도로로 합쳐진다. 이러한 이유로 Calzadas('도로들'이라는 뜻)의 지명이 두 개씩 사용되었다.

돌로 지어진 이층집들이 좌우로 늘어서 있는 예쁜 길을 노란 화살표가 가리키고 있으며, 분수대가 있는 광장으로 이끈다. 두 개의 알베르게와 사설 현대미술 박물관이 여름에 오픈되어 까미노를 더욱 풍성하게 해준다.

Rabé 뒤로 하고 첫 번째 메쎄따로 향하는 오르막길이 시작된다. 농업 도로를 통해 마을에서 2km 떨어진 Fuente de Prao Torre에 도착하게 되는데, 휴식을 취하기 좋은 장소다. 여기서부터 계속 오르막길을 따라가면 메쎄따 정상에 오르게 된다.

도움이 되는 정보

🍽 먹을거리
- 오후에만 문을 여는 Bar가 있는데, 음료밖에 판매하지 않는다.

🏠 숙박시설

알베르게
- Santa Marina y Santiago(☎ 670 971 919) : 사설 알베르게이며 까미노를 사랑하는 사람들의 성지라고 할 수 있는 곳이다. 성당 옆 옛 순례자 병원에 있다. 32명이 이용할 수 있지만 8명만 받는다. 가족처럼 대해주며 이용료는 저녁식사를 포함해 20€이다. 중정 마당 한가운데 까미노에 관한 작은 박물관이 있어서 흥미로운 볼거리를 즐길 수 있다. 여름에만 open.
- 알베르게 Liberanos Domine(☎ 695 116 901) : 24명 이용 가능. 이용료 8€. 세탁기 3€, 건조기 3€, 저녁식사 8€, 아침식사 2.5€. 주방은 없다. 연중무휴. 12:00~22:00.

기타 숙박시설
- Casa rural La Calleja(☎ 651 651 950) : 3명을 위해 집을 빌려준다. 75€.

마을을 지나는 '길고, 유일한' 길이라는 뜻에서 지명이 유래되었다. Hornillos는 물이 지나가는 파이프의 홈을 뜻하며, 알베르게로 유지가 되는 마을이다.

　이곳의 알베르게를 프
랑스 안내 책자에서 많이
추천하고 있다. 1156년
알폰소 7세가 이곳에 순
례자 병원과 나병 요양소
를 세웠고, 훗날 프랑스
Rocamadour de Tulle
수도원이 있었던 유서 깊

은 곳이기 때문이다. 한 시간 반 정도 오르막길을 더 가다가 정상에서
잠시 휴식을 취하고 나면, 눈앞에 새롭게 도전해야 할 메쎄따가 보인다.

도움이 되는 정보

🍽 먹을거리

- 상점 한 곳과 Calle mayor에 있는 Bar Casa Manolo에서 메뉴를 9.50€
  에 즐길 수 있다.

🏠 숙박시설

알베르게

- 시립 알베르게(☎ 947 411 050) : 성당 옆에 있는 새로 수리한 돌집이다.
  32개의 침대가 있고 이용료는 하절기 5€, 동절기 6€, 온수, 주방, 큰 식당
  이 있다. 열쇠는 주인이 운영하는 Bar Casa Manolo에 있다. 시청 체육관
  에 12개의 이층침대가 더 있지만, 샤워는 알베르게에 와서 해야 한다. 2월
  제외 연중 open.

기타 숙박시설

- Casa Rural de Sol a Sol(☎ 947 560 302 / 649 876 091) : 아침식
  사를 포함해 싱글 룸 38€, 더블 룸 45€.

Arroyo San Bol　　　🌞　24.4km　▶　461.1km

　부르고스 지방의 까미노 중에서 가장 궁금증을 많이 불러일으키는
수수께끼 같은 곳이다. San Baudillo라는 마을이 바로 옆에 있었다고
하는데, 1503년에 주민들이 일제히 모두 사라졌기 때문이다. San Bol
이란 마을과 이 마을 앞에 흐르는 작은 냇물 이름이 똑같다. 까미노는
San Bol 마을로 들어가지는 않고 San Bol 냇가를 지나가는데, 그 냇
가에 San Boal 안토니오 수도원 요양소가 지금도 남아 있다. 여기 San

Baudillo라는 마을이 있었다고 하는데 지금은 폐허뿐이다. 어떤 이는 전염병 때문이었다고 하고 어떤 이는 유대인 추방령과 관련이 있다고 하는데, 후자가 더 신빙성이 있는 것으로 보인다.

그 이유는 다르게 부르던 지명에 의하면 더욱 확실해진다. 유대교 Castrillo Matajudios('유대인들을 죽인 작은 성'이라는 뜻), 등이 그렇다. 1492년 왕실에서 유대인 추방령이 떨어지자 이곳에 도주해 와서 살다가, 여기서도 목숨이 위태로워지자 모두 떠난 것으로 보인다.

San Baudilio 근처에는 1352년부터 이미 안토니오 수도원에서 운영하던 San Boal이라는 나병 요양소가 있었다. 이 병원은 현재 알베르게로 바뀌어 화려하지는 않지만 순례자를 정답게 맞이하고 있다. 2012년 화장실 시설 및 수도시설을 갖추고 장작을 때는 벽난로와 바닥에 온돌 시설을 완비하여 순례자들의 추천이 높다. 밀밭 한가운데 있는 알베르게가 바로 여기다. 알베르게에서 다시 걷기 시작하면, 이번 단계 마지막 메세타가 기다리고 있다. 여기서 Hontanas까지 1시간 15분 정도 걸린다.

도움이 되는 정보

⌂ 숙박시설

알베르게

- 호스피탈레로 펠리스 로드리고Flex Rodrigo(☎ 628 927 317) : 돌로 만들어진 작은 건물이다. 마을에서 1km, 까미노에서 200m 정도 떨어져 있다. 12명이 사용할 수 있는 이층침대가 있으며, 매트리스를 깔 수 있는 공간이 있다. 이용료 5€. 자가 발전기가 있고, 저녁식사와 아침식사는 순례자들이 함께 준비해 먹는다. 19시에 공동으로 준비하는 저녁식사 7€. 3월 ~10월 자원봉사자가 운영 한다. lilianaborroto@yahoo.es

14세기에 지어진 튼실한 Inmaculada 성당이 이곳의 집들과 대조적으로 보이는 작은 마을이다. 긴 순례 후에 쉬기 좋은 곳으로, 충분한 서비스 시설을 갖추고 있다. 여러 개의 샘과 분수대가 순례자들에게 물을 공급해 주고 있다. 예전에 San juan 순례자 병원이라 부르던 곳이 아주 훌륭한 알베르게 'Meson de los franceses'로 바뀌었으므로 편히 묵을 수 있다.

도움이 되는 정보

🛏 숙박시설

알베르게

- 시립 알베르게 Hospital de San Juan(☎ 947 37 70 21) : 고급 알베르게로 옛 순례자 병원을 완벽하게 보수했다. 56개의 침대가 있음. 이용료 5€. 온수, 주방, 건조기, 인스턴트 식품 및 차가운 음료 자판기, 식당이 있다. 식당 중 한 곳에는 벽난로가 있고, 인터넷을 쓸 수 있다. 마을 주민 5명이 자원봉사로 관리, 유지한다. 여름에는 시립 수영장이 문을 연다. 연중무휴이며 13:00에 문을 연다.
- 사설 알베르게 el puntido(☎ 947 378 597) : 마을 높은 곳에 있다. 나무로 만든 이층침대 50개가 있다. 이용료 5€, 2개의 더블 룸 24€. 난방, 온수, 세탁기, 인터넷 제공. 자전거 보관 가능. 건조기 4€. 아침식사 2.10€, 순례자메뉴 9€, 샌드위치 2€. 3월~10월 open. 06:00~21:30. www.puntido.com.
- 사설 알베르게 Santa Brígida(☎ 609 164 697) : 16명 이용 가능. 이용료 7€. 세탁기 3€, 건조기 3€. 온수, 난방, 주방이 제공. 3월 15일~10월 중순 open. 13:00~22:00.

기타 숙박시설

- Hostal Fuentestrella(☎ 947 377 261 / 947 377 484) : 아침식사 포함 더블 룸+욕실 35€.
- Casa Rural Cesar Arnaez-pilar gutierrez(☎ 606 137 989 / 947 378 521) : 더블 룸 30€.

　꽤 긴 코스다. 하지만 까스띠야 왕국 항해의 꿈을 키웠던 까스띠야 수로와 까미노가 만나는 전략적인 장소에서 하룻밤을 보낼 수 있으므로 온따나스Hontanas와 프로미스따Frómista 사이의 드넓은 평원을 가로지를 만한 가치가 충분히 있다는 생각이 든다.

　또한 스페인 최고의 로마네스크 사원이 있는 프로미스따에 가볼 수 있으니 의미가 있다. 부르고스 지방은 어느 곳이든 알베르게가 비교적 넉넉하고 시설도 괜찮은 편이라, 어느 알베르게에 머물어도 큰 차이가 나지 않는다.

　Mostelares 봉우리로 가는 길 외에는 단조롭고 평평한 시골 들판 길을 주로 걷게 되지만, 까미노에 매력적인 것들이 가득하다. 특히 Boadilla의 원통형 타워, Pisuerga 강 위의 멋진 Fietero 다리, 혹은 Castrojeriz 직전에 있는 San Anton 수도원의 신비로운 아치 등은 꼭 봐야 한다. 순례자들은 San Anton 수도원 아치를 지나갈 때, 오른쪽 벽에 편지, 혹은 일기, 메모 등을 빼곡히 적은 메모지를 많이 남긴다.

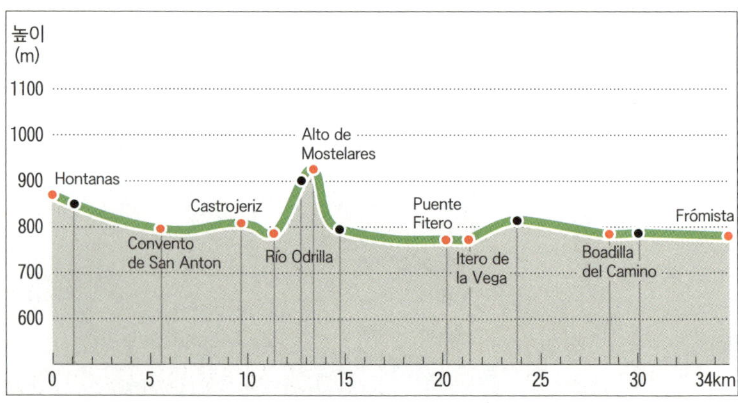

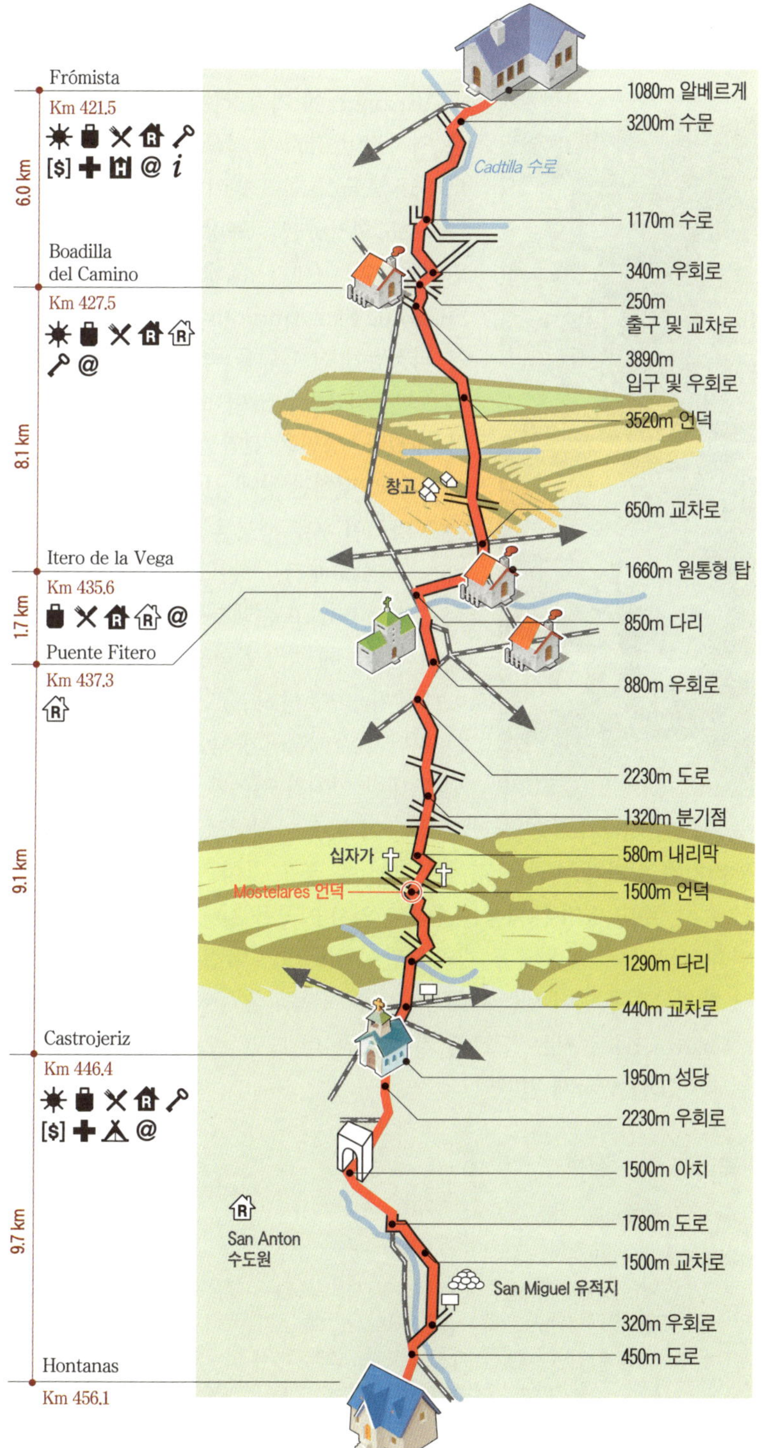

Frómista
Km 421.5
[$]
6.0 km
Boadilla
del Camino
Km 427.5
8.1 km
Itero de la Vega
Km 435.6
1.7 km
Puente Fitero
Km 437.3
9.1 km
Mostelares 언덕
Castrojeriz
Km 446.4
[$]
9.7 km
San Anton
수도원
Hontanas
Km 456.1
1080m 알베르게
3200m 수문
Cadtilla 수로
1170m 수로
340m 우회로
250m
출구 및 교차로
3890m
입구 및 우회로
3520m 언덕
창고
650m 교차로
1660m 원통형 탑
850m 다리
880m 우회로
2230m 도로
1320m 분기점
십자가
580m 내리막
1500m 언덕
1290m 다리
440m 교차로
1950m 성당
2230m 우회로
1500m 아치
1780m 도로
1500m 교차로
San Miguel 유적지
320m 우회로
450m 도로

Castrojeriz에 가기 전에 신비함을 머금은 역사적인 장소가 나오는데, 그곳이 바로 San Anton 수도원이다. 1095년 안토니오수도회기사단은 프랑스 Dauphiné 창립되었으며 10세기~11세기 산 안톤의 불 Fuego de San Anton이라 불리는 나병 같은 괴저병이 전 유럽을 죽음으로 몰아가고 있을 때, 치료법을 알아내어 400군데 병원을 세웠다. 병원은 전염을 막기 위해 도시에서 멀리 떨어진 곳에 건설되었다. 수도회는 동양적인 우주 생성론을 따르며, Tau(그리스어로 알파벳 'T')라는 표식이 있는 검은색 승려복을 입고 순례자들에게 자선을 베풀어 까미노에 널리 알려졌다고 한다.

15세기 고딕 양식으로 지어진 수도원에는 지나가는 이들에게 덮개 역할을 해주었던 거대한 아치가 있는데, 그 아래로 지금도 차도가 지나가고 있다. 예전에는 이 천정 아래에서 수많은 사람들이 북적거려 활기가 넘쳤을 것이다. 자신을 꿈을 찾아 이곳을 스쳐 지나간 수천, 수만 명의 존재감을 순례자 역시 이곳을 지나며 피부로 느끼게 된다. 아치 통로 왼쪽에 두 개의 선반이 있는데, 이것은 밤늦게 도착했거나 밖에서 자는 순례자를 위해 수도자들이 음식을 놓아두던 곳이다.

Castrojeriz로 가는 도로를 지나 조금 더 가면, 오른쪽에서 흙길로 된 까미노를 만나게 된다.

도움이 되는 정보

⌂ 숙박시설

알베르게

- San Anton 수도원 일부를 복원하여 까미노에서 가장 독특한 알베르게이다. 12명 이용 가능. 순례자들의 기부금으로 운영. 수도, 음료 자판기, 화장실 제공. 전기나 주방은 없음. 밤에는 초를 켜야 한다. 아침과 저녁식사 제공. 5월~9월 open. 08:00~20:00. ovidocampo@hotmail.com

원래 서 고트족 도성이 있던 곳이다. 언덕 위의 부서진 성을 차지하기 위해 가톨릭과 이슬람의 전쟁이 끊이지 않았으나, 1131년 알폰소 7세에 의해 까스띠야 왕국 소유가 되었다.

1520년경에 지어진 저택들을 보면 예사 마을이 아니었던 것을 알 수 있는데, 그 경제적 부흥은 까미노 순례와 서로 맞물려 있다. 거의 1km에 가까운 구시가지를 성당·병원·식당·상업지구로 바꾸며 보행자 전용 도로를 만들어 순례자들이 편하게 다닐 수 있도록 해놓았다.

마을 입구에는 Colegiata de Nuestra Señora del Manzano 성당이 있다. 17세기에 크게 확장한 로마네스크 양식의 건물인데 알폰소 10세가 찬가를 바쳤던 성모상이 있다. 또 Templo Fortaleza de San Juan 사원도 아름다운 곳이다. 14세기 무데하르 양식의 회랑이 있다.

무데하르는 이슬람 점령지에 살던 가톨릭교도를 뜻하는데, 이들이 퍼트린 이슬람과 가톨릭 양식은 스페인만의 독특한 문화를 갖게 했다.

Castrojeriz 문화유산 복원의 다른 좋은 예는 21세기 까미노에 재활력을 불어 넣은 것이다. 그곳은 Plaza Mayor다. 마을 높은 곳에 있는 Plaza Mayor는 항상 정적이고 편안함을 선사한다. 스페인의 큰 마을이나 도시에는 대부분 마요르 광장이 있다.

마을 출구는 드넓은 평야를 만나기 전에 마지막 높은 지대인 Mostelares 언덕으로 연결된다. Castrillo Matajudios로 돌아가겠다는 시도는 비합리적이다. 거리상으로도 만만찮아 보이고, Mostelares 언덕 정상에서 볼 수 있는 아름다운 장면을 놓치기 때문이다.

도움이 되는 정보

순례에 필요한 용품을 파는 Bazar가 있다. 등산화와 배낭 등, 까미노에 필요한 대부분의 용품들을 판매한다.

⭕ 먹을거리

- 식품이 다양하며 빵 가게들이 있고 Castrojeriz 특산품인 조개 모양 과자를 살 수 있다. 조개 모양의 병에 든 회향 풀Anis 술을 판매하고 있다.
- La Taberna(☎ 947 377 610) : Calle general Mola 43번지, 메뉴 10€.
- Bar El Manzano(☎ 943 378 618) : Avenida Colegiata, 샌드위치와 아침식사 판매.
- Resti 알베르게 근처에 다양한 음식점이 있다. Casa Cordon(☎ 947 378 602), El Lugar y El Meson(☎ 947 377 400)에서 메뉴 7~9€.

🏠 숙박시설

알베르게

- 첫 번째 만나게 되는 알베르게(☎ 947 377 255) : 32명 이용 가능. 기본 이용료 6€. 3개의 주방과 욕실이 딸린 더블 룸이 있는데 더블 룸 이용료는 30€다. 이층침대가 있고, 온수, 인터넷, 세탁기가 제공된다. 카페와 레스토랑이 있고 캠핑도 할 수 있다. 3월 15일~11월 15일 open. www.campingcamino.com
- Casa Nostra : 두 번째 만나게 되는 알베르게다. 후안호Juanjo와 마크Marc 두 사람이 운영한다. 마을에 있는 복원 된 옛집인데 26명이 이용 가능. 이용료 5€. 이층침대, 인터넷, 주방, 거실, 온수 제공. 자전거 보관 가능. 세탁기/건조기 각각 3.5€. 3월~11월 open. 11:00~22:00. incastrojeriz@hotmail.com
- San Esteban(☎ 947 377 001) : 세 번째 만나게 되는 알베르게로 Plaza Mayor에 있는 시립 알베르게다. 30명 이용 가능. 기부금으로 운영. 이층침대가 있고, 바닥에 매트리스를 깔고 쉴 수도 있다. 식당, 난방, 인터넷 제공. 자전거 보관 가능. 연중무휴. 12:30~22:30. www.castrojeriz.com
- '레스띠Resti의 알베르게'(☎ 947 377 400) : Calle Cordon에 있다. 마지막에 만나게 되는 알베르게로 '레스띠의 알베르게'라는 이름으로 유명하다. 까미노에 대해 잘 알고 있는 레스띠는 까미노 홍보를 하며 아침을 준비하고 음악으로 순례자들을 깨운다. 그가 자리를 비울 때면, '까미노 알베르게 친구들 연합' 자원봉사자가 항상 그 자리를 대신한다. 까미노는 계속 변하고, 알베르게가 늘 좋을 수는 없지만, 이곳은 까미노 정신을 가장 잘 지켜가는 알베르게 중의 하나이다. 28명 이용 가능. 이층침대, 거실, 온수 사용 가능. 별도의 이용료 없이 순례자의 기부금으로 운영. 4월~10월 open. 15:00~22:30. www.peregrinatio.es

기타 숙박시설
- Hostal El manzano(☎ 947 378 618) : Avenida Colegiata, 20~30€+ 욕실.
- Hotel La Cachava(☎ 947 378 547) : Calle Real de Oriente 93번지, 더블 룸 50~75€.
- Casa rural la Casa de los Holandeses(☎ 947 377 608) : Calle Real de Oriente 36번지, 싱글 룸 22€, 더블 룸 33€.
- Pension La Taberna(☎ 947 377 610) : 더블 룸 30€.
- Meson de Castrojeriz(☎ 947 377 400) : Cordon 1번지, 싱글 룸 21.40€, 더블 룸 32.10€.
- Hostal Puerta del Monte(☎ 947 378 647) : 싱글 룸 42€, 더블 룸 40~45€. 모두 욕실 있음.
- La Posada(☎ 947 378 610) : 싱글 룸 33.50€, 더블 룸 + 욕실 53.50€.

Puente Fitero   18.8km ▶ 437.3km

Mostelares 언덕과 Fuente de Piojo에서 내려오면 13세기 Pisuerga 강가에 있는 병원 유적지인 San Nicolas 성당까지 평지를 걷게 된다. 다리 가까이에서 수도복을 입거나 망토를 걸치고 모자를 쓴 중세 수사가 보이는 듯하면 Puente fiero가 가까워졌다는 것을 알 수 있다.

7개의 아치(현재는 11개)가 있는 중세의 다리는 알폰소 7세 통치 아래 건설되어 부르고스 지방과 팔렌시아 지방을 연결하는 역할을 했었다. 강 건너 팔렌시아 쪽에는 San Juan 수도기사단 기사들이 통행을 통제하며 통행세를 받았던 곳이 있다.

도움이 되는 정보

🏠 숙박시설

알베르게

- '이탈리아 페루자 순례자 연합'에서 온 이탈리아 자원봉사자가 알베르게를 관리하며, 환영의 뜻으로 순례자들의 발을 닦아 준다. 11세기에 지어진 성당 회랑에 식당과 주방이 있다. 12개의 침대와 4장의 매트리스가 준비되어 있고 기부로 운영된다. 믿기지 않겠지만 온수와 샤워시설이 갖춰져 있고, 전기가 들어오는 화장실도 있다. 아침식사를 제공하며 아침시간에 기도회가 열린다.

　중세에는 까미노 평원에서 만나게 되는 첫 번째 마을이 San Juan 병원에서 직선으로 Boadilla 방향 1km 지점에 있었다. 하지만 최근에는 Itero de la vega를 지나야 비로소 서비스 시설을 이용할 수 있다. 마을을 나서면서 까미노는 중세의 모습은 보이지 않는 분할 택지 구간을 통해 긴 언덕으로 이어진다. 이 언덕에서부터 풍경이 변한다. 여기까지는 완벽한 평지가 아닌 언덕과 구릉이었지만, 이제부터는 지평선 끝까지 밀밭이 펼쳐진다. 이제 레온까지 작열하는 태양 아래 끝없이 펼쳐진 밀밭의 지평선이 계속된다.

도움이 되는 정보

🍽 먹을거리

- 마을에 주민들을 위한 두 개의 식료품점이 있고, Bar가 두 곳 있어서 샌드위치를 살 수 있다. Hostal Puente Filtero에서 점심과 저녁식사를 할 수 있다. 메뉴 9.50€ + 부가세 8%.

🏠 숙박시설

알베르게

- 사설 알베르게 Itero(☎ 979 15 17 81) : 옛 사제관을 수리한 곳이다. 20명 이용 가능. 이용료 이층침대 6€, 1인용 침대 8€. 주방과 온수, 인터넷 제공. 예약 가능. euloman28@hotmail.com
- 시립 알베르게(☎ 979 15 18 26) : 조금 더 앞으로 나아가다 보면 성당 앞에 있다. 조금 서글퍼 보이는 방 하나에 13개의 침대가 있고, 이용료 5€. 난방과 온수 이용 가능. 연중무휴. 10:30~22:30.

기타 숙박시설

- Hostal Puente Fitero(☎ 979 15 18 22) : 아침식사를 포함해서 싱글 룸 25€, 더블 룸 35€.

1345년에는 이 마을에 성당이 세 곳, 순례자 병원이 두 곳 있었지만, 지금은 Santa Maria 성당만이 건재하다. Boadilla에서 가장 상징적인 유적은 성당 뒤편에 있는 15세기 고딕 양식으로 만들어진 기둥, Rollo Jurisdiccional de Castilla이다. 이 기둥은 지방 사법권을 상징하며 범죄자를 결박하고 판결을 내리는 데 사용되었다고 한다. 지방마다 이런 원통 기둥이 남아 있지만 이처럼 풍부하게 장식되어 아름다운 것은 많지 않다.

도움이 되는 정보

♨ 먹을거리

- Bar Dori(☎ 979 810 371)에서 작은 식료품점을 운영하며 샌드위치를 판다.
- 알베르게 en el camino(☎ 979 810 284) : 메뉴 8€.

⌂ 숙박시설

알베르게

- 시립 알베르게(☎ 979 810 390) : 마을 입구에 있다. 12명 이용 가능. 이용료 3€. 이층침대, 온수 제공. 12:00 open. 연중무휴.
- 사설 알베르게 Putzu : Calle de Bodgas 9번지. 16명 이용 가능 이용료 7€. 인터넷, 세탁기, 주방, 식당 제공. 연중무휴. 13:00 open
- 사설 알베르게 En el Camino(☎ 979 810 284) : 48명 이용 가능. 이용료 6€. 이층침대가 갖춰져 있고, 앞마당에는 잔디가 깔려있으며 수영장과 벽난로가 있는 거실이 있다. 난방, 인터넷 제공. 아침식사 2.7€, 저녁식사 9€. 예약 가능. 3월~11월 open. boadillaman@hotmail.com

기타 숙박시설

- La Casa rural En el camino(☎ 979 810 284) : 더블 룸 25€.

이제 까미노는 경작지 사이로 지나가 Canal de Castilla(까스띠야 수로)를 따라 간다. 이 수로는 17세기 후반에 엔세나다Ensenada의 후작이 까 스띠야의 각 도시들과 Santander 항구까지 물품을 수송하기 위해 만든 수로로, 당시 시민 기술의 이정표가 되고 있다.

공사가 완공되지는 못했지만 길이가 207km나 되며 훌륭한 수문들이 있는데, 그중 Fromista의 4중 수문이 특히 훌륭하다. 순례자들은 이 수문을 건너 Fromista에 들어가게 된다.

중세 까미노 안내서 Codex Calixitus를 보면 여섯 번째 단계의 마지막인 Frumesta는 풍부한 곡류 생산으로 로마 농업에서 아주 중요한 곳이라고 묘사되어 있다.

이곳의 예술적인 보물 중에서 가장 돋보이는 것은 San Martin 성당인데, 빛나는 스페인 로마네스크 성당 중의 하나로 꼽힌다.

1066년 Puente de la Reina를 지은 나바라 왕국 산초 3세의 왕비인 Doña Mayor가 설립한 수도원의 일부분인 San Martin 성당은 인상적인 회랑이 세 군데 있다. 그중 한 곳은 둥근 지붕을 가진 팔각형으로 되어 있으며, 두 개의 원통형 타워가 전면을 장식하고 있다. Jaca의 대성당, Leon의 San Isidor 성당과 닮았는데, 외관에 315개의 서로 다른 모티브로 된 추녀 받침이 있고, 전면을 장식하기 위해 끼워놓은, 한 줄의 돌은 1904년에 추가된 것이다.

마을 중심에 있는 고딕양식의 San Pedro 성당 앞에 있는 고급 레스토랑은 예전에 순례자 병원이었던 곳이다.

도움이 되는 정보

다양한 형태의 상점들이 있다.

⊙ 먹을거리

- San Pedro 성당 앞에 있는 제과점 Salzar에서는 막대 과자와 버터 페스츄리를 살 수 있다.
- 레스토랑 San Martin(☎ 979 810 000) : 알베르게 옆에 있으며 콤비네이션 디쉬를 판다.
- Bar 레스토랑 Van-dos(☎ 979 810 861) : 메뉴 9~10€.
- 레스토랑 Villa de Fromista(☎ 979 810 409) : 순례자 메뉴 8.50€.
- Meson los Palmeros(☎ 979 810 067) : 고급 식당을 원하는 사람에게는 옛 순례자 병원 자리에 있는 이곳을 추천한다.

⌂ 숙박시설

알베르게

- 시립 알베르게(☎ 979 811 089 / 686 579 702) : 까르멘Carmen과 그녀의 남편이 운영하고 있다. 7개의 방에 56명이 머물 수 있다. 이용료 7€. 아침식사 2.50€. 온수와 주방은 없지만, 식당이 있고 세탁기를 쓸 수 있다. 12월 25일~1월 30일 Close. carmen-hospitalero@live.com

사설 알베르게

- Canal de Castilla(☎ 979 810 183) : 48명 이용 가능. 40명 이층침대 7€, 8명 더블 룸 30€. 주방은 없고 세탁기/건조기 각 3€, 저녁식사 15€. 4월~10월 open. 13:00~22:00. www.albergueperegrinosfromista.com
- 알베르게 Estella del Camino(☎ 979 810 053) : 34명 이용 가능. 이용료 7€. 저녁식사 15€, 세탁기/건조기 각 3€. 3월~11월 open. 12:00~23:00. ★추천을 많이 하는 알베르게이다. www.albergueestrelladelcamino.com

기타 숙박시설

- Pension camino de Santiago(☎ 979 810 053) : 더블 룸 25~45€.
- Pension Marisa(☎ 979 810 023) : 싱글 룸 16€, 더블 룸 26€.
- Centro Turismo Rural San telmo(☎ 979 811 028) : 더블 룸 35~38€.
- Hotel San Martin(☎ 979 810 000) : 싱글 룸 30€ + 7% 부가세, 40€ +7% 부가세.

먼지, 진흙, 태양과 비가 산티아고 순례길이다
그리고 천년이 넘는 세월 속에
수 천 명에 수 천 명을 곱한 순례자들,

순례자여, 누가 당신을 불렀는가?
어떤 신비한 힘이 당신을 이곳으로 이끌었는가?
그것은 별들의 땅 Santigao Compostela도,
대성당들도,
Navarra의 산악도 아니며
Rioja의 와인도, Galicia 해산물도,
Castilla의 넓은 들판도 아닐진데

순례자여, 누가 당신을 불렀는가?
어떤 감춰진 힘이 당신을 이곳으로 이끌었는가?
그것은 까미노에서 만나는 인연들도,
시골의 풍습도,
역사와 문화도 아니며
Calzada의 닭들도, 가우디의 궁도,
 Ponferrada의 성채도 아닐 것이다

스쳐지나가면서 보는 모든 것과 모든 것을 보는 즐거움
그러나 더 심오한 곳에서부터 나를 부르는 소리
나를 밀어주는 힘,
나를 이끄는 힘을 나 자신도 설명할 길이 없다
오로지 저 위에 계신 분만이 아실 것이다
　　　　　　　　　　　　　－ Eugenio Garibay 수사

* 나헤라로 들어가는 초입, 밀 공장 담벼락에 스페인어와 독일어로 써있다.

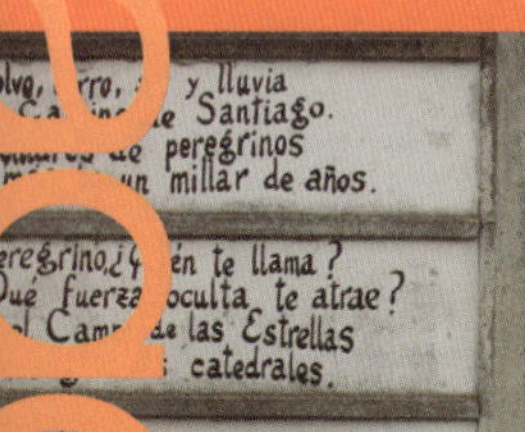

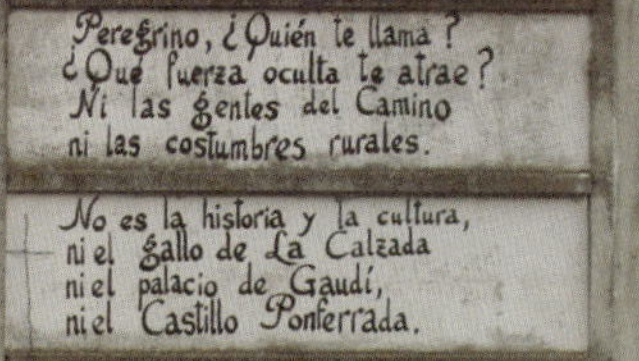

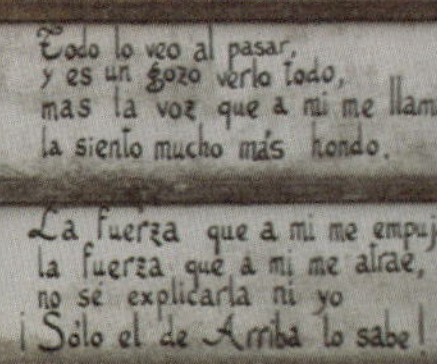

Santiago

Camino

de

13년 개정 증보판

가미노 데 산띠아고 여행 안내서

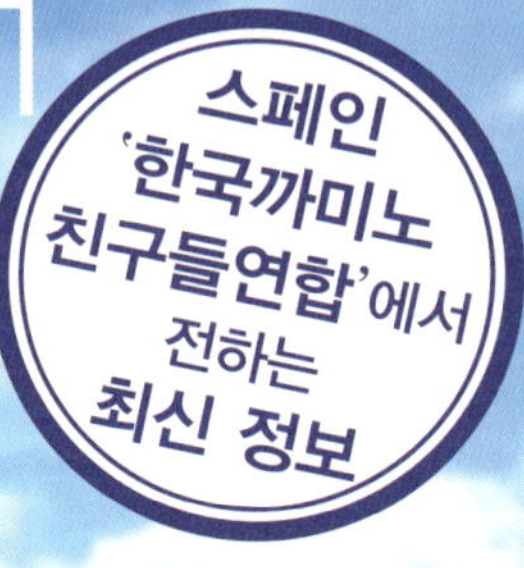

윤태일 지음

겨기서 책을 반 나눠서 뒷부분만 들고 다니세요.

긴 마라톤 뒤에 힘을 회복하며 잠시 숨 고르기 좋은 단계이다. 프로미스따Frómista를 지나 잘 닦여진 보행자 도로로 접어든다. 이 길은 국도와 나란히 뻗어 끝없는 팔렌시아Palencia 지평선을 향해 나아간다. 마을은 사람이 살지 않는 것처럼 느껴질 정도로 고요하다. 풍경은 이미 모든 장식을 다 버렸고, 보이는 것이라고는 둥그스름한 지평선뿐이다.

지금까지 산을 오르내리며 서로 다른 형태의 지형들을 지나느라 힘들었다면, 팔렌시아에서는 한낮의 단조로움과 아지랑이 속의 신기루를 극복하기 위해 집중해야 한다. 이 길에서는 한낮의 더위를 간과할 수 없으므로 일찍 길을 나서는 것이 좋다.

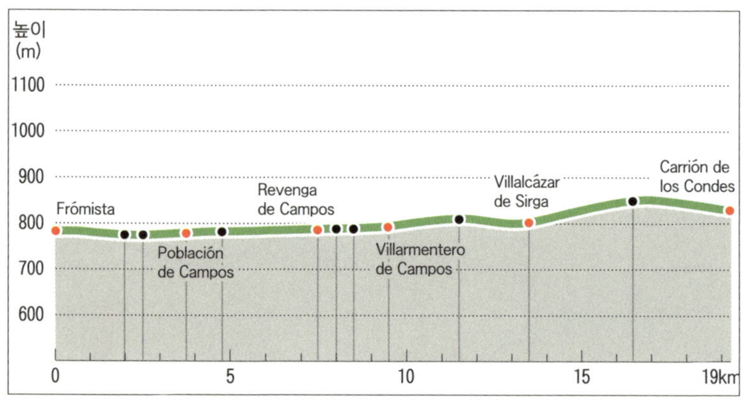

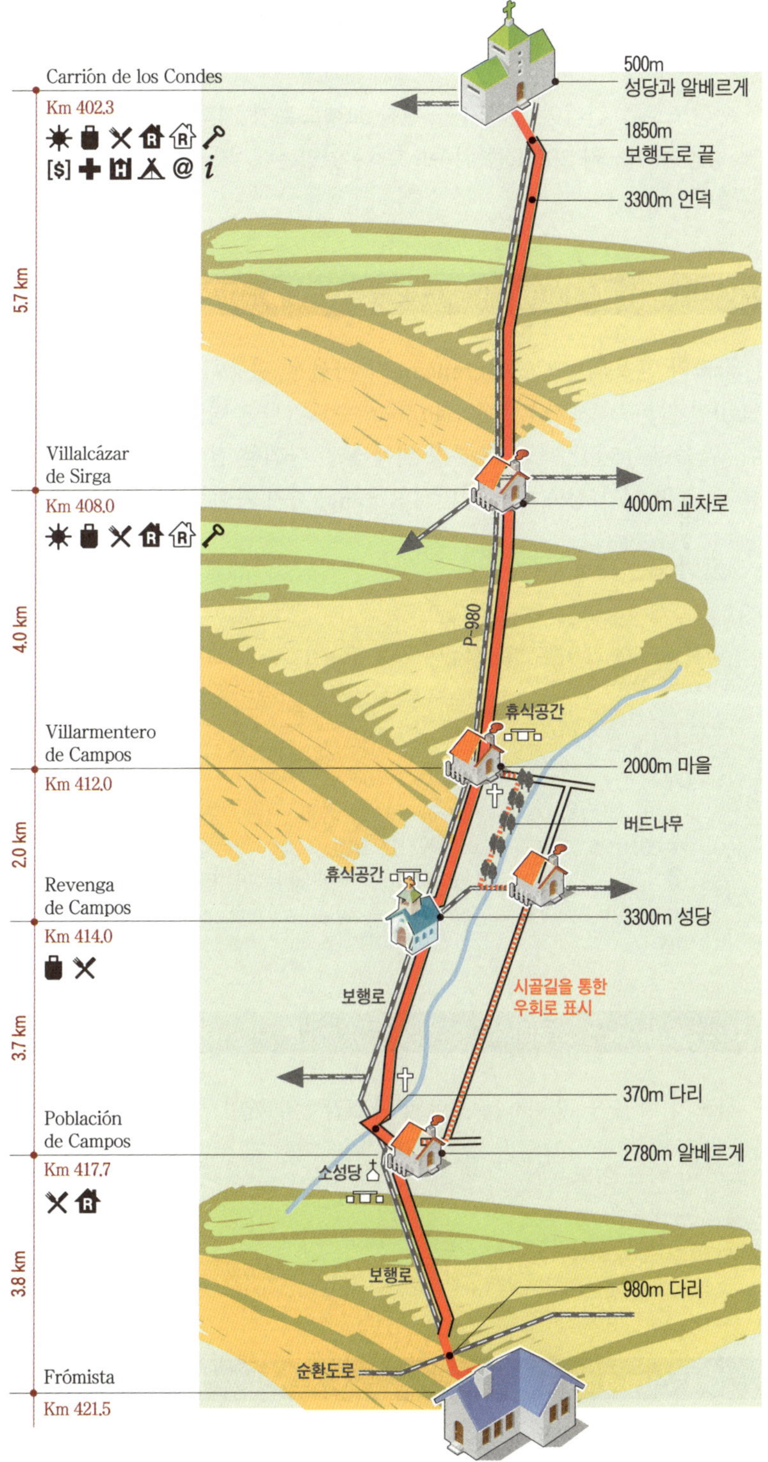

Carrión de los Condes
Km 402.3
[$]
5.7 km
Villalcázar
de Sirga
Km 408.0
4.0 km
Villarmentero
de Campos
Km 412.0
2.0 km
Revenga
de Campos
Km 414.0
3.7 km
Población
de Campos
Km 417.7
3.8 km
Frómista
Km 421.5
500m
성당과 알베르게
1850m
보행도로 끝
3300m 언덕
4000m 교차로
P-980
휴식공간
2000m 마을
버드나무
휴식공간
3300m 성당
시골길을 통한
우회로 표시
보행로
370m 다리
2780m 알베르게
소성당
보행로
980m 다리
순환도로

순환도로를 건너면 순례자를 위한 보행도로가 시작된다. 1970년까지 정통 까미노가 200m쯤 왼쪽으로 나 있었는데, 지금은 농경지 아래 묻혔다.

국도와 혼용되는 Calle Francesa가 마을을 관통하고 있다. 이곳은 1140년 알폰소 7세가 기부한 San Juan 수도기사단 병원이 있던 곳이었다. 마을에서 나갈 때 Ucieza 강 위에 놓인 다리를 건너 다시 보행도로를 만나 한 시간 정도 태양에 맞서 Revenga까지 가야 한다.

도움이 되는 정보

▯◁ 먹을거리

- 마을 출구에 Bar를 겸한 상점이 있다. Bar Los Cibuenos에서 메뉴를 8€에 즐길 수 있다.

⌂ 숙박시설

알베르게
- 사설 알베르게(☎ 979 810 099) : 18명 이용 가능. 이용료 4€. 개인욕실이 딸린 방 10€. 더블 룸은 아침식사를 포함해 35€, 이층침대와 온수, 주방, 인터넷이 제공. 연중무휴. 아침식사 3€. 순례자 메뉴 9€. 저녁 7:00~ open. info@amanecerencampos.net / www.amanecerencampos.net

국도가 마을을 관통하는 곳에서 아스팔트와 까미노가 합쳐진다.

도움이 되는 정보

▯◁ 먹을거리

- 작은 상점이 한 곳, Bar가 한 곳 있다.

여름에만 문을 여는 Bar 한 곳을 제외하면, 마을 출구에 있는 소나무 아래 의자와 탁자, 1개의 알베르게가 순례자를 위한 유일한 서비스 시설일 것이다.

도움이 되는 정보

🛏 숙박시설

알베르게
- 사설 알베르게 Amanecer(☎ 629 178 543) : 40명 이용 가능. 이용료 6€. 난방, 온수, 주방, 식당이 제공. 4월~10월 open. 예약 가능.

Villacázar de Sirga　　🌟 13.5km ▶ 408.0km

순례자들은 마을의 남쪽을 통해 지나가게 된다. 이 마을로 들어가는 이유는 까미노에서 꼭 들려봐야 하는 Santa Maria la Blanca 성당이 있기 때문이다. 이곳은 축성 받은 능보(稜堡, bastion; 성벽 가운데 밖으로 불룩 튀어나와 전투와 경계 등에 이용되는 부분)가 있는 템플기사단 성당이다. 템플기사단 성당은 까미노에 세 곳 있는데, 나머지 두 곳은 레온 Ponferrada와 갈리시아 San Fiz de Ermo에서 볼 수 있다.

Santa Maria la Blanca 성당은 로마네스크 양식으로 지어진 후 후대에 고딕 양식으로 확장 되었다. 어떤 성당의 입구보다 돋보이며 끝없는 지평선 위에서 풍성한 조각이 향연을 벌이는 것 같다. 내부에는 고딕 양식으로 장식된 Felipe 왕자와 그의 아내 Leonor의 무덤이 있다. 스페인의 지혜로운 왕 알폰소 10세의 시詩 속에 등장하는 Santa Maria blanca 성상도 만날 수 있다. 병을 앓던 까미노 순례자들이 어떻게 Santa Maria blanca 앞에서 치유되었는지, 왕은 시 다섯 편 속에 묘사하고 있다. 성당 입장료는 순례증서가 있으면 1€, 없으면 3€이다. 최근에 광장과 그 주변을 정비하고 관광객과 순례자들을 위한 새로운 서비스 시설을 늘리는 등, 까미노의 중요한 포인트로 재부흥을 하기 위해 애쓰고 있다.

도움이 되는 정보

상점이 두 곳 있고 광장의 Desvan del infante에서는 지역 특산물을 판다.

🍽 먹을거리

- 식당 두 곳이 유명하다.
- Los templarios y Villasirga(☎ 979 888 022) : 이곳의 특선 음식,

까스띠야식 수프 Sopa Castilla와 양파를 넣은 순대 Morcilla de Cebolla를 맛볼 수 있다.
• Venta Alcazar(☎ 979 888 096), Don camino(☎ 978 888 163) : 알베르게 옆에 있다. 메뉴 9€.

🏠 숙박시설

알베르게
• 시립 알베르게(☎ 979 888 041) : 성당 옆에 있으며 침대가 20개 있고 기부금으로 운영된다. 주방과 온수를 1€(동전으로 작동)에 사용할 수 있다. 4월~10월 16:00~23:00 open. ayto-villalcazar@dip-palencia. es www.villacazardesirga.es
• 사설 알베르게(☎ 979 888 163 / 620 399 040) : 20명 이용 가능. 이용료 7€. 이층침대, 주방, 세탁기, 온수 제공.

기타 숙박시설
• Hostal Rural Doña Leonor(☎ 979 888 048) : 더블 룸+욕실 45€~ 55€.
• Casa Vidal(☎ 979 888 151) : 싱글 룸 15€, 더블 룸 24€.
• La cantigas(☎ 979 888 015) : 싱글 룸 22€, 더블 룸 37€, 욕실 포함.
• Casa Rural Aurea-Federico(☎ 620 399 040) : 더블 룸 + 욕실 35€, 더블 룸 30€.

Carrión de los condes　　19.2km ▶ 402.3km

　중세 안내서에 의하면, 16세기까지는 역동적인 도시로 산업이 발달해 성당이 12군데 있었으며 순례자 병원들이 많았다고 한다. 한편 프랑스인 수사 Aymeric Picaud는 빵과 와인, 고기 맛이 좋은 도시라고 썼다.

　La Herrada라 부르는 순례자 병원은 1200년경에 지어져 현재 San Zolio 수도원 근처에 있다. 이곳은 설립자 이름을 따 Don Gonzalo 병원이라 부르기도 했는데, 순례자에게 5월~10월까지는 빵 반쪽을, 11~4월까지는 빵 한 개를 주었다. 순례자가 사제일 경우에는 특별히 빵과 몇 개의 달걀, 포도주, 20레알의 돈을 주었다고 한다. 하지만 지금 이 도시에는 경제 침체와 농경 인구 감소로 성당이 6곳만 남아 있다.

　Santa Maria del Camino 성당의 수수해 보이는 로마네스크 입구에는 100명의 여인이 새겨져 있다. 그리고 성당 옆에 알베르게가 있다. 길을 따라 Plaza de Santa Maria을 지나면 까미노는 산띠아고 성당을 지나게 되는데, 이 성당은 전면에 12사제들이 멋지게 조각되어 있고, 아치로 꾸며진 문에는 24명의 장인과 12세기 전사들이 새겨져 있다.

까미노는 San Zolio 수도원을 통해 마을에서 나가게 된다. San Zolio 수도원은 지금은 3성급 호텔로 운영되고 있는데, 르네상스 스타일의 멋진 회랑을 갖고 있다. 이 건물 한쪽에 Centro de Estudios y Documentacion del Camino de Santiago(까미노 데 산띠아고 연구 및 자료보관센터)가 운영되고 있으며, 훌륭한 도서관과 서점, 전시장이 있다. 문을 여는 시간은 10:30~14:00, 16:30~20:00이며 연락처는 ☎ 979 88 09 20이다. 까미노에 대해 자세히 알고 싶다면 꼭 한번 들러보는 것이 좋다.

도움이 되는 정보

모든 형태의 상점들이 다 있다.

⦿ 먹을거리

- Santa Clara 수도원에서 수녀들이 만든 특산 빵을 구입할 수 있다.
- Cafeteria Los Condes(☎ 979 880 136) : Plaza de Ayuntamiento.
- Bar la Corte(☎ 979 880 138) : 알베르게 근처에 있고 메뉴 8€+부가세.
- Bar Espana : 아침 6시에 식사 서비스 시작.

🏠 숙박시설

알베르게

- 성당 알베르게(☎ 979 880 768) : 아구스띤 수도회 수녀님이 운영한다. Santa Maria 성당 옆에 있으며 52명 이용 가능. 이용료 5€. 이층침대와 온수, 거실, 식당, 주방이 제공. 세탁기/건조기 각 3€. 11월~2월 Close. 2013년 5월부터 한국까미노친구들연합과 연맹 알베르게로 오스삐딸레로로 봉사하고자 하시는 분은 까·친·연으로 연락하면 된다. viastellarum@gmail.com
- Santa Clara 수녀원 사설 알베르게(☎ 979 880 837) : 31명 이용 가능. 더블 룸도 있다. 이용료 5€. 주방은 없지만 식당에 냉장고와 전자레인지가 갖춰져 있다. 12월~1월 Close. 11:00~23:00.
- 사설 알베르게 Espiritu Santo(☎ 979 880 052) : Plaza de San Juan 옛 학교 건물 속에 있다. 침대 90개가 다섯 개의 방에 나누어져 있는데 이용료는 5€이다. 주방은 없고 식당에 냉장고와 전자레인지가 있다. 온수, 인터넷 제공. 자전거 보관이 가능. 연중무휴. espiritusanto@hijasdelacaridad.org

기타 숙박시설

- Hostal Santiago(☎ 699 204 349) : 이층침대가 있는 방이 하나 있으며 각각 9€, 싱글 룸 25€, 더블 룸 34~46€.
- Hospederia del Monasterio de Santaclara(☎ 979 880 138) : 싱글 룸 38€, 더블 룸 49.90€.
- 호텔 Real Monasterio de San Zolio(☎ 979 880 050) : 더블 룸 73~ 81.50€.

Step 16. 고독을 향한 도전

　처음 약 17km는 긴 고독을 향한 도전의 시간이라 할 수 있다. 마을도 없고 풍경의 변화도 없다. 처음에는 Beneviviere 수도원의 녹음을 잠깐 볼 수 있지만 이후에는 끝없는 들판과 지평선만 이어질 뿐이다. 2007년에 이 코스 중간에 Bar가 문을 열긴 했지만 간헐적으로 영업을 하기 때문에 기대하지 않는 것이 좋다.

　야트막한 분지에 있는 깔사디야Calzadilla는 그 위에 올라서야 보이므로, 긴 지평선의 코스가 더욱더 지루하게 느껴진다. 하지만 깔사디야뒤로 지평선 위의 잃어버린 영혼과 같은 두 곳의 마을, 레디고스Lédigos와 떼라디요스Terradillos가 나타난다.

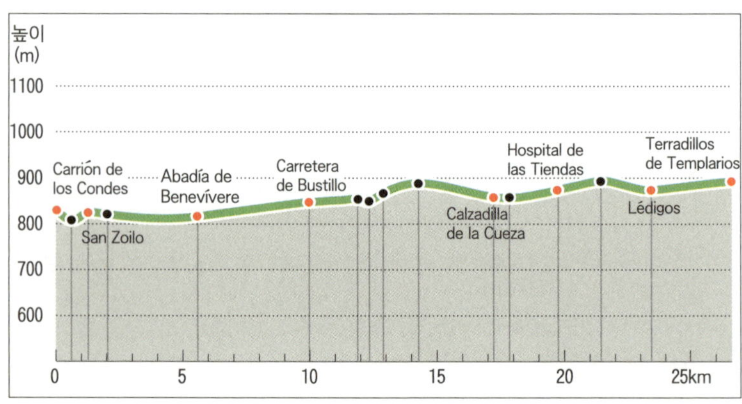

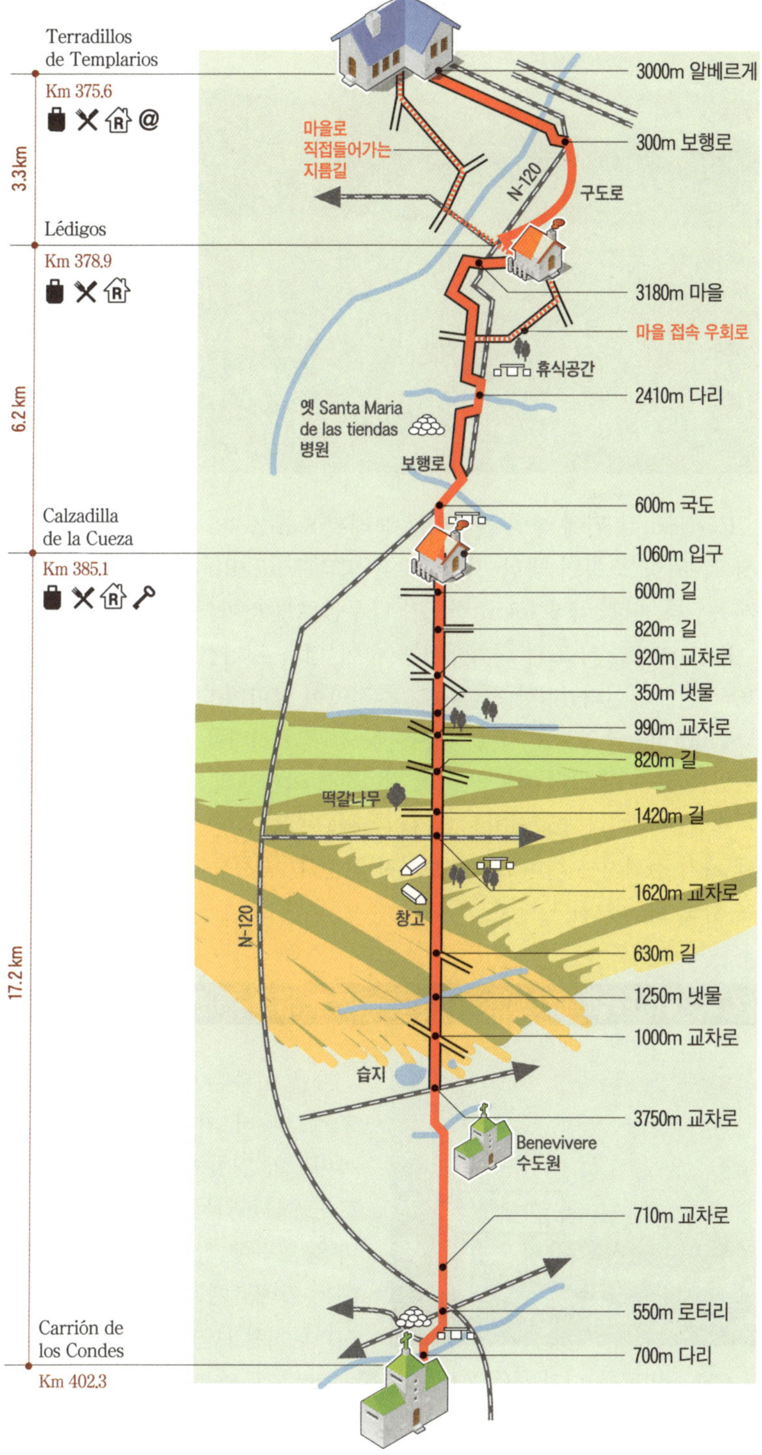

Terradillos
de Templarios
Km 375.6
3.3km
Lédigos
Km 378.9
6.2 km
Calzadilla
de la Cueza
Km 385.1
17.2 km
Carrión de
los Condes
Km 402.3
마을로
직접들어가는
지름길
N-120
구도로
마을 접속 우회로
휴식공간
옛 Santa Maria
de las tiendas
병원
보행로
N-120
떡갈나무
창고
습지
Benevivere
수도원
3000m 알베르게
300m 보행로
3180m 마을
2410m 다리
600m 국도
1060m 입구
600m 길
820m 길
920m 교차로
350m 냇물
990m 교차로
820m 길
1420m 길
1620m 교차로
630m 길
1250m 냇물
1000m 교차로
3750m 교차로
710m 교차로
550m 로터리
700m 다리

Carrión 강 위에 놓인 돌다리는 오래된 San Zolio 수도원으로 이어지고, 차량 소통이 뜸한 지방도로를 따라 Villotilla까지 아스팔트가 계속된다. 반경 약 5~6km 정도가 나무들로 둘러싸여 쾌적하다.

Benevívere 수도원 근처에서는 숲이 더욱 깊어진다. 이 수도원은 1065년에 건설되었지만 지금은 그 흔적만이 남아 있다.

Villotilla 교차로를 지나 세 시간쯤 긴 평원지대를 걷게 되는데, 재미있는 것은 이 길이 전통 까미노 길이면서 아키텐의 로마 도로와도 겹쳐진다는 것이다. Calzadilla de la Cueza는 움푹 파인 곳이어서 그 위에 가기 전까지는 까미노에서 보이지 않는다. 공동묘지 탑만이 단조로운 황토 위로 보인다.

마을 이름은 아키텐공국 로마 도로로부터 기인한다. 마을이 까미노와 일치하는 길을 중심으로 늘어서 있는데, 알베르게는 마을 입구에 있다. 뜨거운 여름에는 알베르게 수영장이 사막의 신기루처럼 보인다.

Calzadilla를 나가면서 까미노는 N-120 도로와 나란히 이어진다. Lédigos에 들어가기 전에 큰 병원과 수도원의 유적이 보인다. 산띠아고 기사단의 Bernardo Martin이 1182년에 설립한 Hospital de las Tiendas('텐트'라는 뜻)이다. 19세기까지 운영되었는데, 초기에 텐트를 치고 가난한 이와 순례자를 돌본 데서 이름이 유래했다고 한다.

도움이 되는 정보

🍽 먹을거리

- HostalHostal Camino Real(☎ 979 883 187)에서 약간의 요깃거리를 판매한다. 그리고 아침식사는 2.8€, 다른 메뉴는 8€에 제공한다.

🛏 숙박시설

알베르게

- 사설 알베르게(☎ 979 883 187 / 616 483 517) : 마을 입구에 있다. 80명이 묵을 수 있는 이층침대가 있으며 이용료는 7€이다. 수영장과 큰 정원이 갖춰져 있고, 온수, 인터넷, 난방 제공. 세탁기 3€, 건조기 3€. 순례자 메뉴 10€. 4월~10월 open.

기타 숙박시설

- Hostal Camino Real(☎ 979 883 187) : 싱글 룸 26€, 더블 룸 36€.

벽돌담이 있는 마을로, 이곳에 있는 서비스 시설이라고는 알베르게 두 곳 뿐이다. 산띠아고 성당 외에 다른 성당도 없다. 그러나 마을주민들은 산띠아고 성당에 보존된 야고보 사도 세 성상에 자부심을 느끼고 있다. 성상은 순례자 야고보, 사제 야고보, 전사 야고보를 상징한다.

마을을 지나 옛 도로를 따라 Terradillos로 이어지는 보행자 도로가 나올 때까지 가면, Lodigos와 Terradillos 사이에 있는 안내 표식은 다른 방향을 표시하는데, 그 길은 들판으로 우회하는 길이다.

도움이 되는 정보

🍽 먹을거리

- 알베르게 주인이 Bar와 작은 상점을 운영하고 있다. 알베르게와 함께 있는 Bar에서 음료수와 샌드위치를 판다. 항상 친절하지는 않다.

🏠 숙박시설

알베르게

- 베르게(☎ 979 88 36 05) : 52명 이용 가능. 18개 이층침대는 6€, 34개 침대 8€. 주방, 온수, 인터넷, 수영장, 난방 제공. 세탁기 3€. 10:30〜 23:00 open. 문이 닫혔을 경우 ☎ 979 883 614 안나Ana에게 전화하면 열어준다.

마을 이름처럼 Villalcázar de Sirga 독립템플기사단에 속해 있던 곳이다. 전통 까미노는 이 마을을 지난 적이 없고, 지금은 사라져버렸지만 700m 남쪽에 있었다고 하는 마을 두 곳을 통과한다. 이 마을에는 알베르게가 한 곳 있어서 하룻밤 묵기에는 그런 대로 적당하다.

도움이 되는 정보

🍽 먹을거리

- 간단한 식료품은 알베르게에서 살 수 있다. 이 알베르게에서 식사도 할 수 있다. 아침식사는 3€, 다른 메뉴 8€.

⌂ 숙박시설

알베르게

- 사설 알베르게 Jaques de Molay(☎ 979 883 679 / 657 165 011) : 전통이 20년이 넘는다. 침대가 49개 있고 이층침대 8€, 개인침대 10€다. 온수, 난방, 인터넷이 제공. 세탁기/건조기 각 3€. 크리스마스에는 문을 닫는다. 7:00~23:00. 예약 가능. yacquedemilay@hotmail.com
- 사설 알베르게 Los Templarios(☎ 667 252 279) : 마을 입구에 있다. 34명이 이용 가능. 기본 가격 7€. 1인실 28€, 2인실 36€, 4인실 9€. 싱글 룸, 더블 룸, 멀티플 방이 있다. 인터넷, 세탁기를 쓸 수 있고 자전거 보관이 가능하다. 예약 가능. 4월~10월 open. www.alberguelostemplarios.com

　떼라디요스Terradillos를 뒤로 하고 걷다 보면, 낮은 구릉들 덕분에 어제 오후보다는 풍경이 덜 단조롭다. 하지만 곧 수평선만 바라보며 걸어가야 한다. 이 길은 레온 지방에서 처음 만나게 되는 큰 도시인 사하군Sahagún까지 계속된다.

　조금 더 가서 깔자다 델 꼬또Calzada del Coto에 도착하면 두 가지 길 중에서 앞으로 난 프랑스 까미노를 따라 계속 가거나, 오래된 로마 도로를 따라 약간 우회하거나 둘 중에서 한 길을 택해야 한다. 첫 번째 길을 택하면 옛 까미노를 되살린 편안한 보행자 도로로 만실랴Mansilla까지 갈 수 있고, 이 거대한 평원의 지루함을 조금이나마 극복할 수 있다.

　그러나 오래된 로마 도로를 선택하면 밀밭으로 된 지평선만 이어져 단조롭기 그지없고, 마을도 없다.

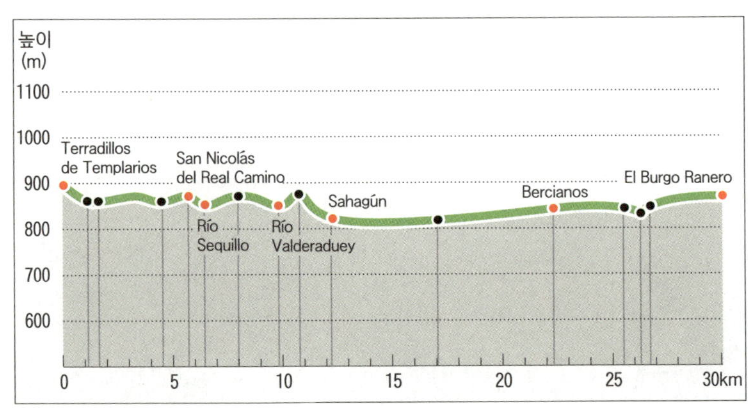

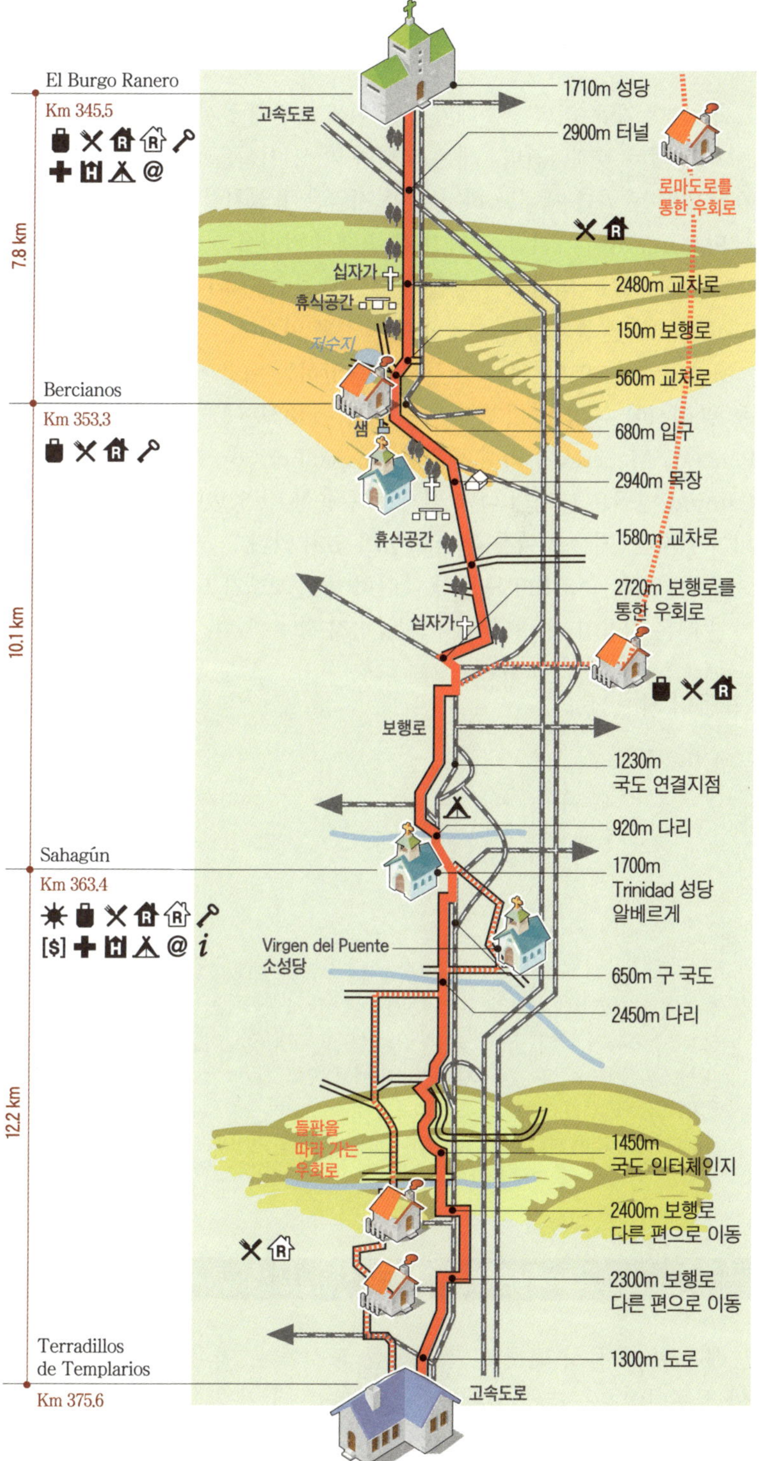

El Burgo Ranero
Km 345.5
고속도로
1710m 성당
2900m 터널
로마도로를
통한 우회로
십자가
휴식공간
저수지
2480m 교차로
150m 보행로
560m 교차로
샘
680m 입구
2940m 목장
휴식공간
1580m 교차로
십자가
2720m 보행로를
통한 우회로
보행로
1230m
국도 연결지점
920m 다리
Bercianos
Km 353.3
7.8 km
10.1 km
Sahagún
Km 363.4
1700m
Trinidad 성당
알베르게
Virgen del Puente
소성당
650m 구 국도
2450m 다리
들판을
따라 가는
우회로
1450m
국도 인터체인지
2400m 보행로
다른 편으로 이동
2300m 보행로
다른 편으로 이동
Terradillos
de Templarios
1300m 도로
고속도로
12.2 km
Km 375.6

까스띠야 레온 의회가 순례자들을 위해 마련해 놓은 휴식 시설을 거쳐 마을에서 빠져나간다. 레온 의회가 휴식 시설을 만든 아이디어는 좋았지만, 관리를 제대로 하지 않아 지금은 흉물처럼 변해 있다. 여기서 Sahagún까지 가려면 두 가지 길 중에서 하나를 선택해야 한다.

노란 화살표는 역사적인 마을 두 곳, Moratinos와 San Nicolas del Real Camio를 통과하는 중세 까미노 길로 이끈다.

Moratinos는 955년에 쓰인 문서에 등장하는 마을이며, San Nicolas는 팔렌시아 지방의 마지막 마을이다. 1183년에 기사 Don Tello Perez de Meneses에 의해 세워진 Hospital de San Nicolas del Real Camino 병원은 13명의 나병 환자를 수용할 수 있었던 곳이라고 기록되어 있지만, 지금은 아무 흔적도 남아 있지 않다.

또 다른 길은 N-120 도로와 나란히 놓인 보행자 도로인데, 이 길로 가면 레온 지방의 첫 번째 도시 문 앞까지 갈 수 있다.

도움이 되는 정보

🍽 먹을거리
- 마을 입구 레스토랑 Casa Barrunta : 메뉴 8€, 알베르게에서도 8€에 식사를 할 수 있다. 알베르게 아침식사는 2€.

🏠 숙박시설

알베르게
- 사립 알베르게 Laganares (☎ 629 18 15 36 / 979 18 81 42) : 마을 아래쪽에 있으며 노란 화살표가 까미노를 벗어나 알베르게에 가는 길로 이끄니 주의해야 한다. 22명 이용 가능. 이층침대 8€, 더블룸 30€, 순례자 메뉴 9€. 온수, 난방, 세탁기, 인터넷 제공. 건조기 3€. 식탁이 있는 정원이 있다. 3월~10월 open. 07:30~22:00. laganares@yahoo.es / www.alberguelaganares.com

레온 주에서 첫 번째로 만나는 큰 도시이다. 마을 이름을 '스페인의 클류니(프랑스 중세 수도회 명칭)'라 부를 때 가장 번성했다고 한다. Sahagún에는 오래된 무데하르 양식의 벽돌 성당이 있다. 중세 때 쓴 모든 안내서에는 명성과 친절함으로 널리 알려진 스페인 클류니 수도회 소속 San Benito 수도원을 소개하고 있다.

이 도시는 San Benito 수도원 덕분에 성장했는데, 수도원은 11세기 프랑스에서 온 수사가 알폰소 7세의 후원으로 설립한 곳이다. 역사학자 Lacambra는 11세기에 수도원이 70개의 침대와 설비를 완비했다는 것만으로도 그 부유함을 짐작할 수 있으며, 순례자들에게 중요하게  여겨졌던 곳임을 알 수 있다고 했다. 수도원은 18세기에 산띠아고 순례자에게 빵을 주기 위해 밀가루를 1,300~2,000 Fanega(1 fanega=55.50 liter)를 소비하며 오늘날처럼 저녁과 아침을 제공했다고 한다.

오늘날은 큰 아치 입구와 작은 타워들만 남아 있지만 당시에는 수도원을 중심으로 부자, 지식인, 예술가들이 이 도시에 자리를 잡고 새로운 문화를 퍼뜨렸다. 또한 이곳은 이슬람 예술인인 무데하르의 건축 양식으로도 유명했다. 무데하르 양식의 성당으로는 수도원 유적 뒤에 있는 San Tirso 성당과 Plaza mayor에 있는 San Lorenzo 성당, 그리고 황량한 외곽에 위치한 Peregrina 성당이 있는데, 고딕 양식과 무데하르 벽돌이 절묘한 조화를 이루고 있다.

Sahagún을 통과하면서 노란 화살표를 Calle de Antonio Nicolas에서 놓치기 쉽다. 화살표는 Plaza Santiago를 가로질러 도시의 아래 지역까지 거리를 따라 내려간다. Sahagún에서 나갈 때는 1085년에 알폰소 7세의 명령으로 지어진 Puente de Canto를 건너게 된다.

알베르게

- 시립 알베르게(☎ 987 782 117) : 구 Trinidad 성당에 훌륭한 시립 알베르게가 있다. 16세기의 아름다운 건물이 오늘날 문화센터, 여행자 안내센터와 알베르게로 변모되었다. 64명 이용 가능. 이용료 4€. 온수, 난방, 주방, 인터넷 제공. 자전거 보관 가능. 세탁기는 3€다. 연중무휴. otsajagun@hotmail.com
- 사설 알베르게 Viatoris(☎ 987 780 975) : 도시 초입에 있고 56명이 이용 가능. 이층침대 7€, 4개의 더블 룸을 혼자 사용하면 20€, 더블 룸으로 사용하면 30€다. 주방, 식당, 건조기가 제공. 자전거 보관 가능. 세탁기 4€. 작은 Bar와 상점에서 피자나 샌드위치를 판매한다. 순례자 메뉴 10€, 2013년부터 호스텔 확장, 더블 룸 25€부터. 4월~10월 open. www.domisviatoris.com.
- La casa de monasterio de Santa Cruz(☎ 987 780 078) : Calle Doctor Bermejo y Calderon 10번지, Logroño의 까미노친구들연합에서 자원봉사자가 운영. 14명 이용 가능. 순례자들의 기부금으로 운영. 주방 및 거실은 없지만 분수가 있는 정원이 있다. 3월~10월 open.
- Albergue las Madres Benedctinas(☎ 987 781 139) : C/Antonio Nicolas, 40번지. 16명 이용 가능. 이용료 5€, 더블룸 15€. 개인실20€. 09:00~00:00. 세탁기 5€, 건조기 5€. 주방 없음. 4월~10월 10일 open. hospederiasantacruz@hotmail.es www.hospederiasantacruz.net.

기타 숙박시설

- Hostal Escarcha(☎ 987 781 856) : 싱글 룸 20€, 더블 룸 40€.
- Pension la Asturiana(☎ 987 780 073) : Plaza de Lesmes Franco 2번지, 알베르게 근처에 있다. 더블 룸 25€.
- Hostal La Codorniz(☎ 987 780 276) : 알베르게 앞에 있다. 싱글 룸 40€, 더블 룸 50€.
- Hostal Alfonseo 7세(☎ 987 781 144) : 싱글 룸 30€, 더블 룸 40€.
- Hospederia Benedictina(☎ 987 780 078) : Santa Cruz 수도원 안에 있다. 싱글 룸 15€, 더블 룸 30€.

Calzada del Coto(옛 로마 도로 루트를 택한 경우)

국도 위에 있는 다리에 도착해 두 가지 길 중 하나를 선택하면 된다. 전통 프랑스 까미노를 따른다면, Calzada del Coto에 들어갈 필요도, 다리를 건널 필요도 없다. 까미노는 계속 정면으로 이어진다.

만약 Calzada de Coto를 통해 우회하려는 사람들에게 노란 화살표는 32km에 달하는 Mansilla de las Mulas까지, 지금은 흔적도 남아 있지 않은 로마 시대의 도로 위에 표시되어 안내한다. 중간에

Calzadilla de los Hermanillos를 지나긴 하지만, 이 길은 최근까지 늑대가 출몰했던 숲을 지나야 하므로 순례자들이 이용하지 않는다. 까미노 Frances를 택하면 보행자 도로로 Bercianos까지 바로 연결된다.

Calzada del Coto / Calzadilla de los Hermanillos

도움이 되는 정보

🍽 먹을거리

• 작은 상점 두 곳에서 빵을 판다. 또한 Calzadilla de los hermanillos 에도 상점이 한 곳 있다. Calzada del coto의 Bar Xanadu에서 샌드위치나 포장용 음식을 판다. Calzadilla de los hermanillos의 레스토랑 via trajana(☎ 987 337 610)에서 순례자 메뉴를 8€에 즐길 수 있다. 4월~10월 open.

🛏 숙박시설

알베르게

• Calzada del coto(☎ 987 781 233) : 시립 알베르게로 마을 입구에 있는 하얀 집이다. 24명 이용 가능. 순례자의 기부금으로 운영된다. 이층침대와 온수를 쓸 수 있고 잠겨있을 때는 Bar Xanadú에 문의해야 한다. 연중무휴.
• 시립 알베르게 Calzadilla de los Hermanillos(☎ 987 330 023) : 22명 이용 가능. 순례자의 기부금으로 운영된다. 주방과 욕실 제공. 세탁기 3€, 건조기 2€. 연중무휴. www.aytoelburgoranero.es
• 알베르게 Via Trajana(☎ 987 337 610) : 20명 이용 가능. 이용료 15€. 아침·점심·저녁식사 제공. 1인실 35€. 세탁기 3€, 건조기 3€. 예약 가능. 3월~11월 open. www.alberguevitrajana.com

Bercianos는 레온 지방의 잊혀진 마을에 새롭게 성당이 생기고 변화되어 Bierzo 사람들에 의해 새로 마을이 형성되었다 하여 붙여진 이름이다. 입구에 새로 성당이 세워지자 예전 Casa Rectoral 사제관에 있던 낡고 지저분한 알베르게는 쾌적하고 친절한 알베르게로 바뀌었다. 보행자 도로는 계속 직선으로 이어져 Mansilla로 향한다.

도움이 되는 정보

▮◉▮ 먹을거리

- 순례에 필요한 물품과 빵을 파는 상점이 두 곳 있고 Bar가 두 곳 있다. 레스토랑 Rivero(☎ 987 78 42 87)에서 메뉴를 9€에 판다.

숙박시설

알베르게
- 옛 사제관인데 지역의 전형적인 벽돌로 꾸며놓았다. 주임 신부의 지도 아래 마을 사람들이 자원봉사로 관리, 운영하고 있다. 46명 이용 가능. 온수, 주방, 식당 이용 가능. 경당에서 기도회가 열리며 순례자들이 모두 함께 저녁을 만들어 먹는다. 문이 닫힌 경우, 같은 거리 9번지에 사는 티나Tina(☎ 987 784 008)가 열쇠를 가지고 있다. 4월~11월 open. 기부제 운영.
- 사설albergue de los Templarios (☎ 987 784 314) 8명 이용 가능, 2013년 5월부터 26명 이용 가능. 기부제 운영으로 아침식사 제공, 세탁기/건조기, 주방, 난방, 온수. rosacamino_27@hotmail.com

기타 숙박시설
- 레스토랑 Hostal Rivero(☎ 987 784 287) : 싱글 룸 25€, 더블 룸 35€, 트리플 45€.

Calle Real이라는 긴 거리에 옛 까미노의 흔적이 역력하다. 마을은 갖가지 형태의 편의시설을 제공하고 있다. 이 지역 전통 건축방식대로 벽돌과 밀짚을 섞은 흙 반죽으로 지어진 알베르게는 지내기에 참으로 쾌적하다.

도움이 되는 정보

인터넷을 시청에서 무료로 사용할 수 있다.

🍽 먹을거리

- 슈퍼마켓 하나와 빵 가게가 알베르게 근처에 있다.
- Hostal El Peregrino : 알베르게 정면에 있다. 메뉴 8.50€.
- Centro de Turismo rural Piedras Blancas(☎ 987 330 094 / 607 163 982) : 입구 레스토랑 Casa Barrunta에서 메뉴를 8€에 판매한다. 알베르게에서도 8€에 식사를 할 수 있다. 아침식사는 2€.

🏠 숙박시설

알베르게

- 알베르게 (☎ 987 330 047) : 레온 평원에 전통적인 건축 방식으로 새로 지은 쾌적한 곳이다. 호스피탈레로가 관리한다. 침대가 28개 있으며 순례자들의 기부금으로 운영된다. 벽난로를 가진 거실, 주방, 세탁기, 온수가 제공되고 문이 잠겨 있으면 정면에 있는 상점에 열쇠가 보관되어 있으니 찾아가면 된다. 3월~10월 open. 13:00~22:00. www.aytoelburgoranero.es

사설 알베르게

- El Nogal(☎ 627 229 331) : 30명 이용 가능. 이층침대 7€, 개인침대 10€. 세탁기 3€. 주방이 있고 자전거 보관 가능. 4월~11월 open. 10:30~22:30.
- La Laguna : 마을 출구에 있다. 18명 이용 가능. 이용료 8€. 더블 룸 40€. 이층침대와 온수, 큰 정원에 음료를 파는 Bar가 있다. 순례자들이 조용히 쉬어갈 수 있는 환경은 아니다. 3월~11월 open. 12:00~22:00.
- 알베르게 Ebalo Tamaú(☎ 679 490 521) : 마을 중심에서 1km 떨어진 기차역 옆에 위치한다. 12명 이용 가능. 이용료 8€. 주방, 온수, 난방 제공. 세탁기 1€. 4월~10월 중순 open. 15:30~00:00. www.ebalotamau.blogspot.com

기타 숙박시설

- Hostal El Peregrino(☎ 987 330 069) : 더블 룸 + 욕실 35€.
- Centro de Turismo Rural Piedra Blancas(☎ 987 330 094 / 607 163 982) : 싱글 룸 30€, 더블 룸 40€.

길고 평평한 이번 코스의 끝에서 대도시 레온León을 만나게 된다. 레온은 로마시대부터 이베리아 반도 북서쪽 지방에 가장 영향력을 끼친 도시였다. 오랜 역사는 순례자들에게 흥미롭기도 하지만, 대도시들이 갖고 있는 복잡함 속에 빠져들게 만들기도 한다.

레온까지 이동하는 코스가 매우 길다. 처음 내가 여행할 때에는 만실랴Mansilla와 레온 사이에 알베르게가 전혀 없어서 쉬었다 갈 수 없었다. 하지만 지금은 사설 알베르게가 비야렌떼villarente와 아르까우에하Arcahueja에 하나씩 생겨 이 긴 코스를 분할할 수 있게 되었다.

까미노는 고속도로와 공업지대를 만나게 되는데 도시 초입에서 느낀 실망감을 기념비적인 도시와 두 곳의 멋진 알베르게가 보상해 준다.

레온에 도착하면 레온 대성당에 들어가 보자. 신을 향한 인간의 예술혼이 어떻게 형상화되었는지 유감없이 보여주는 아름다운 성당이다. 태양빛과 장인의 손으로 빚어진 스탠드글라스가 만나 환상적인 조화를 이루고 있다. 까미노의 예술이 전해주는 또 다른 감동이다.

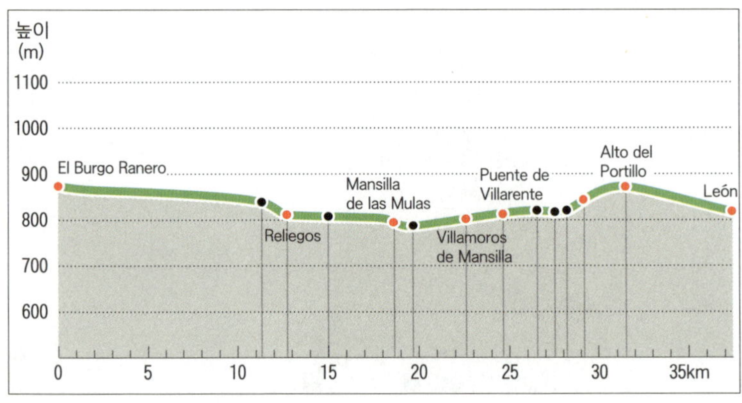

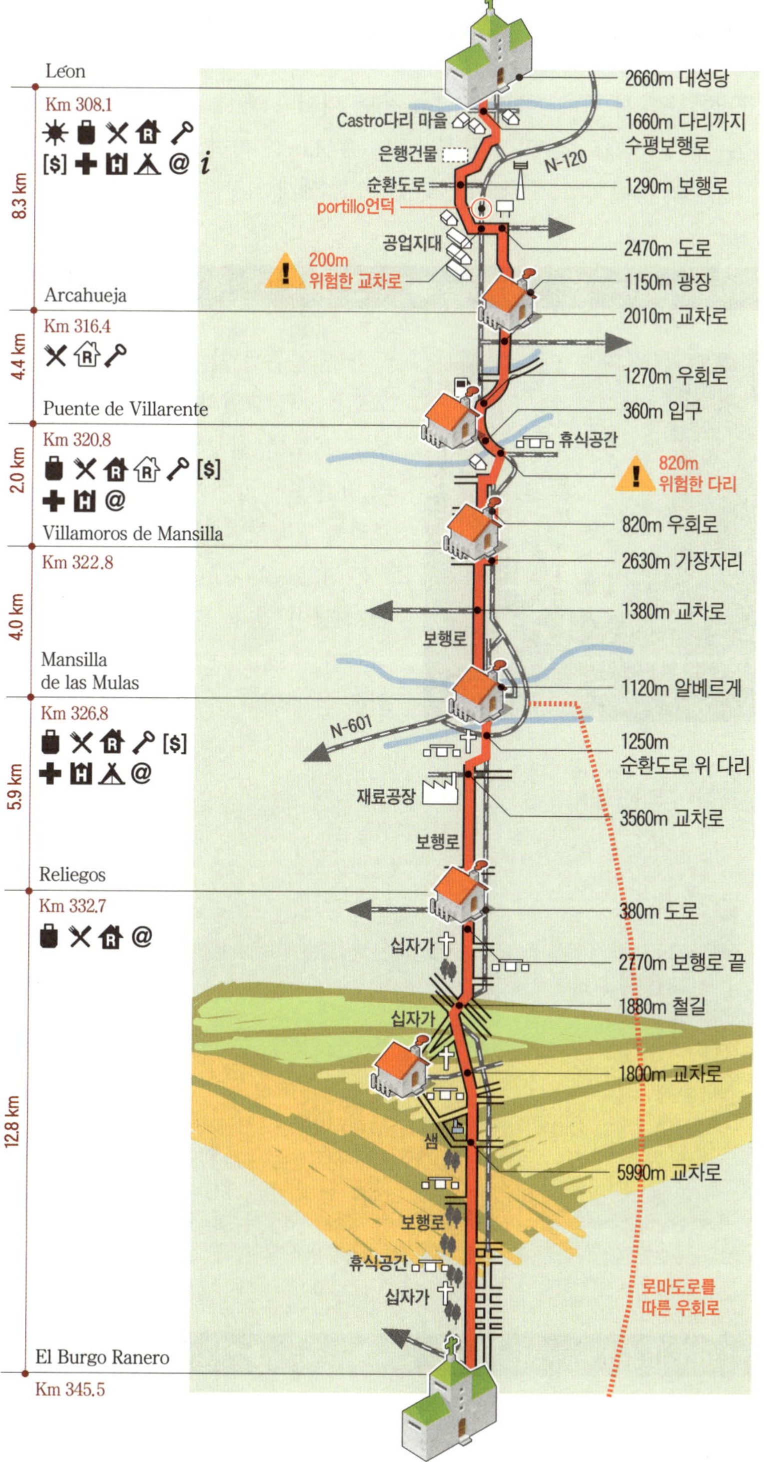
León
Km 308.1
[$]
8.3 km
Arcahueja
Km 316.4
4.4 km
Puente de Villarente
Km 320.8
[$]
2.0 km
Villamoros de Mansilla
Km 322.8
4.0 km
Mansilla
de las Mulas
Km 326.8
[$]
5.9 km
Reliegos
Km 332.7
12.8 km
El Burgo Ranero
Km 345.5
Castro다리 마을
은행건물
순환도로
portillo언덕
공업지대
200m
위험한 교차로
N-120
2660m 대성당
1660m 다리까지
수평보행로
1290m 보행로
2470m 도로
1150m 광장
2010m 교차로
1270m 우회로
360m 입구
휴식공간
820m
위험한 다리
820m 우회로
2630m 가장자리
1380m 교차로
보행로
1120m 알베르게
N-601
1250m
순환도로 위 다리
재료공장
3560m 교차로
보행로
380m 도로
십자가
2770m 보행로 끝
십자가
1880m 철길
1800m 교차로
샘
5990m 교차로
보행로
휴식공간
십자가
로마도로를
따른 우회로

평야가 다시 계속 이어진다. Burgo를 나서면 약 12.8km까지 마을도 없는데 두 번째로 긴 코스가 시작된다. 4.5km쯤 가면 나무와 벤치들이 있는 쉬기 좋은 장소가 나오고, 9.8km 지점에서 기찻길 밑을 통과한다.

Reliegos   ☀   12.8km ▶ 332.7km

마을 입구에 있는 동굴은 예전에 포도주 저장고였지만, 오늘날은 아무도 포도를 재배하지 않고 300명의 마을 주민들은 대부분 밀, 귀리, 보리를 경작하며 살아간다.

Cornelio와 Cipriano 성인을 위한 성당이 있다. 다시 보행 도로로 나가면, Mansilla가 보이기 시작해 힘을 얻게 된다.

도움이 되는 정보

작은 상점에서 다양한 것을 판매한다.

¶ 먹을거리
• 유일한 Bar가 광장에 있다. 여름에는 식사도 제공하는데, 다른 계절에는 샌드위치만 판다.

숙박시설

알베르게
• 깔끔한 알베르게(☎ 987 317 801) : 45명 이용 가능. 이용료 5€. 이층침대와 주방, 인터넷, 온수 제공. 자전거 보관 가능. 연중무휴.
• 사설 Albergue Piedras Blancas(☎ 987 190 627) : 2012년 오픈. 10명 이용 가능, 9€. 세탁기 4€, 건조기 6€. 온수, 난방 주방 없음.

Mansilla de las Mulas   ☀   18.7km ▶ 326.8km

성벽의 일부가 Mansilla 옛 도시 중심부를 감싸고 있다. 농경지대와 레온 산악지대의 상인, 목축업자, 농민들의 중요한 시장이 있던 시절에는 성당이 7곳, 수도원이 2곳, 병원이 3곳이나 있던 도시다. 그러나 지금은 성당 2곳이 사용되고 있고, 레온까지 이어지는 힘겨운 코스가 시작되기 전에 편안한 쉼터를 제공해 주는 알베르게가 있다.

또 Mansilla에는 작자 미상의 악자 소설(악인이 등장하는 소설로 16세기 스페인 문학의 한 장르)《La Pícara Justina》에 나오는 여관이 있다.

마을을 나서며 Esla 강의 돌다리를 건너면 지방도로 아스팔트 옆으로 난 새로운 보행자 도로를 따라 걷게 되는데, 눈앞의 풍경 때문에 정신이 혼미해지기 시작한다.

도움이 되는 정보

여러 종류의 상점이 있으며 인터넷을 시립 도서관에서 사용할 수 있다.

🍽 먹을거리

- La Taberna de Gelo : 알베르게 옆에 있다. 콤비네이션 디쉬 6€, 메뉴 8€.
- Casa Marcelo(☎ 987 310 930) : 메뉴 8€.
- Centro Turismo Rural El Puente(☎ 987 310 762) : 메뉴 8€.

🏠 숙박시설

알베르게

- 까미노친구들연합이 운영하는 알베르게(☎ 987 311 800 / 987 311 250) : 76명 이용 가능. 이용료 5€. 이층침대, 난방, 온수, 주방, 거실, 인터넷 제공. 식물로 가득한 정원이 있다. 연중무휴. 12:00~23:00. www.ayto-mansilla.org
- 알베르게 El Jardin de Camino(☎ 987 310 232) : 32명 이용 가능. 이용료 시즌에 따라 8~10€. 순례자 메뉴 9~10€. 세탁기/건조기 각 4€. 주방은 없다. 연중무휴. 12:00~23:00. olgabrez@yahoo.com.

기타 숙박시설

- Hostal San Martin(☎ 987 310 094) : 싱글 룸 20€, 더블 룸 40€.
- Casa Marcelo(☎ 987 310 930) : 더블 룸 30€.
- Centro turismo Rural El Puente(☎ 987 310 762) : 싱글 룸 25€, 더블 룸 45€.

Villamoros 〰 22.7km ▶ 322.8km

빵 가게 한 곳 외에는 서비스 시설이 없는 마을이다.

마을 중심으로 들어가기 전에 Porma 강 위에 있는 독특한 다리를 건너게 된다. 이 다리는 중세의 여러 안내서에서 중요한 통행 포인트로 언급되었다. N-601 도로를 따라 Bar와 레스토랑, 호텔, 주유소가 길게 늘어서 있다. 마을을 떠나며 눈에 띄는 오른쪽 마지막 집의 노란 화살표는 국도를 피해 농업 도로로 가는 길을 안내한다.

도움이 되는 정보

⦿ 먹을거리

- 여러 식료품점들이 있고, 도로를 따라가면 다양한 식당들이 있다. La Casona (☎ 987 31 27 74)에서 메뉴를 9€에 즐길 수 있다.

⌂ 숙박시설

알베르게
- 사설 알베르게 San Pelayo (☎ 987 31 26 77 / 650 91 82 81) : Calle Romero 9번지에 있다. 예전에 축사로 쓰던 건물을 알베르게로 꾸몄다. 56명 이용 가능. 이용료 8€. 거실과 이층침대가 있고 온수, 난방, 주방, 음료 자판기, 인터넷 제공. 자전거 보관 가능. 세탁기/건조기 각 3€. 겨울에도 문을 열지만 미리 전화를 해보고 가는 것이 좋다. 12:00~22:00. www.alberguesanpelayo.com

기타 숙박시설
- Hostal la Montana (☎ 987 31 21 61) : 싱글 룸 24€, 더블 룸+욕실 42€.
- Hostal del Delfin verde (☎ 987 31 20 65) : 싱글 룸 18€+부가세, 더블 룸 +욕실 32€+부가세.

Villarente에서 까미노는 Archahueja 마을 중심 뒤편으로 이어진다. 이곳에는 지붕이 있는 벤치와 분수가 있어 쉬어 가기 좋다.

도움이 되는 정보

⦿ 먹을거리

- 다양한 Bar와 레스토랑이 있다. Bar La Torre는 성당 옆에 있는데, 메뉴 8€, 아침식사 2.5€.

알베르게

- 사설 알베르게 La Torre(☎ 669 660 914) : 가족이 운영하는 작은 알베르게다. 22명 이용 가능. 이용료 8€. 이층침대, 식당이 있고 자전거 보관도 가능. 주방은 없다. 세탁기 3€, 건조기 4€다. 11:00~22:00. www.alberguetorre.es ★순례자 메뉴 9€.

기타 숙박시설

- Hostal La Torre(☎ 987 205 896 / 669 660 914) : 더블 룸 35€, 트리플 룸 45€.
- 호텔 Camino Real(☎ 987 218 134) : 싱글 룸 46€ + 부가세, 더블 룸 62€ + 부가세.

까미노와 국도는, 까미노 우측에 있는 작은 마을 Valdelafuente에서 하나로 합쳐지고 곧 Alto del Portillo에 닿게 된다. 예전엔 이곳에 돌로 된 십자가가 있었는데, 지금은 Hospital San Marco 플라테스코 양식 앞으로 옮겼다. Portillo 언덕까지 가는 오르막길은 그다지 어렵지 않다. 아래 레온 시가지가 보이지만, 성당 앞에 지팡이를 찍기 위해서는 아직 한 시간 반이 남았다.

★ 주의 : Altp de Portillo 정상을 뒤로 하면 왼쪽 갓길에 서게 되는데, 옛 국도가 중앙분리대가 있는 4차선 고속도로로 바뀌었으므로 무모한 횡단을 절대 하면 안된다.

León 🌀 37.4km ▶ 308.1km

레온은 Cantabros 족과 Astures 족을 굴복시킨 레지오 7세의 로마 왕국이 점령했던 도시다. 중세 때 까미노 안내서를 썼던 Aymeric Picaud에메릭 비코드는 레온을 '모든 행복이 넘치는 곳'이라고 묘사했다. 중세 때 까미노에서 레온처럼 많은 성당과 수도원, 가난한 이를 위한 병원이 있었던 도시는 없었다. 이런 병원의 전통을 이어 받아 옛 Plaza del Grano에 있는 Carbajalas 수녀들의 베네딕트 수도원이 보존되고 있다. 15세기 이전 유럽 hospital은 오늘날의 병원이 아닌 순례자 숙박 시설을 겸한 치료시설이었다. 그래서 hospital이란 말은 오늘날의 알베르게를 의미하기도 한다. 지금도 수녀들은 알베르게를 운영하며 순례자들을 환대하고 밤에 기도회를 연다.

　수녀들의 알베르게를 지나면 대성당과 San Isidor 대성전이 나타난다. 이 두 곳은 중세 순례자들이 꼭 들렀던 명소이다. 대성당의 입구와 연결된 섬세한 고딕 양식 첨탑은 예루살렘을 향해 서 있다. 1,800㎡ 되는 실내는 스테인글라스를 통과한 빛의 향연을 쉴 새 없이 펼친다. 13세기 프랑스 건축가가 설계하고 짓기 시작했는데, 화려한 스테인글라스는 스페인 예술과 고딕 양식의 완벽한 조화라고 평가받고 있다.

　대성당 지니고 있는 고딕의 경쾌함과는 달리 San Isidor 대성전은 견고하고 우아한 로마네스크 양식으로 지어진 건물이다. 이곳에는 세비아 성인의 유골이 페르난도 1세에 의해 레온으로 이전되어 스페인 로마네스크의 정수라 할 수 있는 Sixtina 경당에 모셔져 있다.

　Bernesga 강 위에 놓인 돌다리를 건너기 위해 레온의 끝에 가본다. 예전에 이곳에 있던 San Marcos 수도원에서는 순례자들에게 빵을 선물해 주고 오늘날의 도장처럼 순례자의 호리병에 레온 표식을 해주었다고 한다. 예전의 San Marcos 수도원은 스페인 르네상스 건축 작품 중에서 가장 뛰어난 작품 중의 하나라고 평가받고 있다. 1513년 이곳에서 산띠아고 기사단이 결성되었다. 그러나 오늘날은 고급 파라도라 Parador로 운영되고 있다.

도움이 되는 정보

응급시설 : Hospital General Princes Sofia, Alto de Nava (☎ 987 237 400 / 987 234 900)
여행자 안내센터 : Plaza de la Catedral (☎ 987 237 082)

버스터미널 : Avenida de Saenz de Miera (☎ 987 211 000)
기차역 : Avenida Astorga (☎ 902 240 202)
자전거 수리점
- Bicicleta blanco (☎ 987 209 610) : Teniente Andres gonzalez 1번지.
- Bicicletas J.L. Cardo Carballo (☎ 987 257 446) : 시립 알베르게 옆, calle Fray Luis de Leon.
- Robles bicicletas (☎ 987 233 219) : Juan Madrazo 9번지.
- Bicicleta Ramon (☎ 987 276 276) : Calle Federico Echevarria.

🍽 먹을거리

- 역사 지구인 레온에는 맛있는 안주와 함께 와인을 즐기기 좋은 곳이 많다.
- 레스토랑 El Nalon (☎ 987 204 116) : 시립 알베르게 근처 Carmen 1~3번지
- 레스토랑 Hispanico : 메뉴 6~7€.
- Rincon de Baco : 까미노에서 시내 중심 방향 Fray luis de Leon 거리에 있다. 메뉴 9€.
- el Bar Mercado : 알베르게 Carbajalas 근처에 있다. 식사와 샌드위치 등을 판매하며 근처에 레스토랑이 세 곳 있다.
- El Picos de Europa : 메뉴 7€.
- El Abanico (☎ 987 21 12 64) : 메뉴 8€.
- El Brocal : 메뉴 9€.

🏠 숙박시설

알베르게

- 사립 Albergue San Francisco de Asis (☎ 987 21 5 060) 레온 핸드볼 클럽 운영. Avenida Alcalde Miguel Castanos 4번지. 54~166명 이용 가능. 130개 이층침대와 12개 방에 54명 이용 가능. 순례자의 경우 10€. 세탁기/건조기 사용 포함. 주방 없음. 09:00~00:30
- Carbajalas 베네딕트 수녀원 알베르게 (☎ 680 649 289) : Plaza Santa Maria에 있고 도심에 더 가깝다. 매일 저녁 순례자를 축복하는 기도회가 있다. 132명 이용 가능. 이층침대가 있으며 남녀가 방을 따로 쓴다. 순례자 5€. 아침식사 제공. 세탁기/건조기 각 4€. 연중무휴. 2월 1일~12월 15일 + 크리스마스 기간 open. 11:00~21:30. sorperegrina@hotmail.com

기타 숙박시설

- Pension Sandoval (☎ 987 212 041) : Hospicio 19번지.
- Hostal Guzman el bueno (☎ 987 236 412) : 더블 룸 + 욕실 48€.
- Pension Blanca (☎ 987 251 991) : Villafranca 2번지, 더블 룸 32€, 더블 룸+욕실 40€, 아침 제공.
- Hospederia Monastica (☎ 987 34 44 93) : 알베르게 Carbajasa 옆에 있다. 더블 룸 74.90€, 아침 포함.

Step 19. 고속도로 소음 속으로

　레온León을 뒤로 하고, 로마시대부터 중세까지 이어진 광활한 평원 위를 걷는다. 어떤 사학자는 지금의 고속도로 약간 북쪽에 전통적인 중세 까미노가 있었다고 주장하고, 어떤 사학자는 고속도로 아래 묻혔다고 주장하고 있다.

　이제 레온과 아스또르가Astorga 사이에 나 있는 N-120 도로를 따라 트럭과 자동차 소음에 시달리며 걸어야 한다. 도시에 들어오는 길도 나쁘지만, 나가는 길은 최악이다. 그나마 다행인 것은 보행자 도로가 생겨 아스팔트 위를 걷지 않아도 된다는 점이다. 하지만 자동차 소음은 전통 까미노를 선택한 순례자가 치러야 할 몫이다.

　전통 까미노를 고집하지 않고, 보다 쾌적한 까미노를 원한다면 비야르 데 마사리페Virgen del Camino~Villar de Mazarife까지 이어지는 대체 까미노를 선택하면 된다. 이 길을 선택하면 흙길을 주로 걸을 수 있고, 도로를 만나더라도 교통량이 거의 없다. 이정표가 길을 안내해주며 더 목가적이고 숨겨진 레온 지방의 목초지를 지날 수 있으므로, 굳이 도로를 따라 소음 속을 걸어갈 필요가 없다.

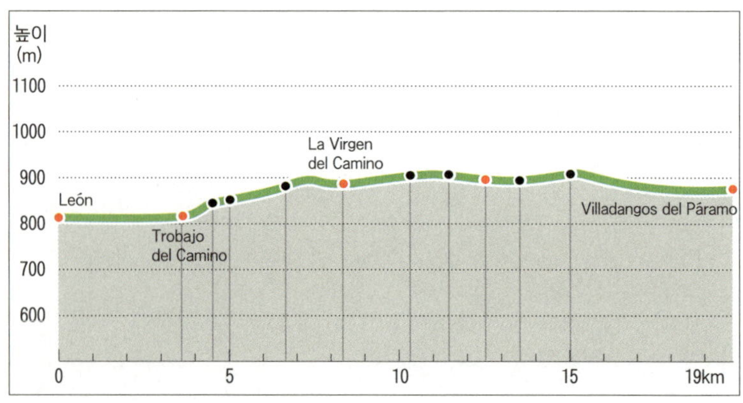

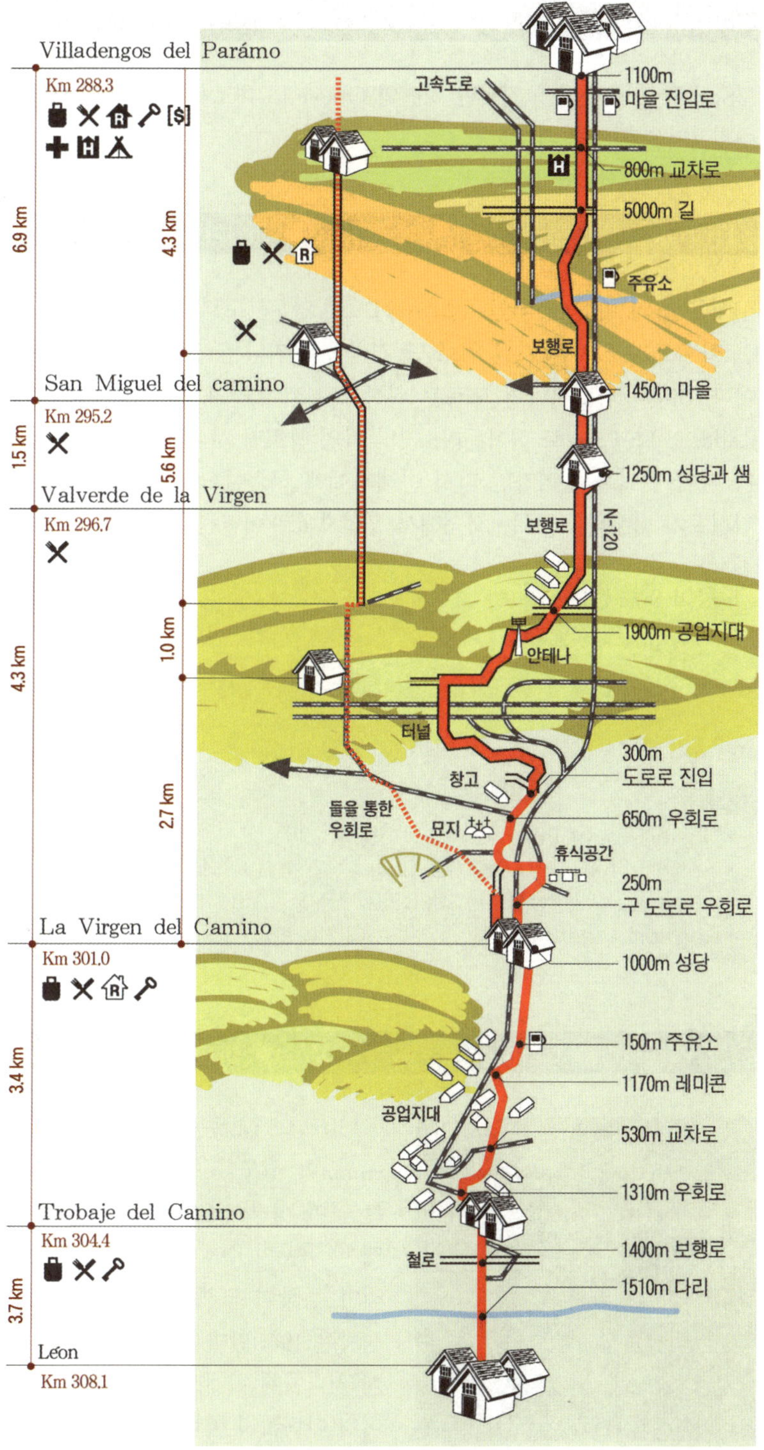

Villadengos del Parámo
Km 288.3
[S]
6.9 km
4.3 km
San Miguel del camino
Km 295.2
1.5 km
5.6 km
Valverde de la Virgen
Km 296.7
4.3 km
1.0 km
2.7 km
La Virgen del Camino
Km 301.0
3.4 km
Trobaje del Camino
Km 304.4
3.7 km
León
Km 308.1
고속도로
1100m
마을 진입로
800m 교차로
5000m 길
주유소
보행로
1450m 마을
1250m 성당과 샘
보행로
N-120
1900m 공업지대
안테나
터널
300m
도로로 진입
창고
650m 우회로
돌을 통한
우회로
묘지
휴식공간
250m
구 도로로 우회로
1000m 성당
150m 주유소
1170m 레미콘
공업지대
530m 교차로
1310m 우회로
1400m 보행로
철로
1510m 다리

San Marco 다리를 건너면 정면의 Quevedo 대로를 따라 대도시의 주거지역을 지나게 된다.

레온 구역 마을에 놓인 길고 수직으로 난 큰 도로를 통과한다. 노란 화살표가 있지만 철길 위로 난 건널목을 지나는 것이 정확한 방향이다. 30분 정도 지나면 도로는 왼쪽으로 꺾이고 표식은 오른쪽으로 Calle de La Cruz로 접어든다. 몇몇 와인 양로장 사이로 난 오르막길을 따라 언덕을 올라가면 다시 순례자에게 친숙한 조개 문양이 있는 이정표가 나온다. 루트는 계속해서 공업지대로 이어진다.

도움이 되는 정보

🍽 먹을거리

- 다양한 상점이 있고, Bar와 레스토랑이 큰 길 옆에 있다.

🏠 숙박시설

알베르게
- Hostal Bella(☎ 987 802 810) : 더블 룸 30€.
- Hostal El Abuelo(☎ 987 801 044) : 싱글 룸 31€, 더블 룸 41.20€.
- Hostal La Gargola(☎ 987 806 180) : 싱글 룸 18€, 더블 룸 28.50€.
- Pension Ancar(☎ 987 802 761) : 더블 룸 30€.

1505년 5월 목동 알바 시몬Alvar Simon이 성모를 만났다고 전해지는 곳에 성당이 있다. 이 성당에는 레온 지방의 수호 성모인 성모 마리아 성상이 모셔져 있다. 현재의 성당은 1960년대 초반에 세워졌는데 지나치게 현대적인 느낌으로 지어져 아직까지 미학적인 논쟁을 벌이고 있다. 이곳에 성모와 12사도의 조각상이 요셉 마리아 수비라츠 Josep Maria Subirachs에 의해 동으로 제작되어 있다.

Virgen del 까미노에서 나갈 때 마지막 신호등에서 왼쪽 인도를 통해 국도와 나란히 있는 Calle la paz로 들어서야 한다. 여기서 까스띠야 레온 주의회Junta de Castilla y León 간판이 나오는데, Puente Orbigo 까지 가는 두 갈래 길 중에서 한 곳을 택해야 한다.

N-120 도로와 나란히 있는 정면의 보행자 길을 택하면 전통 까미노로 San Miguel del 까미노와 Villadangos로 가게 된다. 왼쪽을 택하면 Villar del Mazarife로 가는 우회 까미노가 시작된다.

전통 까미노를 통해 Villadangos로 가는 길은 곧게 나 있어서 거리가 단축되지만, 국도의 소음을 감수해야 한다. Villar de Mazarife는 조금 더 멀지만(지도 참조), 소음이 없는 쾌적한 들판을 지나게 된다. 이제 전통 까미노 길을 먼저 설명하고, 그 뒤에 Villar de Mararife 우회 까미노에 관해 설명하려고 한다.

도움이 되는 정보

🍽 먹을거리

- 다양한 상점과 빵 가게가 있고, Bar와 레스토랑이 여러 곳 있다. 알베르게 근처의 레스토랑 Central에서는 메뉴가 8€이다.

🏠 숙박시설

알베르게
- 시립 알베르게 Don Antonio y Doña Cinia(☎ 615 217 335) : 마을 출구 쪽 도로에서 300m쯤 우회해 Villacedra 방면에 있다. 40명 이용 가능. 이용료 5€. 이층침대와 주방, 식당, 거실이 있음. 음료와 인스턴트 음식 자판기, 온수와 난방 제공. 축구장 옆 옛 탈의실 자리에 새롭게 지어져 깨끗하다. 4월~10월 중순 open. 12:00~23:00. www.aytovalverdedellavirgen.es

기타 숙박시설
- Hostal Soto(☎ 987 802 925) : 싱글 룸 24€, 더블 룸 48€.
- Hostal Central(☎ 987 302 041) : 더블 룸 40€.
- Hostal Julio Cesar(☎ 987 302 044) : 싱글 룸 25€, 더블 룸 40€.

Valverde de la Virgen　　　　11.4km ▶ 296.7km

10세기부터 있었던 이 작은 마을을 도로와 까미노가 함께 지나간다.

San Miguel del camino   12.9km ▶ 295.2km

가끔은 차도 곁의 인도를 걸어야 하지만, 보행자 도로는 계속 도로
를 따라 현대적인 주택과 오래된 집이 혼재되어 있는 작은 마을로 들어
선다. 마을에 쾌적한 휴식 공간과 레스토랑, Bar, 상점들이 있다.

Villadengos del Parámo   19.8km ▶ 288.3km

Santiago를 위한 성당에는 순례와 클라비호Clavijo 전투를 상징하
는 부조가 새겨져 있다. Calle Real에 순례자 병원이 있었다고 하는데,
지금은 높은 돌기둥만 남아 있다. Astorga로 향하는 도로 때문에 이
마을뿐만이 아니라, 이웃 마을들도 소음과 매연에 시달리고 있다.

Villar De Mazarife로 가는 우회 까미노

La Virgen del Camino에서 Calle de la Paz 간판 왼쪽으로 접어들어 노란 화살표를 따르면, 사용하지 않는 철길을 건너 Fresno del camino로 가는 도로로 나오게 된다.

그리고 주 의회 간판에서 Calle La paz 길로 똑바로 가서 공동묘지를 지나 큰 쇼윈도가 있는 Mueblo Mato라는 가구점에 이르면, 왼쪽으로 틀어 아스팔트를 따라 Fresno del Camino로 가는 도로로 오르게 된다. 여기서 Fresno을 뒤로 하고 Oncina de la Valdoncina를 지나 Bar가 있는 Chozas de Abajo에 도착하게 된다.

1993년에 주 정부가 세운 하얀 돌 이정표가 계속 길을 안내해 준다.

도움이 되는 정보

먹을거리

- 빵 가게가 한 곳, 슈퍼마켓이 두 곳 있다.
- 성당 옆에 위치한 Bar Pepe에서는 메뉴가 8€다. Meson Rosy와 Bar La Torre가 있다.

숙박시설

알베르게 : 사설 알베르게가 세 곳 있다.

- San Antonio de Padua(☎ 687 300 666 / 987 390 192) : 마을 초입 오른쪽에 있는데, 뻬뻬Pepe라는 아저씨가 까미노를 위해 봉사하겠다고 한 약속을 지키기 위해 운영하는 알베르게다. 60명 이용 가능. 이용료 8€. 싱글 룸, 더블 룸 30€. 이층침대, 식당, 주방, 온수, 인터넷, 난방 제공. 잔디 정원도 있다. 마사지를 받을 수 있다. 세탁기/건조기 각 3€, 아침식사 3€, 저녁식사 8€. 자전거 보관 가능. 연중무휴. 11:30~22:00. www.alberguesanantoniodepadua.com
- de Jesus (☎ 686 053 390 / 987 390 697) : 까미노를 따라가다가 왼쪽에 있다. 60명 이용 가능. 이용료 5€. 이층침대, 주방, 온수, 난방, 인터넷 제공. 수영장이 딸린 정원이 있으며 음료, 커피, 인스턴트 음식 자판기가 갖춰져 있다. 연중무휴.
- Meson Casa Pepe (☎ 987 390 517 / 696 005 264) : 성당 옆에 있다. 26개의 침대가 있고 이용료 9€. 1개의 더블 룸 50€. 온수, 난방, 인터넷 제공. 자전거 보관 가능. 2월에는 문을 닫는다. 6km쯤 아스팔트를 따라 걷다가, 흙길이 교차하는 지점부터 흙길을 걸어가면 Villavante에 도착하게 된다. 여기서 다시 전통 까미노가 지나는 Hospital de Orbigo에서 N-120을 만나게 된다. www.alberguetiopepe.es

Villadangos del Páramo ▶ Astorga(León)
➡ 28.5km   ⏳ 약 7시간 15분

　이번 코스는 길고 단조롭고 황량한 평원만이 동반자이다. N-120 도로의 자동차 매연과 소음이 계속되지만, 다행히 반나절 후에는 마술처럼 마을이 나타난다.

　순례자가 지나가는 Orbigo 강 위의 다리는 건축학적인 이유보다 다리에 관한 전설 같은 얘기가 더 흥미롭다. '명예의 통행로'란 이름을 가진 중세의 이 멋진 로마네스크 다리는 역사 속의 이야기에 소설적인 내용이 더해져 널리 알려지기 시작했다.

　Orbio 강은 이번 단계에서 하나의 전환점이 되는 곳인데, 여기서부터는 옛 까미노 길은 국도와 멀리 떨어져 두 곳의 작은 마을 비야레스Villares와 산띠바네스Santibáñez로 향한다.

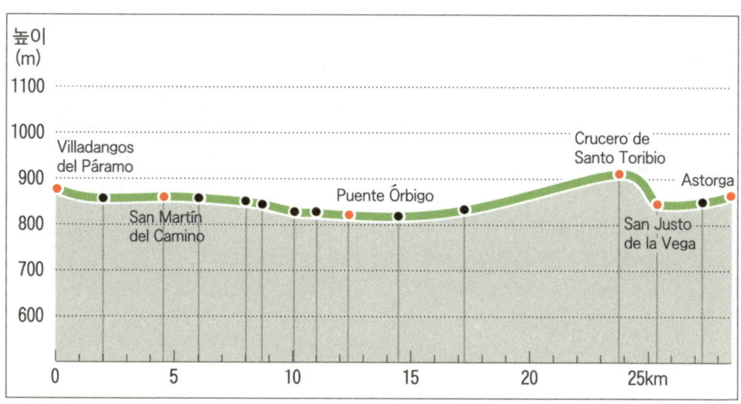

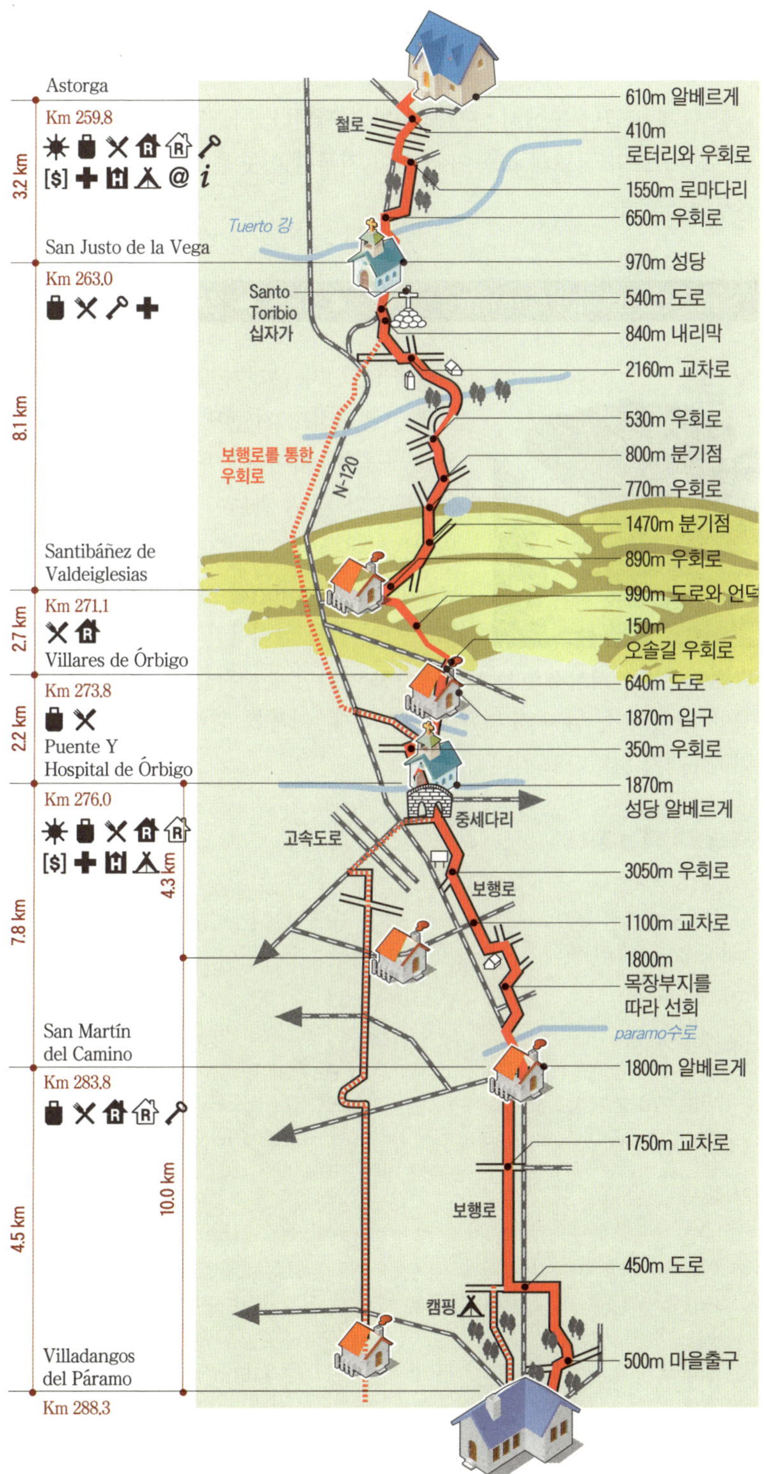

Astorga
Km 259.8
[$]
San Justo de la Vega
Km 263.0
Santibáñez de
Valdeiglesias
Km 271.1
Villares de Órbigo
Km 273.8
Puente Y
Hospital de Órbigo
Km 276.0
[$]
San Martín
del Camino
Km 283.8
Villadangos
del Páramo
Km 288.3
3.2 km
8.1 km
2.7 km
2.2 km
7.8 km
4.3 km
4.5 km
10.0 km
철로
Tuerto 강
Santo
Toribio
십자가
보행로롤 통한
우회로
N-120
고속도로
중세다리
보행로
paramo수로
보행로
캠핑
610m 알베르게
410m
로터리와 우회로
1550m 로마다리
650m 우회로
970m 성당
540m 도로
840m 내리막
2160m 교차로
530m 우회로
800m 분기점
770m 우회로
1470m 분기점
890m 우회로
990m 도로와 언덕
150m
오솔길 우회로
640m 도로
1870m 입구
350m 우회로
1870m
성당 알베르게
3050m 우회로
1100m 교차로
1800m
목장부지를
따라 선회
1800m 알베르게
1750m 교차로
450m 도로
500m 마을출구

한 단계가 끝난 곳에서 다시 역사가 시작된다. 아스팔트와 나란히 놓인 보행도로와 국도의 소음이 끝없이 지루한 이곳을 오히려 빨리 지나가도록 도와준다.

위에 UFO가 올라가 있는 듯한 조금은 퇴색된 콘크리트 기둥이 보이면, 작은 마을에 도착한 것이다. 마을 이름을 보면 산띠아고와 깊은 관련이 있어 보인다. 마을 성당 이름이 San Martin이어서 San Martin del camino라 부르게 되었고, 마르틴 성인 역시 산띠아고 순례와 밀접하게 관련이 있다. 역사가들은 17세기까지 가난한 순례자를 위한 병원이 이곳에 있었으며, 남자를 위한 침대가 4개, 여자를 위해 1개, 사제들을 위해 1개가 있었다고 한다.

도움이 되는 정보

🍴 먹을거리

- 빵 가게가 한 곳 있고, 슈퍼마켓이 있다. Bar Los Picos가 알베르게 근처에 있다. 메뉴 7€.

🛏 숙박시설

알베르게

- 사설 알베르게 El albergue de Ana(☎ 987 378 653) : 마을 초입의 첫 번째 알베르게로 시청 표지판에 안내가 되어 있다. 집 두 채 중 정원이 있는 집이며 두 채의 집에 96명이 머물 수 있다. 이용료 40€. 싱글 룸, 더블 룸, 트리플 룸 6€. 주방, 식당, 온수, 난방, 인터넷 제공. 세탁기/건조기 각 3€. 연중무휴. 예약 가능. martinez_sonia@hotmail.com
- 시립 알베르게(☎ 676 020 388) : 2013년 리폼. 정확히 UFO 기둥 아래 있는데, 단층 건물로 도로 옆에 있다. 52개 이층침대 4€, 16개 이층침대 5€, 주방 1.5€. 식당, 커피 및 음료 자판기, 온수 제공. 잔디가 깔린 정원이 있다. 예약 가능.
- 알베르게 Vieira(☎ 987 378 565) : 45명 이용 가능. 이용료 7€, 더블 룸 25€. 식당 제공. 자전거 보관 가능. 3월~10월 open. 11:00~22:00. www.alberguevieira.com

각기 이름이 다른 두 마을을 지금은 한 가지 이름으로 부르고 있다. 로마시대에 만들어진 유명한 다리가 있다. 그 후 보강을 하여 지금은 강이라기보다 나무들과 여러 가지 식물들이 심어진 충적지가 된 Orbio 강을 가로지르고 있다. 이 다리는 중세 때 각 지역의 기사들이 진정한 기사를 가리기 위해 몰려왔던 곳이었다고 한다. 야고보 성년이었던 1434년 축일 7월 25일을 보름 앞둔 7월 10일부터 8월 10일까지, 레온의 기사 돈 수에로 데 끼뇨네스Don Suero de Quiñones와 그의 9명의 추종자들은 당시 모든 기사들에게 도전장을 내어 진정한 기사를 가르는 토너먼트 결투를 했다. 결투를 하게 된 이유는 한 여인에 대한 사랑을 증명하기 위해서였다고 한다.

그는 한 달 동안 300개의 창을 부러뜨리고 매주 목요일에는 쇠고랑을 목에 차고 결투에 임했는데, 한 달 동안 돈 수에로와 그의 9명의 기사는 이 다리 위에서 결투하러 온 유럽 도처의 기사들, 산적 등을 상대로 싸워 용맹을 떨쳤다.

그중 카탈루냐의 기사 한 명만 실수로 창에 눈이 찔려 죽고, 그 결투에 임했던 다른 모든 기사들은 산띠아고로 순례의 길을 떠났다. 돈 수에로는 여인으로부터 받아 항상 지니고 있던 팔찌를 야고보에게 바쳤다. 남들이 보기엔 무모한 결투였는지 모르지만 사랑을 증명하고자 하는 기사에게는 한없이 진지한 도전이었을 것이다.

다리를 건너면 Orbigo 강 오른편에 있는 마을이 보인다. 성 요한 순례자 병원Hospital de San Juan 덕분에 성장한 마을인데 마을 이름 또한 Hospital de orbigo이다. 오늘날은 그 성당만이 유지되고 있으며, Hospital del Orbigo는 큰 서비스 센터로 사용되고 있다.

마을에서 나갈 때, 간판 하나가 Astorga까지 가는 두 가지 옵션을 알려주고 있다. '도로를 통해 16km' '표시된 까미노를 통해 17km'. 여기서는 두 번째 길을 추천한다.

도움이 되는 정보

🍽 먹을거리

• 다양한 슈퍼마켓과 빵 가게가 있다. 다리 옆에 있는 Bar Los Angeles (☎ 987 388 250)에서는 메뉴가 8€, La Encomineda(☎ 987 388 311)에서는 메뉴가 10€다.

알베르게

- 알베르게 Parroquial(☎ 987 388 444) : 성당 옆에 있으며, 90명이 이용할 수 있다. 이용료는 5€다. 이층침대와 인터넷, 난방, 온수, 주방, 식당, 두 곳의 정원이 제공되며 아침식사는 2€다. 3월~10월 open. 11:00~22:30.
- 사설 알베르게 San Miguel(☎ 609 420 931) : 전통 가옥을 수리해 2004년에 만들어졌다. 이층침대 40명 이용 가능. 이용료 7€. 지붕을 덮은 정원이 식당이고, 주방, 세탁기/건조기, 온수, 난방 제공. 자전거 보관 가능. 예약 가능. 연중무휴. 11:00~22:00.
  www.alberguesanmiguel.com
- 시립 알베르게(☎ 987 388 206) : 다리에서 오른쪽으로 보면 있다. 까미노에서 약 800m 정도 떨어져 있지만 쾌적하고 까미노 정신을 만끽할 수 있는 곳이다. 침대가 20개 있고 이용료는 무료이다. 온수, 주방, 세탁기/건조기 제공. 순례자가 많은 시기에만 문을 연다.
- 알베르게 verde(☎ 689 927 926) : 26명 이용 가능. 이용료 9€. 저녁식사 8€, 아침식사 3€, 세탁기/건조기 동시 이용시 5€. 주방은 없다. 예약 가능. 12:00~22:00. www.albergueverde.es
- Albergue la Encian(☎ 987 361 087) : 2012년 7월 open, 22명 이용가능. 이용료 9€, 세탁기/건조기 각 3€. 온수 난방, 주방 없음.
  segunramos@hotmail.com / www.complejolaribera.com

기타 숙박시설

- Hotel Paso Honroso(☎ 987 361 010) : 싱글 룸 30€, 더블 룸 45€.
- Hostal Kanguro Australiano(☎ 987 389 031) : 싱글 룸 20€, 더블 룸 40€.
- Bed&breakfast el Caminero(☎ 987 389 020) : 컨티넨탈 식 아침식사를 포함한 가격이 싱글 룸 45€, 더블 룸 50€.

Villares de Orbigo ☀ 14.5km ▶ 273.8km

표시를 따르다 보면, N-120은 까미노와 떨어져 서비스 시설이 적은 이 마을까지 들판을 통해 오게 된다. 공동 수도와 도로, 수로를 지나면 1km쯤 샛길이 시작된다.

도움이 되는 정보

- 빵 가게가 한 곳 있으며, 마을 광장의 Bar에서 샌드위치를 살 수 있다.

알베르게

- Villares de órbigo(☎ 987 132 935) : 26명 이용 가능. 이용료 6€.

더블 룸은 20€. 세탁기/건조기 각 2.5€. 주방과 식당 제공. 예약 가능.
2월~12월 25일 open. 11:00~23:00.
www.alberguevillaresdeorbigo.com
- 사설 albergue Villares de orbigo(☎ 987 132 935) : 24명 이용 가능,
  7€. 더블 룸 20€. 아침식사 2.5€~ 5€. 11:00~22:00. 세탁기/건조기
  각 2.50€. 온수, 난방, 주방. info@alberguevillaresdeorbigo.com.
  www.alberguevillaresdeorbigo.com.

Santibnez de Valdeiglesias   ✺   17.2km ▶ 271.1km

　Astoga까지 가기를 원하지 않는 사람들을 위해 알베르게를 운영하고 있는 작은 마을이다.　Teleno 봉우리와 레온의 산들이 평원의 끝을 향해 발길을 재촉한다. 정상에 오르면 Santo Toribio 십자가가 나타나는데, 이곳에서도 아스또르가 대성당이 보인다.

도움이 되는 정보

🍽 먹을거리
- 시민회관이 열려 있다면, 그곳에서 샌드위치를 살 수 있다.

🏠 숙박시설
알베르게
- Parroquial (☎ 987 377 698) : 옛 사제관을 개조한 곳으로 20명이 이층침대를 사용할 수 있다. 이용료 5€. 식당, 온수 제공. 저녁식사는 8€인데 이탈리아인 호스피탈레로의 요리 솜씨가 일품이다. 3월~10월 open.

San Justo de la Vega   ✺   25.3km ▶ 263.0km

　십자가가 있는 Santo Toribio 봉우리에서부터 Astorga 평원이 계속되는데, 흙길을 따라 Astorga의 위성 마을에 도착하게 된다. 지방 국도의 우회도로 위에 있어 순례자들만 서비스 시설을 이용하고 있는 것 같다.

도움이 되는 정보

🍽 먹을거리
- 식료품점과 빵 가게가 있으며, 다양한 레스토랑이 도로 위에 있다.

알베르게
• Hostal Juli (☎ 987 617 632) : 싱글 룸 18€, 더블 룸 35€. 여름에는 강가에서 캠핑이 가능하다.

Astorga　　☀ 28.5km ▶ 259.8km

Astruria Augusta는 옛 Astur 소국과 로마를 연결하는 중요한 도시로 까미노와 함께 그 입지가 공고해졌다. 중세에는 인구가 1,500명이었는데, 이는 부르고스의 인구 1/10도 안 되는 숫자였다. 그러나 병원은 25곳으로 부르고스와 같았다고 한다.

순례자들은 Puerta del sol를 건너 Calle de San Francisco로 들어서게 되는데, 이곳은 옛날에 프랑스와 유대인 상인들이 큰 상권을 가졌던 곳이다. 그리고 Calle Pio gullon과 San Crespo를 통해 도시의 핵심 유적지로 들어가게 된다. 길은 1866년 고위 성직자들의 숙소가 불에 타 없어진 후 가우디가 설계한 주교궁Palacio Episcopal으로 이어진다. 지금은 까미노 박물관으로 사용되고 있는 곳이다.

성벽의 일부가 완공되는데 300년이 걸렸다고 하는 Santa Maria 대성당도 둘러본다. 대성당 첨탑 끝에 있는 형상은 Pero Mato인데, 이는 Clavijo 전투에 참여했던 레온 지방 출신 기수를 본 딴 것이다.

Santa Maria 대성당 내부에 보관하고 있는 13세기에 만들어진 San Luigui 성경 원본을 보는 것만으로도 Astorga에 들른 보람이 있다. 스페인 수석 성당인 Toledo에 전시 중인 것은 사본이다.

대성당에서부터 시청까지 연결되는 보행자 전용도로는, 각각의 유적지를 이어주며 이 도시에 새로운 활기를 불어넣어 주고 있다.

도움이 되는 정보

여행자 안내센터 Plaza Eduardo de Castro 5(☎ 987 618 222).
자전거 수리점
• HT sport(☎ 987 602 768) Av. Ponferrada.
• Bike Limit (☎ 987 61 50 27) Av. Murallas 73번지.

🍽 **먹을거리**
• 모든 형태의 상점들이 있으며, 이 지방 특산품인 버터 빵을 파는 가게가 많다. 알베르게 근처에 Cafeteria la Goleta에서는 6시부터 아침식사와

샌드위치를 판다.
- Taberna los Hornos(☎ 987 618 900) : 메뉴 11€.
- 레스토랑 Tio Pepito(☎ 987 602 848) : 메뉴 9€. 이 지방 특식인 Cocido Maragata를 맛볼 수 있다. 혼자 먹기에는 양이 많다.
- Margata, San Luis, El Apostol : 각 음식점에서 메뉴를 10€에 판다. Plaza Mayor와 Calle San Francisco가 교차하는 지점에 있다.
- 레스토랑 Serrano : 메뉴 10€.

숙박시설

알베르게

- 시립 알베르게(☎ 987 616 034 / 618 271 773) : San Francisco 광장 옛 Siervas de Maria 수도원에 있으며 164명 이용 가능. 이용료 5€. 이층침대, 식당, 주방이 제공. 세탁기 2€, 건조기 3€. 난방과 온수, 인터넷을 쓸 수 있으며 테라스와 정원이 있고 옛 경당이 거실로 사용되고 있다. 여름에는 다리나 발, 물리치료 서비스가 무료로 제공된다. 연중무휴. www.caminodesantiagoastorga.com ★이 알베르게가 다 찼을 경우에는, 겨울에만 사용하는 정면에 있는 알베르게를 이용하면 된다. 그곳에서 24명이 묵을 수 있다. 한국까미노연합과 연맹 알베르게로 오스삐딸레로로 단기 봉사하고 싶으면 까·친·연에 신청하면 된다.
- 사설 알베르게 San Javier(☎ 987 618 532) : 대성당 근처에 있다. 1층에 식당과 주방이 있고 이층에 침대가 95개 있으며 이용료 8€. 아침 뷔페 3€, 세탁기 3.5€, 건조기 4€. 인터넷, 온수, 난방 제공. 탁자가 있는 정원에 소금물 분수가 있어서 발의 피로를 풀 수 있다. 4월~11월 open. 10:30~22:30.
- 알베르게 y Gaudi(☎ 987 615 192 / 987 616 927) : 중심가에서 좀 떨어진 Astroga 초입에 있으며, 20명 이용 가능. 이용료 6€. 도미토리 형식으로 더블 룸 1개, 싱글 룸 1개가 있으며 더블 룸과 싱글 룸은 1인당 10€다. 주방과 식당이 갖춰져 있고 온수를 쓸 수 있다. 도착하기 전에 문을 열었는지 여부를 전화로 물어보는 것이 좋다.
- 사설 알베르게 Camino y Via : Astorga 진입전 철길 건너 한국인 운영하는 깨끗하기로 소문난 곳이다. 22명 이용 가능. 이용료 6€. 아침식사 3€, 세탁기 3€. 주방과 식당을 쓸 수 있다.

기타 숙박시설

- Hostal la Peseta(☎ 987 617 275) : 싱글 룸 46€, 더블 룸 + 욕실 53.50€.
- Hostal Coruna(☎ 987 615 009) : 더블 룸 50€.
- Pension La Ruta Leones(☎ 987 615 037) : 싱글 룸 15€, 더블 룸 30€.
- Pension Garcia(☎ 987 616 046) : 싱글 룸 20€, 더블 룸 30€.
- Hostal AsturPlaza(☎ 987 618 900) : 더블 룸 69~87€ + 부가세.
- ★ 시립 알베르게 앞 hotel Via de la plata SPA에서 사우나를 통해 오랜 까미노의 피로를 풀어보자! 매주 일요일 특별 요금 10€. 12:00~19:00 수영복 및 세면도구 본인 지참요. www.hotelviadelaplata.es

Astorga ▶ Rabanal del camino(León)
➡ 20.6km　✕ 약 5시간

아스또르가Astorga를 지나면, 끝이 없을 것 같은 평원이 곧 끝날 거라는 소식을 지나가는 사람들이 전해준다. 지평선 라인은 톱날처럼 바뀌고 레온 산맥에 이르는 오르막길이 나타나며 산세가 거칠어진다. 루트 중에서 가장 높은 곳인 Cruz de Hierro('쇠 십자가'라는 뜻)에도 오늘 가보게 된다.

사라졌던 Murals, Foncevadon, Santa Catalina 같은 마을들이 다시 생기를 찾게 되었는데, 이 마을들은 산띠아고 여행자들이 전해주는 활력과 돈으로 그 생명력을 유지하고 있다.

아스또르가와 라바날Rabanal 사이에는 11곳, 라바날과 폰페라다Ponferrada 사이에는 17곳의 알베르게가 있다. 이런 마을들 덕분에 레온의 산들을 보다 가벼운 마음으로 넘을 수 있게 되는 것이리라.

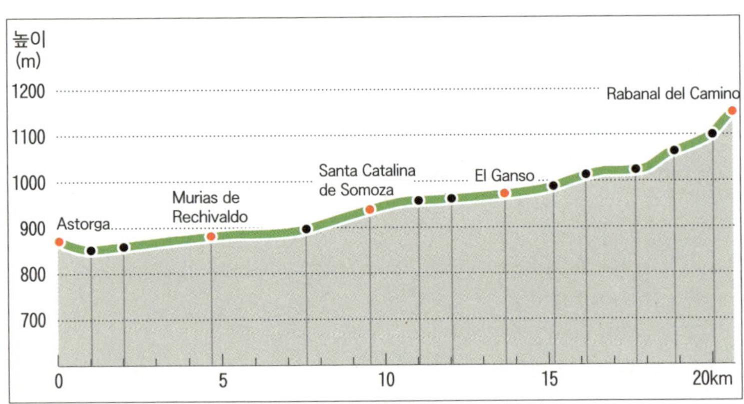

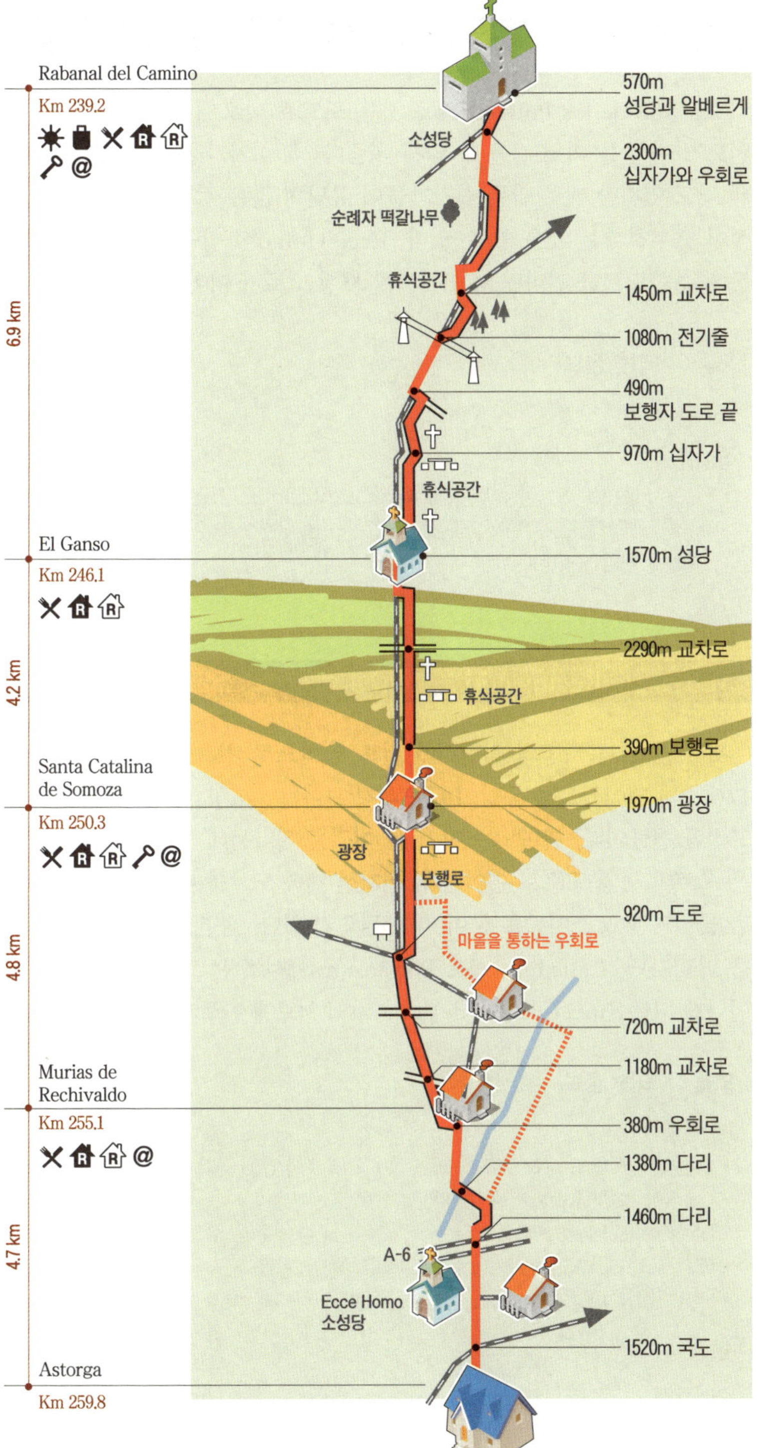

Rabanal del Camino
Km 239.2
570m
성당과 알베르게
소성당
2300m
십자가와 우회로
순례자 떡갈나무
휴식공간
1450m 교차로
1080m 전기줄
490m
보행자 도로 끝
970m 십자가
휴식공간
El Ganso
Km 246.1
1570m 성당
2290m 교차로
휴식공간
390m 보행로
Santa Catalina
de Somoza
Km 250.3
1970m 광장
광장
보행로
920m 도로
마을을 통하는 우회로
720m 교차로
1180m 교차로
Murias de
Rechivaldo
Km 255.1
380m 우회로
1380m 다리
1460m 다리
A-6
Ecce Homo
소성당
1520m 국도
Astorga
Km 259.8
6.9 km
4.2 km
4.8 km
4.7 km

Castrillo de los Polvozares로 가는 도로로 나오게 되는데, 몇 곳의 인도가 차들을 피해 걸을 수 있게 해준다. 쇠 십자가들이 나무로 대체된 것도 있지만 철로 만든 십자가들이 유난히 많은 걸 보면, 레온에 광석이 풍부하다는 것을 알 수 있다. Ecce Homo 소성당을 지나 다리를 통해 순환도로를 건너면 Murias까지 보행 도로가 이어진다.

도움이 되는 정보

⌂ 숙박시설

알베르게

- Ecce Homo 소성당 알베르게(☎ 620 960 060) : 8명 이용 가능. 이용료 5€. 세탁기, 온수, 주방 제공. 난방은 안됨. 3월~10월 open. nuber79@hotmail.com

---

Murias de Rechivaldo　　　4.7km　▶　255.1km

Maragateria 지방의 전형적인 건축 양식으로 지은 예쁜 마을이다. 17세기에 지어졌으며 종탑이 두드러져 보이는 San Esteban 성당이 대표적인 건물이다. 까미노는 이 마을 어귀를 지나는데, 직진하면 부드러운 오르막 농업 도로로 이어진다. 여기선 계속 도로를 따라가는 것이 약간 둘러가는 코스이므로 굳이 따를 필요가 없다. 정면으로 똑바로 전선을 따라가면, Castrillo de los Polvanzares에서 오는 보행 도로와 다시 만나게 되는 Santa Catalina de Somoza 교차로에 이르게 된다.

도움이 되는 정보

⦿ 먹을거리

- Meson Astorum(☎ 987 619 270) : 알베르게 옆에 있다. 순례자 메뉴 9€.
- Cocido Maragato : 순례자 메뉴 13€.
- Meson El Llar : 메뉴 8.5€.
- 레스토랑 Don Juan Tenoria : 순례자 메뉴가 있다.
- Bar Felix y Casa Botas : 성당 근처에 있다. 메뉴 8€.

⌂ 숙박시설

알베르게

- 시립 알베르게(☎ 987 691 150) : 옛 학교 건물에 있다. 침상이 20개 있고

정원, 식당, 주방, 온수가 갖춰져 있다. 이용료 4€. 4월~10월 중순 open.
- 사설 알베르게 Casa Flor : (☎ 609 478 323) 15명 이용 가능, 10€, 저녁 아침식사 포함시 20€. 세탁기 및 주방시설 없음. www.hosteriacasaflor.com, rodkiko@gmail.com,
- 사설 알베르게 Las Aguedas(☎ 636 067 840 / 987 691 234) : 시청에서 가깝다. Maragata(우리나라 군 정도쯤 되는 옛 영주령이다. cocido maragato라고 부르는 마라가따 식 삶은 요리가 유명하다.) 옛날 집. 40명 이용 가능. 이용료 9€. 아침식사 3.5€, 저녁 9€. 이층침대, 주방, 온수, 난방, 인터넷, 식당과 작은 Bar 제공. 세탁기/건조기 각 4€, 5€. 자전거 보관 가능. 연중무휴. www.lasaguedas.com

Santa Catalina de Somoza　　9.5km ▶ 250.3km

　이 마을에서는 Murias에서 이미 보았던, 이 지방 특색을 잘 나타내는 돌집들과 종탑이 눈에 많이 띤다. Calle Mayor를 통해 이 마을을 관통하게 되는데, 어떤 노란 화살표는 도로를 통해 마을을 돌아 나가게 되어 있다. 그 화살표를 따라가면 Bar 앞을 지나가게 된다. 한 시간쯤 원만한 오르막을 천천히 걷다 보면 El Ganso에 도착하게 된다.

도움이 되는 정보

▥ 먹을거리

- Hospederia San Blas(☎ 987 691 411), El Caminante(☎ 987 691 098) : 메뉴 7.50€.
- Bar El Peregrino : 길가에 보인다.

⌂ 숙박시설

알베르게

Calle Real에 세 곳의 알베르게가 있다.
- El Caminante(☎ 987 691 098) : 16명 이용 가능. 이용료 6€. 분수가 있는 중정과 이층침대, 온수와 난방 제공. 세탁기/건조기 각 3€. 자전거 보관 가능. 주방 없음. 연중무휴. 10:00~22:30. www.elcaminante.es
- Hospederia San Blas(☎ 987 691 411) : El Caminante보다 위에 있다. 20명 이용 가능. 이용료 5€, 더블 룸 35€. 중정, 이층침대, 온수, 난방, 세탁기/건조기, 인터넷 제공. 자전거 보관 가능. 연중무휴. www.hospederiasanblas.com
- 시립 알베르게(☎ 987 691 819) : 거리 끝에 있다. 36명 이용 가능. 이용료 3€. 테라스, 이층침대, 온수 제공.

　매해 여름마다 까미노를 찾는 순례자들이 오고, 겨울에 떠난 마을 주민들도 돌아오게 되므로 생기가 넘친다. 두 곳의 Meson(식사를 겸한 선술집) 중에서 한 곳은, 위치가 좋고 번득이는 이정표 덕분에 항상 손님들이 북적거린다. 하지만 주민회의에서 알베르게를 운영하는 한 곳은 서비스 시설이 별로 없어서 잘 이용하지 않는다. 마을에서 나갈 때 휴식 공간인 탁자와 의자들이 눈에 띈다.

　여기서부터 한 시간 반 동안 계속 완만한 오르막길을 걷게 된다. 떡갈나무 숲을 지나다 보면 중간에 거대한 '순례자 떡갈나무'가 나오는데, 이 나무 그늘이 전통적으로 순례자들이 쉬어가는 곳이라고 한다.

도움이 되는 정보

🍽 먹을거리

- 나란히 있는 Bar가 두 곳 있다. 5월~10월 open.
- Meson Cowboy(☎ 699 948 414) : 분위기가 약간 초현실주의적이다.
- Meson La Barraca(☎ 987 691 808) : 메뉴 7€.

🏠 숙박시설

알베르게

- 시립 알베르게 : 스파르타식 알베르게 중의 하나이다. 18명이 이용할 수 있으나 화장실과 수도가 없다. 이용료는 무료이며 열쇠는 까를로스 페르난데스Carlos Fernandez(☎ 987 691 805)가 가지고 있다.
- 사설 알베르게 Gabino(☎ 660 912 823) : 시립 알베르게보다 훨씬 낫다. 까미노를 사랑하는 아론Aaron이라는 젊은이가 운영하는 곳으로, 순례자들이 집처럼 느낄 수 있게 해준다. 아침식사를 포함한 이용료 8€. 침대 8개가 방 3개에 나뉘어 있고, 10개의 이층침대가 있다. 온수, 세탁기, 주방 겸 식당 제공. 연중무휴.
  www.facebook.com/pages/Albergue-Gabino/

　중세에 이 마을은 중요한 곳이었다. 순례자들이 병원과 성당에 머물며 Monte Irago 정상을 넘기 위해 힘을 보충하고, 산을 함께 넘을 팀을 짜던 곳이었기 때문이다. 산에는 행인들을 노리던 도적떼가 있었고, 산짐승들의 공격도 많았다. 그래서 Ponferrada의 템플 기사단은 순례자들을 보호하기 위해 많은 노력을 해 왔다.

하지만 Rabanal 역시 이 지역의 다른 마을들처럼 한동안 버려져 있다가 최근 산띠아고를 찾는 여행자가 늘자 이 코스의 마지막 지점으로 순례자들을 맞이하며 생기를 되찾으려고 노력하고 있다.

이 마을은 특히 돌로 만든 특별한 집들을 잘 보존하고 있다. 마을을 관통하는 길이 까미노 루트와 일치하므로, 길가에 나란히 서있는 돌집들과 이 지역에서는 쉽게 보기 어려운 로마네스크 양식의 Santa Maria 성당이 서로 조화를 이루어 아름답다. 마을 인구는 60여 명 밖에 안 되지만 까미노 덕분에 마을에 알베르게가 네 곳 운영되고 있다.

도움이 되는 정보

- Calle Real에 다양한 물건을 파는 가게가 있다.

🍽 먹을거리

- Posada de Gaspar(☎ 987 691079) : Real 27번지에 있다. 메뉴 9€.
- cocido Maragato : 식사 15€.
- Meson El Refugio(☎ 987 631592) : 메뉴 9€.

🏠 숙박시설

알베르게

- El Tesin (☎ 650 952 721 / 696 819 060) : 최근 건물로 Real 거리 첫 번째에 있다. 34명 이용 가능. 이용료 5€. 작은 방 이용 희망시 7€. 의자가 있는 쉴 공간이 있고 주방, 식당, 난방, 온수, 인터넷 제공. 자전거 보관 가능. 4월~10월 open. 09:00~22:00. 예약 가능. alberguelasenda@hotmail.com
- 시립 알베르게(☎ 987 631 687) : 2층짜리 전통가옥으로 마을 초입 왼쪽에 있다. 침대 22개, 매트리스가 12개 있다. 이용료 4€. 주방, 온수, 정원 제공. 4월~10월 15일 open. 11:00~22:30.
- 사설 알베르게 Nuestra Senora del Pilar(☎ 987 631 621) : 시립 알베르게 맞은편에 있다. 72명 이용 가능. 이용료 5€. 앞 마당, 주방, 식당, 온수, 난방, 인터넷 제공. 연중무휴. rabanalelpilar@hotmail.com
- 알베르게 Gaucelmo(☎ 987 691 901) : 마을 성당 뒤에 있다. 40명 이용 가능. 이층침대, 매트리스 20개가 있으며 기부로 운영. 건조기, 벽난로, 온수, 주방, 식당과 테라스 제공. 4월~10월 open. 14:00~22:30. www.csj.org.uk, r-wardens@csj.org.uk

기타 숙박시설

- Posada de Gaspar(☎ 987 631 629) : Real 27번지, 싱글 룸 35€, 더블 룸 50€.
- Hostal Refugio(☎ 987 631 592) : 싱글 룸 33€, 더블 룸 48€.
- Posada el tesin(☎ 652 277 268) : 더블 룸 43€, 트리플 56€.

Step 22. 나를 내려놓다

　레온 산으로의 등반이 시작되고 까미노에서 가장 상징적인 장소 중의 하나인 라 크루즈 데 이에로La Cruz de Hierro에 오르게 된다. 라바날Rabanal에서 출발하자마자 오르막길이 시작되는데, 펼쳐지는 풍경을 바라보며 자연의 신비로움을 느끼지 않을 수 없다. 정상에 오르면 갈리시아 지방의 경계선이 멀리 모습을 드러내며 순례자들의 지친 발걸음에 활력을 준다.

　버려졌던 이곳의 마을들은 산띠아고 길의 마술로 새로운 황금기를 맞았다. 폰세바돈Foncebadón는 수십 년 동안 유령마을과 같았는데 지금은 레스토랑과 알베르게가 들어섰으며, 만하린Manjarín 역시 버려졌던 마을이었는데 템플기사단의 후예들로 인해 회복되고 있다.

　하루의 끝 무렵에는 폰페라다Ponferrada가 기다린다. 템플기사단의 수사들이 산띠아고 길을 지킨다는 굳은 신념 아래 철야 보초를 서던 성채가 오늘날의 순례자들을 맞이하고 있다. 철 십자가La Cruz de Hierro는 산을 오르며 주워온 돌을 올려놓고 남은 순례길의 안전을 빌던 장소였다고 한다.

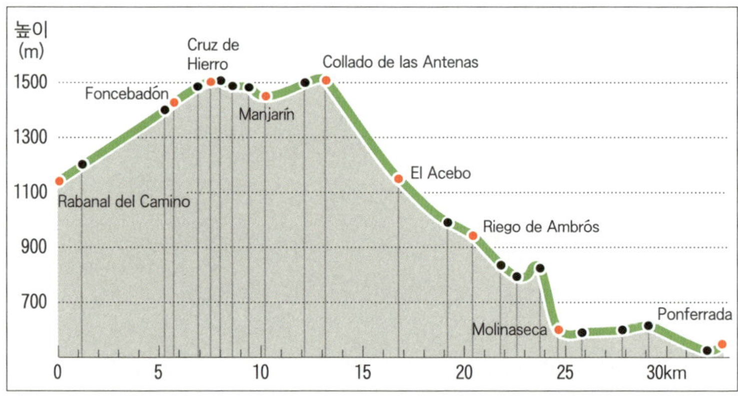

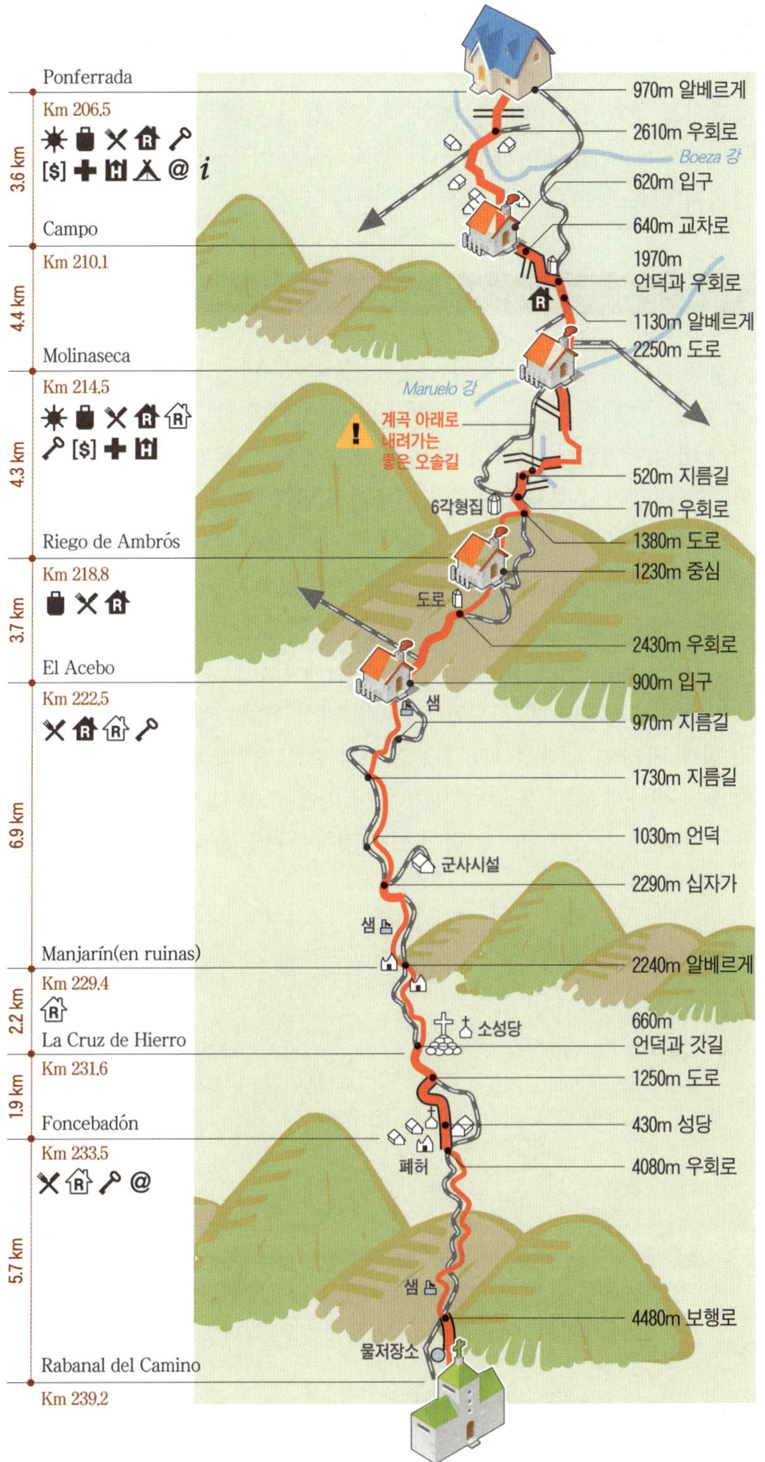
Ponferrada
Km 206.5
3.6 km
Campo
Km 210.1
4.4 km
Molinaseca
Km 214.5
4.3 km
Riego de Ambrós
Km 218.8
3.7 km
El Acebo
Km 222.5
6.9 km
Manjarín(en ruinas)
Km 229.4
2.2 km
La Cruz de Hierro
Km 231.6
1.9 km
Foncebadón
Km 233.5
5.7 km
Rabanal del Camino
Km 239.2
970m 알베르게
2610m 우회로
Boeza 강
620m 입구
640m 교차로
1970m
언덕과 우회로
1130m 알베르게
2250m 도로
Maruelo 강
계곡 아래로
내려가는
좋은 오솔길
520m 지름길
6각형집
170m 우회로
1380m 도로
1230m 중심
도로
2430m 우회로
900m 입구
샘
970m 지름길
1730m 지름길
1030m 언덕
군사시설
2290m 십자가
샘
2240m 알베르게
소성당
660m
언덕과 갓길
1250m 도로
430m 성당
폐허
4080m 우회로
샘
4480m 보행로
물저장소

흙길을 걷다가 1,180m 전방에서 도로를 건너면, 쾌적한 오솔길로 들어서서 Foncebadón까지 간다. 점점 나무들이 사라지고 순례자들의 몸은 바람에 그대로 노출된다.

Foncebadón　　5.7km ▶ 233.5km

앞서 여러 번 서술하였듯이 이곳은 중세에도 마을 없이 순례자 숙소가 두 곳, 병원이 두 곳, 수도원이 있었던 곳인데 시간이 흐르며 수 십 년간 버려져 있었다. 그리고 Gaucelmo 소성당이 세워지면서 Irago 산 험준한 비탈이 순례자를 위한 포인트가 되었다.

17세기까지는 거칠고 걷기 힘들어, 안개에 휩싸인 이 산을 순례자들이 잘 넘을 수 있게 동행해주던 사람들이 있었다고 한다. 알폰소 6세는 이곳에 특권과 면세권을 주어 사람들이 마을을 떠나는 것을 방지했다. 그리고 덜 위험한 지역으로 만들기 위해 확장을 꾀하였다.

19세기 초까지만 해도 주민이 200명 남짓 살았는데, 까미노의 쇠락과 함께 마을이 사라졌다가 중세 초기와 같은 까미노의 부활로 마을도 함께 소생하게 됐다. 도로를 벗어나 이 마을 Calle Real을 관통할 때, 중세 순례자 수십만 명이 그렇게 했던 것처럼 마을을 둘러볼 것을 추천한다.

도움이 되는 정보

⦿ 먹을거리

- Taberna de Gaia(☎ 987 636 005) : 전통적인 식당으로 중세풍으로 꾸민 종업원이 서빙을 한다. 순례자를 위해 특별한 가격으로 음식을 제공하고 있다. 정면에 수도원이 있다. 메뉴 8.20€.

🛏 숙박시설

알베르게
- 알베르게 Domus Dei : 18명이 쓸 수 있는 이층침대가 있다. 인원이 넘치면 10명까지 옛 성당에서 매트리스를 이용할 수 있으며 기부 형식으로 운영된다. 위치에 비해 상대적으로 고급이며 주방, 식당, 온수가 제공된다. 공동으로 준비하는 아침, 저녁식사와 매일 저녁 기도회가 열린다. 3월~10월 open. www.amigoscaminobierzo.org
- 사설 알베르게 Focebadón 수도원(☎ 658 974 818) : 20명이 쓸 수 있

는 이층침대가 있다. 이용료 7€. 온수, 인터넷 제공. 2월~11월 open. 12:00~22:00. 예약 가능. conventodefoncebadon@telefonica.net
- 사설 알베르게 Monte Irago(☎ 695 452 950) : 두 알베르게 사이에 있다. 34명이 이용 가능한 이층침대가 있다. 이용료 5€. 목장이 있고, 직접 밭에서 키우는 채소를 제공하고 있다. 세탁기/건조기 각 3€. 아침식사 3.50€. 저녁식사 8€. 꼭 필요한 것들을 살 수 있는 작은 상점이 있다. 온수, 난방, 인터넷 가능. 6시 이전 기상 금지, 오전 8시 요가 강습이 있다. 연중무휴.
- 사설 알베르게 La cruz de Fierro(☎ 987 691 093) : 40명 이용 가능. 이용료 7€. 세탁기 3€, 건조기 4€. 온수, 난방, 식당, 주방 제공. 자전거 보관 가능. 예약 가능. 10:30~22:00. ★2011년 신규 오픈.

기타 숙박시설
- Centro de turismo rural Convento de Focebadón(☎ 658 974 818) : 싱글 룸 36€, 더블 룸 46€.

La Cruz de Hierro　　7.6km ▶ 231.6km

프랑스 까미노 코스 중에서 높은 곳이라 할 수 있는 1,500m 정상에 오르게 된다.

나무로 된 돛대 모양의 기둥 위에 있는 십자가가 보이는데, 이것이 그 유명한 철 십자가 Cruz de Hierro이다. 옛 순례자들은 야고보 성인을 통해 순례 길에서의 안녕을 빌며, 갈리시아 사람들은 까스띠야에 와서 일을 하고 돌아가는 길에 십자가 아래 돌을 올려놓았다. 그것은 뒤에 오는 순례자들을 위해 돌을 치워주려는 배려였을 것이다.

하지만 오늘날은 욕심 때문에 가지고 왔지만 들고 가기 힘든 것을 내려놓는 장소로 변해버렸다. 등산화, 옷가지, 책, 냄비, 담배, 술병 등이 쌓여 쓰레기장을 방불케 한다. 가슴이 아프다. 하늘과 땅이 만나는 이곳에서 정작 내려놓아야 하는 것은, 들고 가기 힘든 물건들이 아니라 자기 자신이라는 것을 잊지 말아야겠다.

Cruz de Hierro는 수 세기 전부터 까미노의 전설적인 장소였다. 로마시대에는 길의 신인 머큐리 신전의 제단이었는데 훗날 수도자인 작가 가우셀모Gaucelmo가 십자가로 대체한 것이라고 한다. La Cruz de Hierro는 순례자들에게 하늘과 땅 사이의 신비로운 장소가 되고 있다.

　호스피탈레로인 토마스Tomas가 버려진 마을의 옛 병원을 개조하여 알베르게로 운영하고 있다.

　안개가 깊은 날이면 종을 쳐서 순례자들이 길을 잃지 않도록 해준다. 편의시설은 거의 없다. 좋아하고 싫어하는 데 개인차가 있겠지만, 템플기사단 시절의 느낌을 만끽할 수 있어서 나쁘지 않다.

　Manjarín은 평지에 있는 것처럼 보이지만, 1,500m 고지를 향하는 오르막이 이미 시작되었다. 1,500m 고지를 넘으면 Villafranca del Bierzo까지 내려가는 일만 남아 있다. 여기서 자전거 순례자들은 각별히 주의를 해야 한다. 이제 도로를 피해 새로운 보행자 길을 따라 El Acebo까지 가면 된다.

도움이 되는 정보

🏠 숙박시설

알베르게

- Ponferrada 템플기사단 클럽에서 운영하는, 까미노 중에서 가장 겸손한 알베르게 중의 하나로 전통적인 곳이다. 나무 바닥에 35명이 매트리스를 깔고 잘 수 있다. 정해진 이용료는 없고 기부금으로 운영된다. 장작 난로로 난방을 하며, 태양열 전기를 사용한다. 작은 주방이 있는데 수도가 없어서 우물을 사용한다. 랜드로버의 배터리로 인터넷 사용이 가능하다. 아침 7시 전에 출발하지 못하게 하며 7시에 아침식사를 제공한다. 저녁에 템플기사단 기도회가 있다.

Calle Real은 레온 지방 색채가 가장 강한 곳이라 할 수 있다. 주민들은 까미노를 유지하는 조건으로 세금 혜택을 받고 있는데, 마을에서 레스토랑과 알베르게를 세 곳 운영하고 있다.

마을을 나갈 때 공동묘지에 자전거 모양의 추모비가 있는데, Manjarín에서 자전거로 내려오며 사고를 당한 독일인 순례자를 추모하는 것이라 한다. 여기서 도로를 벗어나 까미노는 다시 Riego를 향한다.

도움이 되는 정보

🍽 먹을거리

• 마을 제일 위쪽에 식료품점이 있다. Meson El Acebo(☎ 987 695 074)에서는 메뉴를 8.6€에 판다. 샌드위치도 살 수 있다.

🏠 숙박시설

알베르게

• 알베르게 세 곳을 모두 한 가족이 운영하고 있다. 그중 한 곳은 시립이지만 관리는 모두 El Acebo 식당(☎ 987 695 074)에서 하고 있다.
• 시립 알베르게 : Calle real에 있다. 이층침대에서 10명이 머물 수 있고, 온수를 사용할 수 있다. 이용료 5€.
• 알베르게 Acebo : 18명 이용 가능. 이층침대 5€, 더블 룸 20€, 트리플 룸 30€. 침대, 온수, 난방, 세탁기/건조기, 음료 자판기, 테라스가 제공된다. 예약 가능. mesonelacebo@hotmail.com
• 알베르게 Taberna de Jose : 이층침대에서 7명 이용 가능. 이용료 5€. 온수 제공. 예약 가능. mesonelacebo@hotmail.com
• 알베르게 Apóstol santiago(☎ 987 695 548) : 성당 옆에 있으며 23명 이용 가능. 기부로 운영된다. 주방, 식당 제공. 세탁기 3€. 자전거 보관 가능. 4월~12월 open. pergrinosflue@terra.es

기타 숙박시설

• Casa Rural La Rosa del Agua(☎ 616 849 738) : 싱글 룸 35€, 더블 룸 40~50€, 아침식사 포함.
• Casa Rural Monte Irago(☎ 639 721 242) : 더블 룸 40€.
• Casa La Trucha(☎ 987 695 548) : 더블 룸 36€, 더블 룸 + 욕실 + 아침 식사 42€.

최근 훌륭한 알베르게가 문을 열었으며, 서비스 시설이 좋은 마을이다. 16세기에 지어진 Magdalena 성당이 있다. 밤나무가 무성한 협곡을 건너 도로를 지나면 방금 넘어온 산이 바로 뒤에 보인다.

도움이 되는 정보

🍽 먹을거리

• Bar Ruta de Santiago(☎ 987 695 190)에서 메뉴를 9€에 팔고 빵과 식료품도 판매한다.

🏠 숙박시설

알베르게

• Bar 주인이기도 한 호스피탈레로 페드로Pedro가 관리하는 알베르게다(☎ 987 695 190). 전통적인 방법으로 지은 돌집에 20명이 쓸 수 있는 이층 침대가 있고 10명이 매트리스에서 잘 수 있다. 이용료 5€. 온수, 세탁기/건조기, 음료 자판기, 주방 겸 식당과 정원 제공. 연중무휴. 12:30~22:30.

기타 숙박시설

• Pension Riego(☎ 987 695 188) : 싱글 룸 20€, 더블 룸 30€, 더블 룸 +욕실 40€, 아침식사 2.50€.

이 역사적인 마을에서 드디어 Irago 산의 하행 길을 마감하게 된다. Meruela 강의 로마네스크 양식으로 된 다리를 건너면, 귀족들의 문장이 새겨진 집이 늘어선 Calle Real로 들어선다. 이전에는 18세기의 Santuario de las  Angustias를 지나갔는데 원래 나무문이던 입구를 지금은 쇠로 덮어 놓았다. 순례자들이 나무문을 기념으로 뜯어갔기 때문이라고 한다.

Molinaseca에는 마을 밖에 훌륭한 알베르게가 한 곳 있어서 순례자들에게 좋은 서비스를 제공해주고 있다. 여기서부터 Ponferrada까지는 2시간 가량 걸린다.

도움이 되는 정보

🍽 먹을거리

- 다양한 식료품점과 빵 가게들이 있다.
- Meson El Palacio(☎ 987 453 094) : 다리 근처 Calle Palacio 19번지, 메뉴 8.50€.
- Meson Puente Romano(☎ 987 453 154) : Calle de la Presa.
- Meson Real(☎ 987 453 166) : 도로 상에 있음, 메뉴 9€.
- Meson Casa Marcos(☎ 987 453 088) : Calle Real 53번지, 메뉴 8.50€.

🏠 숙박시설

알베르게

- 사설 알베르게 Santa Marina(☎ 987 453 077) : 마을 출구 쪽에 있다. 2007년 6월에 완공되었으며 56개의 침대가 있다. 이용료 7€. 온수, 난방 제공. 세탁기/건조기 각 3€다. 입구에 Bar가 있다. 아침식사 3€, 저녁식사 8€. 3월~11월 open. 예약 가능.
- 시립 알베르게는 100m 정도 더 가면 도로 건너 맞은편에 있다(☎ 615 302 390). 28명이 쓸 수 있는 이층침대가 있는데 여름에는 외부 건물에서 추가로 묵을 수 있다. 이용료 5€. 온수, 난방, 벽난로, 주방 제공. 세탁기/건조기 각 3€. 도착하기 전에 미리 전화를 하는 것이 좋다. 13:00~23:00. 연중무휴. alfredomolinaseca@hotmail.com

기타 숙박시설

- Hostal El Palacio(☎ 987 453 094) : 싱글 룸 40€, 더블룸＋욕실 48€.
- Hosteria la casa del Reloj(☎ 987 453 124) : 더블 룸 30~40€.

El Bierzo 지방의 수도로 풍부한 금광을 보유해 로마시대부터 큰 도시였다고 한다. 그리고 1082년 Osmundo가 Sil 강의 낡은 나무다리를 없애고 순례자를 위해 금속으로 된 다리를 만들면서 더욱 부흥하기 시작했으며, 레온 주의 상징이 되는 구 시가지를 잘 간직하고 있는 큰 산업 도시이다.

가장 주의를 끄는 곳은 Castillo del Temple이다. 이 성채는 1178년 수도기사단의 수사들이 세운 곳으로, 산띠아고로 가는 순례자들을 보호하던 템플기사단의 성이다. 전체가 돌로 된 거대한 암호 같은데 표식과 상징, 별자리 등으로 가득 채워져 있어서 템플기사단에 관심이 있는 사람들의 메카가 되고 있다.

★ 주의 : 월요일 마다 휴관.

성으로부터 시작되는 Ponferrada 유적지를 순례하기 위해 Calle Gil y Carrasco를 통해 Plaza de la Encina로 들어간다. 그리고 Calle de Reloj를 지나 시청 광장으로 이어져 지금은 Bierzo 시립 박물관이 된 옛 왕립 감옥과 르네상스 시계탑, 성모 수태 수도원, 라디오 박물관, 그리고 바로크 양식으로 된 레온 주 시청을 돌아보게 된다.

도움이 되는 정보

여행자 안내센터 : Calle Gil Y Carrasco 4번지(☎ 987 404 532)

자전거 수리점

- Bike Limit(☎ 987 403 242) : Av. Del Castillo 172번지.
- Bicicletas Marques(☎ 987 412 226) : Av. De portuga l54번지.

▣ 먹을거리

- 다양한 형태의 상점이 있다. Calle Reloj에 다양한 레스토랑이 있는데 La Obrera(☎ 650 766 796)는 구시가지 Paraisin 8번지에 있으며 메뉴는 8€이다. 알베르게 근처에 있는 El Bequio에서는 메뉴가 9.95€이다.

⌂ 숙박시설

알베르게

- 알베르게 San Nicolas de Flue(☎ 987 413 381) : 도시 초입에 있는 돌로 된 예쁜 집이다. 멋진 정원과 경당이 있으며 174명이 묵을 수 있는 이층침대가 있고 기부 형식으로 운영된다. 주방, 식당, 거실, 난방, 인터넷, 세탁기 3€, 건조기 2€로 제공되며 자전거 보관이 가능하다. 도착한 순례자들이 발을 담그며 피로를 풀 수 있는 분수대가 있다. 밤에 경당에서 기도회가 열리는데, 경당은 독특한 프레스코화로 장식되어 있다. 연중무휴. peregrinoflue@terra.es

기타 숙박시설

- 알베르게는 아니지만 쾌적한 시설의 B&B(☎ 665 262 689)가 있다. 2개의 방에 5명 이용 가능. 구 시가지에 있다. 숙박 + 아침식사 1인당 20€.
- Hostal Virgen de la Encina(☎ 987 409 632) : Calle Comendador, 싱글 룸 53.50€, 더블 룸 67.41€.
- Hotel Los Templarios(☎ 987 411 484) : Florez de Osorio 3번지, 싱글 룸 40~45€, 더블 룸 50~60€.
- Hostal SantaCruz(☎ 987 428 351) : 욕실에 따라 싱글 룸 23~26€, 더블 룸 27~35€.
- Hostal La Madrilena(☎ 987 412 857) : 싱글 룸 15€, 더블 룸 30€.

Step 23. 용서의 문, Puerta de Perdon

엘 비에르조El Bierzo 지방은Cantabria 산맥, Galicia 산과 Aquilanos 산으로 둘러싸여 있는데 그 길이가 약 60km 정도 된다. 지리적으로 외진 곳이라, 레온 주의 다른 지방에 비해 부유하고 독특한 곳이 되었으며 1822년~1823년 독립 지방으로 인가를 받았다. 까미노는 폰페라다Ponferrada부터 갈리시아의 문을 여는 비야프랑까 델 비에르조Villafranca del Bierzo까지 이어진다. 그리고 폰페라다에서 구 N-VI 지방도로를 피해 공업지대를 우회해 북서쪽으로 난 작은 마을 Columbriano와 Fuentes Nuevas를 지나 까까벨로스Cacabelos부터 다시 아스팔트를 만나게 된다.

가는 길이 만만치는 않지만 비야프랑까로 들어가며 산띠아고 성당의 '용서의 문Puerta del Perdon'을 보는 순간, 그동안의 모든 노력을 보상받는 듯한 느낌을 갖게 될 것이다.

라 크루즈 데 이에로La Cruz de Hierro에서 자기 자신과 모든 욕심을 내려놓았다면, 이번 단계에서는 고해하고 용서받는데 의미를 두게 될 것이다. Puerta de Perdon(용서의 문)에서 건강 때문에, 혹은 피치 못할 사정으로 순례를 마무리 짓지 못하고 돌아가는 이들을 보며, 계속 산띠아고를 향해 나아갈 수 있음에 감사하지 않을 수 없다.

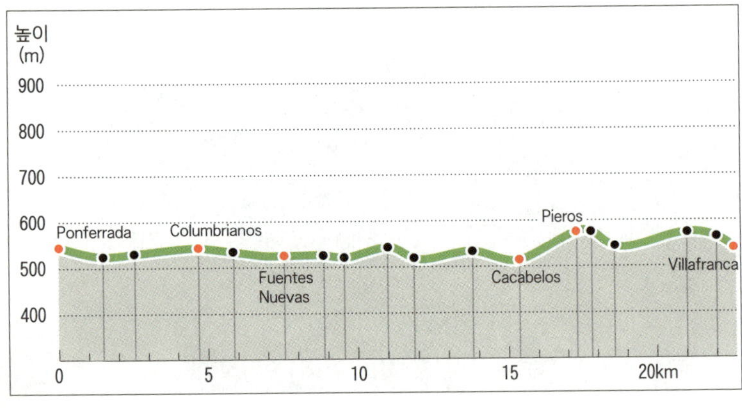

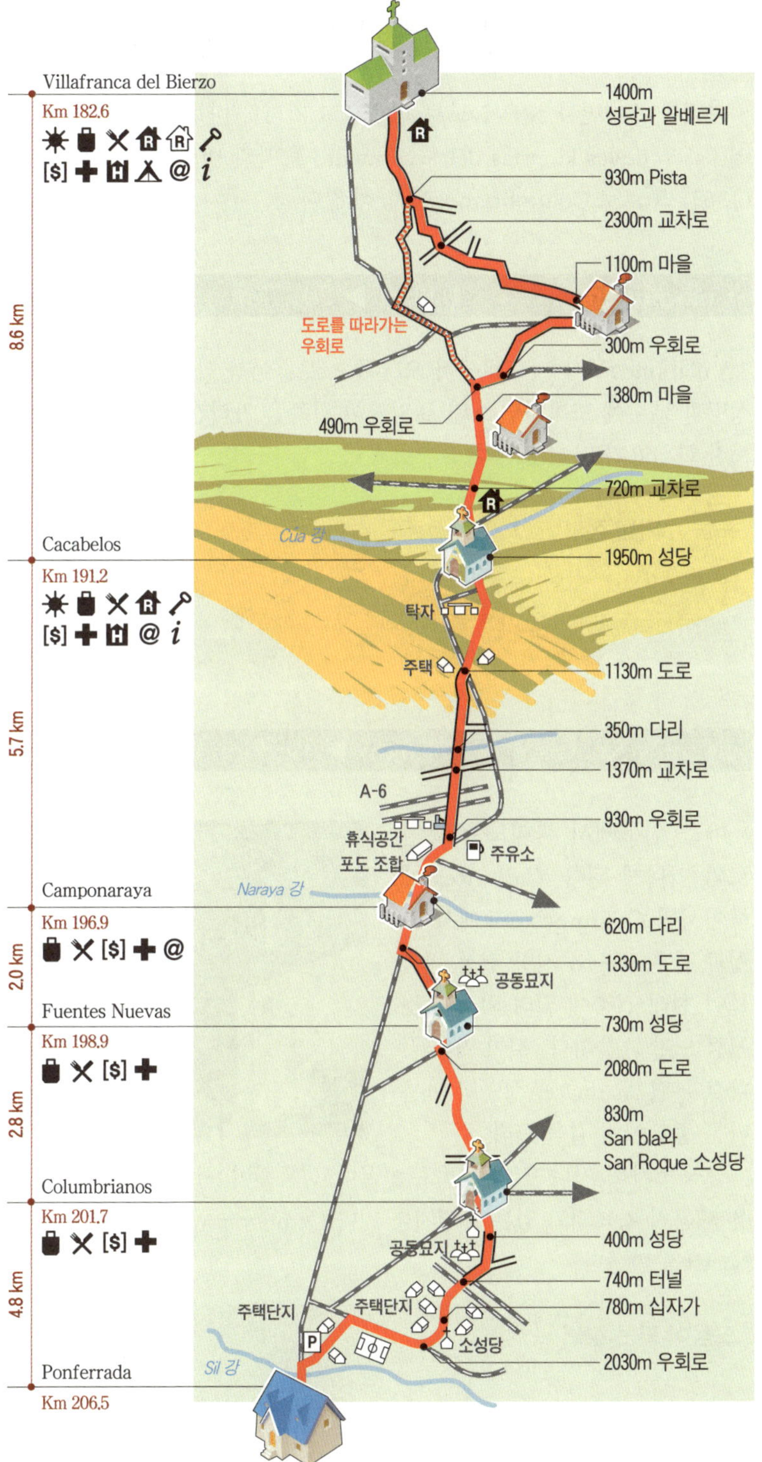

Villafranca del Bierzo
Km 182.6
1400m
성당과 알베르게
930m Pista
2300m 교차로
1100m 마을
300m 우회로
도로를 따라가는
우회로
1380m 마을
490m 우회로
720m 교차로
Cúa 강
Cacabelos
Km 191.2
1950m 성당
탁자
주택
1130m 도로
350m 다리
1370m 교차로
A-6
930m 우회로
휴식공간
포도 조합
주유소
Camponaraya
Naraya 강
Km 196.9
620m 다리
1330m 도로
공동묘지
Fuentes Nuevas
Km 198.9
730m 성당
2080m 도로
830m
San bla와
San Roque 소성당
Columbrianos
Km 201.7
400m 성당
공동묘지
740m 터널
주택단지
주택단지
780m 십자가
소성당
Ponferrada
Sil 강
2030m 우회로
Km 206.5
8.6 km
5.7 km
2.0 km
2.8 km
4.8 km

　다리를 건너면서 N-VI 도로 방향으로 가다가 바로 오른쪽으로 틀어 Paseo de las Huertas del Sacramento를 따라 버스 터미널을 지나 C-631 도로로 Columbrianos를 향해 간다.

　Villablino로 가는 도로에서 오른쪽으로 들어가 마을을 만난다. 소성당과 분수에 도착하면 노란 표지판이 왼쪽을 가리킨다. 돌 이정표와 노란 화살표가 많이 보인다.

도움이 되는 정보

🍽 먹을거리
- 식료품점들과 빵 가게가 있으며 도로에 Bar가 한 곳 있다.

　마을 입구에서 까미노는 교차로와 만나게 된다. Calle Real에 들어서면 Columbrianos에서 본 것과 같은 Bierzo 지방 전통 건축물이 현대 건축에 밀려 퇴색한 것처럼 보여 씁쓸하다. 길이 거의 끝 나갈 무렵 Asuncion 성당의 아름다운 종탑이 눈길을 끈다.

　공동묘지를 지나면 아스팔트는 끝나고 흙길이 시작된다. 이 흙길은 빼곡히 경작되고 있는 농경지를 지나 Camponaraya 입구에서 다시 N-VI를 만난다

도움이 되는 정보

🍽 먹을거리
- 식료품점과 빵 가게가 있으며 다양한 Bar와 식당들이 있다.

　도로가 동네를 지나가는 큰 마을이다. Bierzo 협동조합이 운영하는 포도주 양조장에 다다르면, 왼쪽으로 난 흙길을 따라 고속도로 아래로 내려간다. 그리고 작은 언덕길을 따라 포도밭 사이로 부드럽게 내려간다. 이곳을 걷다 보면 Bierzo 지방의 풍요로움을 저절로 느낄 수 있다.

도움이 되는 정보

▣ 먹을거리
- 식료품점과 빵 가게가 있으며 도로변에 다양한 Bar와 식당들이 있다.

　Calle de los Peregrinos가 이 마을을 관통해 Cua 강가로 이어진다. 12세기에 산띠아고 주교의 명령으로 재건설 되었으며, 여러 중세 문헌에 등장하는 곳이다. 옛 까미노가 현재와 같은 경로로 지나갔다. 예전에 병원이었던 San Rogue 소성당을 지나간다. 그 주변은 최근에 복원되었다.

　나갈 때는 Cua 강 위에 놓인 돌다리를 건넌다. 그러면 전면부가 바로크 양식으로 된 La Virgen de las Angustias 성당이 보인다. 이곳에는 파두아Padua의 성인 안토니오가 한 소녀와 함께 카드놀이를 하는 성상이 보존되어 있다. 여기 새로 생긴 전통 알베르게가 있는데, 호텔처럼 더블 룸 타입으로 되어 있다.

도움이 되는 정보

🍴 먹을거리

- 다양한 상점들이 있다. 까미노가 지나가는 길에 있는 식당들이 순례자 메뉴를 제공하고 있다. El Apostol y La Compostela와 문어 전문점이 세 곳 있어서 쉽게 문어를 맛볼 수 있다.
- La Gallega(☎ 987 549 476) : Santa Maria 25번지에 있다.
- La Moncloa de Sarracedo : 널리 알려진 식당이다. 주인이 Bierzo 지방에서 모르는 사람이 없을 정도로 유명한 지방 특선 요리 전문가로, 순례자들에게는 특별한 가격으로 요리를 맛볼 수 있게 해준다. 이 마을에는 특히 포도주 양조장이 많으니 한번 들러 와인을 맛보는 것도 좋을 것이다.

🏠 숙박시설

알베르게

- 시립 알베르게(☎ 987 547 167) : 마을 출구 쪽 Virgen de las Angustias 성당에 있는데 건축물이 독특하다. 70명이 묵을 수 있는 나무 침대가 있다. 이용료 5€. 아침식사 3€. 6시부터 가능. 온수를 쓸 수 있고 냉·온 음료 자판기 제공. 인터넷 무료. 세탁기/건조기 각 3€. 4월~10월 open. 12:00~23:00.
- 겨울에는 시청에서 예약한 사람에 한해 묵을 집을 소개시켜 준다(☎ 987 546 011). 여름 순례자가 많을 때는 성당 중정에서 매트리스를 사용할 수 있다. 이용료 3€.
- 알베르게 el serbaly la Luna(☎ 639 888 924) : Pieros의 새 알베르게. 19명 이용 가능. 온수, 난방 제공. 주방 없음. 아침식사 2.5€, 저녁식사 8€, 세탁기 3€. 예약 가능. 12:00~21:00. alberguedepieros@hotmail.com

기타 숙박시설

- Hostal SantaMaria(☎ 987 549 588) : SantaMaria 20번지, 싱글 룸 28.89€, 더블 룸 41.73€.
- Hospedaje El Molino(☎ 987 546 979) : Santa Maria 10번지, 싱글 룸 12~20€, 더블 룸 24~35€.
- Pulperia La Gallega(☎ 987 549 476) : Santa Maria 25번지, 싱글 룸 22€, 더블 룸 + 욕실 38€.

　　N-VI와 나란히 나 있는 까미노를 따라, 흥미로운 로마네스크 성당이 있는 Pieros까지 간다. 그리고 Pieros에서 나올 때는 오른쪽으로 난 포장된 작은 도로에 들어서자마자 바로 왼쪽으로 돌아 포도밭 사이로 난 농업 도로로 접어들면 된다.

　　이 우회로는 작은 마을 Valtuilla de Arriba까지 이어지는데, 서비스 시설이 전혀 없다. 하지만 농업지대를 보며 걷는 이 길이 Villafranca

까지 가는 지름길이다. Villafranca del Bierzo에 들어가면 이전에 이 곳을 찾은 수백만 명의 순례자들이 그렇게 했던 것처럼 산띠아고 성당 용서의 문Puerta de Perdón 앞에 서게 된다.

롬바르디아(이탈리아 지방 이름) 식으로 지어진 로마네스크 양식의 멋진 문, Puerta del Perdón 앞에 선다. 산띠아고 성당의 이 문은, 교황 칼릭스토Calixto 3세가 교서로 '병들거나 피치 못할 사정으로 순례를 하지 못하는 순례자가 이 문을 통과하면 산띠아고에 도착한 것과 동일하다'고 인정한 곳이다. 이는 Bierza 지방 산띠아고 콤포스텔라 성당과 동일하게 정신적인 가치가 있는 성당이라 할 수 있다.

그 이름이 말해주듯이, Villafranca는 알폰소 6세에 의해 재정적인 특권과 세제 혜택을 누리게 되면서 프랑스 상인들이 인구의 주를 이루었던 곳이다. 11세기에는 까미노에 작은 프랑코 왕국 도성이 생겨났고, 알폰소 6세가 프랑스 클류니수도기사단이 자리를 잡을 수 있게 해주자 클류니수도회는 지금의 Colegiata del Santa Maria를 건설했다.

그리고 Villafranca 후작은 Cebreiro 정상에 오르는 길, 즉 갈리시아 지방으로 가는 전략적인 통로를 방어하기 위해 네 개의 탑으로 둘러싸인 성을 건설했다. 오늘날 그 성은 작곡자이자 오케스트라 단장인 크리스토발 알프테르Cristobal Halffter의 사유지이다.

성당 근처에는 알베르게가 두 곳 있다. 이곳에서 여장을 푼 후 Calle de Agua를 산책해 보자. 오래된 길이 주는 편안함에 취해, 좌우에 늘어선 아름다운 집들을 돌아보며 걷는 것도 의미 있는 일이라 여겨진다. 이 길은 내일 도시를 빠져나갈 때 또 만나게 될 것이다.

Villafranca는 Valcarce 강가에 있는데, 아주 오래전부터 까스띠야에서 갈리시아로 가기 위해선 이곳을 통과해야 했다.

- 알베르게 Familia Jato(☎ 987 540 229) : 까미노를 따라 용서의 문을 지나면, 역사가 깊은 이 알베르게가 옛 병원 건물에 있다. 재건축을 했지만 돌과 나무를 사용해 원래 병원의 모습을 재현하고자 애썼다. 80명이 쓸 수 있는 이층침대가 있다. 이용료 5€. 식탁이 있는 정원, 작은 Bar와 식당이 있으며 난방, 인터넷, 온수가 제공된다. 주방은 없고 세탁기 3€. 연중무휴. www. alberguearefenix.com
- 여름에는 시청에서 Mayor 광장 뒤에 캠핑장을 마련해 준다. 캠핑장에는 주방과 식당이 있으며, 텐트와 매트리스가 준비되어 있다. 무료.
- 사설 알베르게 Piedra(☎ 987 540 260) : Villafranca에서 나가는 길에 있다. 16명이 이용 가능. 도미토리 룸은 요금 8€ + 침대 커버 1€. 도미토리에만 침대 커버 추가 비용이 있다. 6개의 더블 룸은 24€, 1개의 트리플 룸은 24€다. 욕실이 3개 있고 인터넷, 전자레인지, 세탁기/건조기가 제공된다. 예약 가능. www.alberguedelapiedra.com
- 알베르게 viria Femita(☎ 987 542 490) : 32명 이용 가능. 이용료 8€. 개인 등과 옷장이 있고 침대 커버를 매일 교환한다. 세탁 서비스(세탁, 건조 10€)가 되고 주방은 없다. 예약 가능. 09:00~23:00. www.viriafemita.com

기타 숙박시설
- Hostal El Cruce(☎ 987 542 469) : 더블 룸 30~40€.
- Hotel San Francisco(☎ 987 540 465) : 싱글 룸 31~43€, 더블 룸 48~57€.
- Hostal Casa Mendez(☎ 987 542 408) : 싱글 룸 32€, 더블 룸 45€+욕실.
- Hostal Burbia(☎ 987 542 667) : 싱글 룸 34€, 더블 룸 45€+욕실.

Step 24. 야고보의 땅

비야프랑까Villafranca의 자연스런 출구와 함께, 오래전부터 까스띠야~갈리시아 사이의 통로였던 곳이 Valcarce 계곡이다. 이 계곡은 Alto de Piedrafita까지 이어진다. 건축가들과 기술자들은 까스띠야의 메세따와 갈리시아 땅을 연결하는 길을 N-VI 국도와 까미노를 지나가는 고속도로로 변모시켜 놓았다. 이 길은 원래 유목을 하기 위한 작은 길이었다. 예전에 순례자들은 Piedrafita까지 자동차들과 동행을 해야 했지만, 새로운 고속도로가 생긴 덕분에 N-VI 도로는 거의 차량 소통이 없으므로 안전하게 갈 수 있다.

N-VI 도로는 험한 오르막길을 좀 더 빠르고 편안하게 걸을 수 있게 해준다. 그 위에 올라서면 갈리시아 지방이다.

이제 순례의 마지막 단계인 갈리시아 주에 들어서게 되었다.

오 세브레이로O Cebreiro의 작은 성당에는 어느 보물보다 값진 성인의 유물이나 유골이 보관되어 있다. 파울로 코엘류의 소설 《순례자》에서 주인공은, 검을 찾아 순례를 하다가 이곳 오 세브레이로에서 그 검을 찾게 된다. 하지만 그 검보다 더 값지고 의미있는 것을 발견한다. 가슴 깊은 곳에서 영의 검을 찾은 것이다. 이곳에서 나도 나만의 '검'을 찾을 수 있을까? 까미노는 결과가 아닌 과정이다.

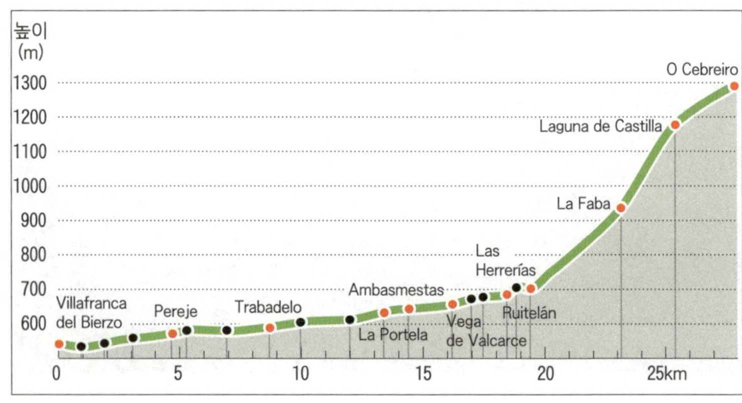

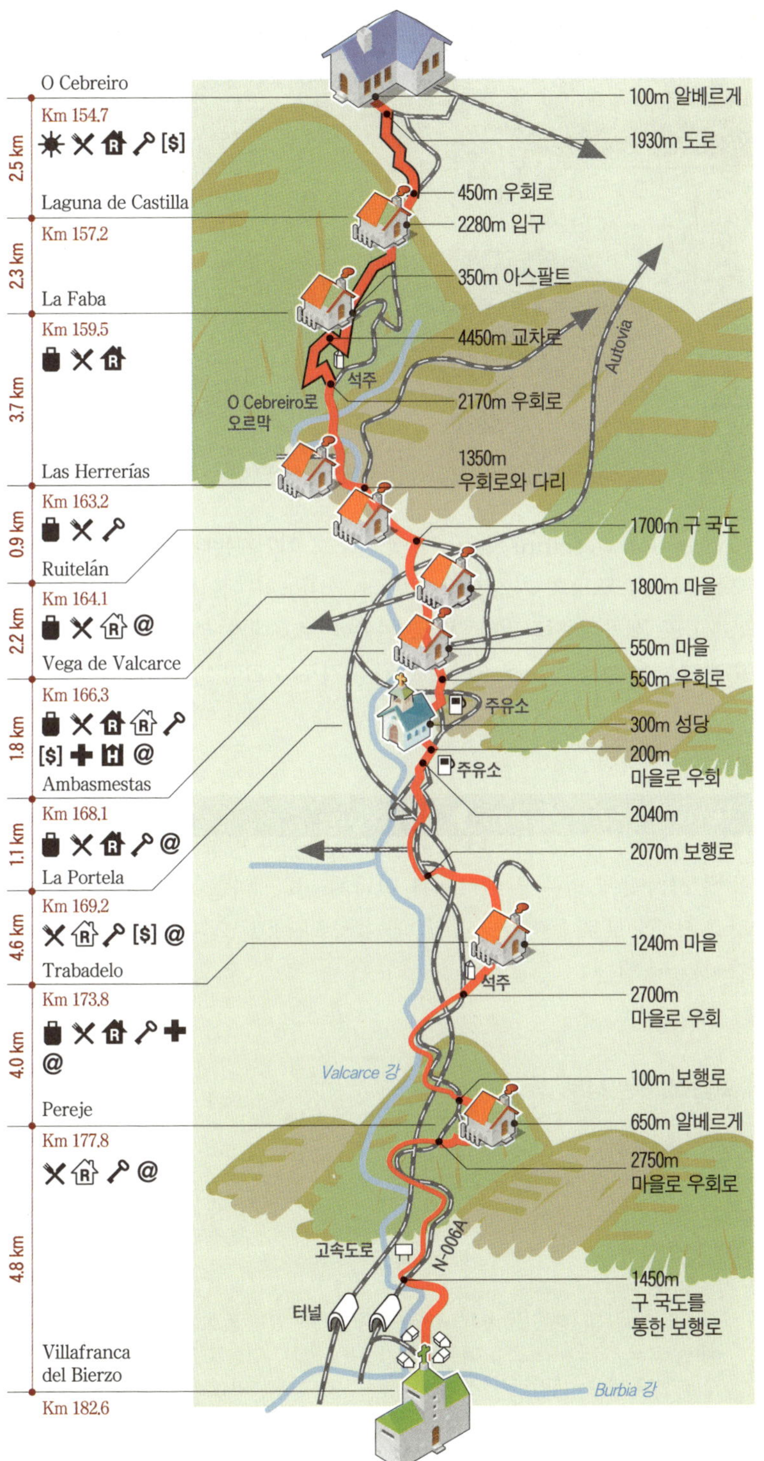

O Cebreiro
Km 154.7
2.5 km
Laguna de Castilla
Km 157.2
2.3 km
La Faba
Km 159.5
3.7 km
Las Herrerías
Km 163.2
0.9 km
Ruitelán
Km 164.1
2.2 km
Vega de Valcarce
Km 166.3
1.8 km
Ambasmestas
Km 168.1
1.1 km
La Portela
Km 169.2
4.6 km
Trabadelo
Km 173.8
4.0 km
Pereje
Km 177.8
4.8 km
Villafranca
del Bierzo
Km 182.6
100m 알베르게
1930m 도로
450m 우회로
2280m 입구
350m 아스팔트
4450m 교차로
석주
2170m 우회로
O Cebreiro로
오르막
Autovia
1350m
우회로와 다리
1700m 구 국도
1800m 마을
550m 마을
550m 우회로
주유소
300m 성당
200m
마을로 우회
주유소
2040m
2070m 보행로
1240m 마을
석주
2700m
마을로 우회
Valcarce 강
100m 보행로
650m 알베르게
2750m
마을로 우회로
고속도로
N-006A
1450m
구 국도를
통한 보행로
터널
Burbia 강

Conception y espiritu Santo가 옛 국도로 이어지는데, 터널을 통해 나오는 N-VI 도로의 가장자리를 따라 까미노가 이어진다. 여기서부터 Valcarce 계곡이 시작된다. 도로 왼쪽에 보호대가 설치되어 있으므로 순례자들은 보행자 도로처럼 조성된 갓길로 오르막길을 걸으면 된다.

　N-VI에서 좁은 Calle Mayor를 따라 마을을 향해 가다 보면, 이 마을에 하나밖에 없는 알베르게를 만나게 된다. 마을에서 나가며 다시 갓길 보행도로로 들어서려고 할 때, 분수와 탁자, 의자가 있는 휴식 공간이 눈에 띈다.

도움이 되는 정보

🍽 먹을거리

• 마을에 레스토랑이 한 곳 있다. 메뉴 9€.

⌂ 숙박시설

알베르게

• 사설 알베르게 (☎ 987 540 138) : 중앙로에 있는 돌로 된 큰 집이다. 27개의 고급 침대에 스프링 매트리스가 깔려 있다. 이용료 6€. 온수와 난방, 인터넷이 제공. 세탁기/건조기 각 3€. 주방, 식당, 거실 사용. 조경이 잘된 정원에 바비큐 시설이 갖춰져 있다. 연중무휴. 12:00~22:00.

Trabadelo　　🐚　8.8km ▶ 173.8km

Pereje에 비해 훨씬 현대적인 건물들이 있다. 이곳에서는 거대한 밤나무를 보기 위해 마을 중심으로 들어가 볼 만하다. 마을을 지나 오래전부터 잘 사용하지 않는 옛 국도로 N-VI를 만나는 곳까지 간다. 이곳에서 La Portela가 시작된다.

도움이 되는 정보

🍴 먹을거리
• 성당 옆에 식료품점이 있다. 까미노에서 약간 벗어난 도로에 Las Callellas와 Nova Ruta가 있는데 메뉴가 9€다.

🏠 숙박시설

알베르게
• Bar El Puente Peregrino. (☎ 987 566 500) : 네델란드 출신의 Elly와 Santiago가 운영하는 Bar와 숙소. 2013년 4월부터 까·친·연과 함께 까·친·연 메뉴(라면, 공기밥, 김치)를 제공하고 있다. 6€. 김치는 유튜브를 보고 배운 것이라고 한다. 숙소는 싱글 룸 20€.
• 시청 앞에 리모델링된 옛 집으로 36명이 이용할 수 있다. 이층침대가 있으며 이용료 6€. 주방, 식당, 벽난로, 난방, 인터넷이 제공되며 자전거 보관이 가능하다. 정원에 테라스와 Bar가 있다. 세탁기/건조기 각 3€. 호스피탈레로 아나Ana(☎ 687 827 987 / 647 635 831)에게 문의하면 된다. 3월~11월 open. 예약 가능.
  ayto@trabadelo.org, www.trabadelo.org
• 알베르게 Crispeta(☎ 620 329 386) : 48명 이용 가능. 이용료 6€. 7개 더블 룸 44€. 온수, 난방, 주방, 식당, 거실이 제공. 세탁기/건조기 각 4€, 자전거 보관 가능. 11:00~23:00. 연중무휴. 예약 가능.
  www.osarroxos.com

기타 숙박시설
• Hostal Nova Ruta(☎ 987 566 431) : 싱글 룸 21€, 더블 룸 + 욕실 42€.

도로에서 빠져나와 마을 중심을 지나다 보면 알베르게가 한 곳 있다. Portela에서 나와 약 800m 정도 가서 왼쪽으로 꺾어 Vega de Valcarce로 가는 작은 지방도로를 따라 간다. 교통량이 거의 없고, 새소리가 자동차 소음을 대신한다. 밤나무 숲 그늘이 순례자들을 기다리고 있다.

도움이 되는 정보

ᴵᴼᴵ 먹을거리

- 길 옆에 레스토랑 El peregrino가 있어서 시간에 상관없이 아침식사와 메뉴를 제공하고 있다.

🏠 숙박시설

알베르게
- 사설 알베르게 El Peregrino(☎ 987 543 197) : 28명 이용 가능, 이용료 8€. 이층침대가 있고 2개. 싱글 룸 25€, 더블 룸 35€. 인터넷, 세탁기 제공. 자전거 보관 가능. 예약 가능.
  www.laportela.com

기타 숙박시설
- Hostal Valcarce(☎ 987 543 180) : 싱글 룸 27€, 더블 룸 48€+욕실.
- 레스토랑 El Peregrino(☎ 987 543 197) : 싱글 룸 30€, 더블 룸 40€+욕실.

도로를 통해 마을을 지나가게 된다. 마을 이름이 '물이 모이는 곳'이란 뜻을 갖고 있는데, Balboa 강과 Valcarce 강이 합쳐지는 곳이기 때문인 것 같다.

도움이 되는 정보

ᴵᴼᴵ 먹을거리

- 치즈 가게에서 지역 특산품인 염소젖 치즈를 팔고 있는데, 한국인은 거의 먹지 못할 정도로 향이 강하다. 지방 여행센터 안의 레스토랑에서는 메뉴를 9€에 제공하고 있다. 성당 옆에 있는 재미있는 노점상에서는 여행에 필요한 지팡이 등을 팔고 있다.

알베르게

• 알베르게 Das Animas(☎ 619 048 626) : '까미노친구들연합'에서 운영하고 있다. 까미노를 따라가다가 성당에서 왼쪽으로 돌아 강을 건너면, 옛 학교 건물에 있다. 18명이 묵을 수 있는 이층침대가 있다. 이용료 5€. 식당과 강 옆에 바비큐 시설을 갖춘 조용한 휴식 공간이 있다. 온수, 난방, 전자레인지, 인터넷 제공. 세탁기/건조기 각 4€. 자전거 보관 가능. 4월~10월 open. www.dasanirnas.com

기타 숙박시설

• Centro de Turismo Rural Ambasmestas(☎ 987 561 342) : 마을 입구에 있다. 아침식사를 포함한 더블 룸 + 욕실 48~54€.

Veiga da Valcarce　　16.3km ▶ 166.3km

　Cebreiro에 오르기 전에 있는 가장 큰 마을로 다양한 서비스 시설이 있다. 순례자들이 대부분 이곳에서 하루 묵으려고 한다. 갈리시아로 가기 위해 다음날 아침부터 등산을 해야 하기 때문이다.

　Vega는 두 곳의 옛 성터, Veiga와 Sarracin 사이에 만들어진 마을이다. Veiga는 11세기부터 이곳을 지나가는 이들에게 세금을 받았다고 한다. Sarracin은 9세기에 아스토르가Astorga 공작이 만든 마을이다.

　몸은 아직 레온 지방에 머물고 있지만, 풍경은 이미 메마르고 탁 트인 평원을 지나, 습하고 닫힌 듯한 모습으로 변해가고 있다.

도움이 되는 정보

⦿ 먹을거리

- Meson Las Rocas와 카페테리아 Charli가 시립 알베르게에서 가깝다. 모두 콤비네이션 디쉬를 제공한다. 빵 가게에서 아침식사와 샌드위치 서비스를 한다.

⌂ 숙박시설

알베르게

- 사립 알베르게 Nossa Señora Aparecida do Brasil(☎ 987 543 045) : 마을에 들어서자마자 있다. 36명이 이용할 수 있는 이층침대가 있고 시설이 깨끗하다. 이용료 8€. 복층 구조로 되어 있으며 기도실이 따로 마련되어 있다. 온수, 인터넷이 제공되고 아래층에 쾌적한 벽난로가 있는 식당이 있는데 브라질 호스피탈레로가 브라질 식 저녁식사 12€. 아침 역시 뷔페식으로 제공 5€. 세탁기 3€, 건조기 4€. 13:00~23:30. 연중무휴. alberguedobrasil@yahoo.com
- 시립 알베르게(☎ 987 543064 / 657 097 954) : 마을 중심에 작은 소나무가 좌우로 심어진 길을 따라 올라가면 오른쪽에 옛 학교 건물에 훌륭한 알베르게가 있다. 64명 이용 가능. 이용료 5€. 인터넷, 온수, 주방, 난방 제공. 세탁기/건조기 각 3€. 여름에는 오후에 상그리아(포도주에 레모네이드 등을 넣은 음료)를, 겨울에는 차와 쿠키를 준다. 폐관 시간이 없다.
- 시립 알베르게 Vega de Valcarce(☎ 987 543 006) : 92명 이용 가능.(72명 이층침대+20명 매트리스) 이용료 5€. 주방, 식당 제공. 세탁기 3€, 건조기 4€. 자전거 보관 가능. 연중무휴. purrusaldalove9@hotmail.com
- Albergue Santa maria Magdalena.(☎ 646 128 423) : 15명 이용 가능. 9€, 더블 룸 25€, 트리플 38€. 세탁기 4€, 온수, 난방, 주방, 자전거 보관 가능. Alberguelamagdalena@yahoo.es,
- Albergue El peregrino(☎ 987 543 197) : 28명 이용 가능, 이용료 8€, 싱글룸 25€, 더블 룸 35€. 세탁기, 온수, 난방, 주방 없음. 자전거 보관 가능. reservas@laportela.com, www.laportela.com
- Albergue El Roble(☎ 987 543 245) : 2013년 부터 재운영. 3월~10월 open. 18명 이용 가능, 이용료 5€. 저녁식사 9.5€, 아침식사 3€. 세탁기/건조기. 주방 사용 못함. elrobledevega@gmail.com.
- Albergue Sarracin(☎ 987 543 275) : 20명 이용 가능(13년부터) 세탁기/건조기, 온수, 난방, 주방 제공. 자전거 보관 가능. 1월 21일~11월 30일 open. reserva@alberguesarracin.com, www.alberguesarracin.com.

기타 숙박시설

- Pension Fernandez(☎ 987 543 027) : 다리 건너 있다. 싱글 룸 15€, 더블룸 30€.
- Casa Rural El Recanto(☎ 987 543 202) : 싱글 룸 30€, 더블 룸 44€ + 욕실.
- Casa Rural El Recanto(☎ 987 543 202) : 싱글 룸 30€, 더블 룸 44€ + 욕실.
- Casa Rural Las Rocas(☎ 987 543 208) : 싱글 룸 20€, 더블 룸 35~40€.

오르막길을 가다 보면 점차 주변이 밤나무로 덮여 있다. 몇 백 m쯤 가면 교차로와 레스토랑과 호스텔이 나온다. 그러면 왼쪽으로 들어가 로마시대 기원의 다리로 내려가 계속 Herrerías를 향해 나아가야 한다.

도움이 되는 정보

🍽 먹을거리

• 한 군데 Bar에서 간단한 식료품을 팔고 있고, 그 외에도 Bar가 두 곳 더 있다. 알베르게에서 저녁과 아침식사를 제공한다.

🏠 숙박시설

알베르게

• 사설 알베르게 Pequeno Potala(☎ 987 561 322) : 34명 이용 가능. 이용료 5€. 이층침대, 온수, 난방, 인터넷, 거실, 중정 제공. 세탁기/건조기 각 4€, 아침식사 3€, 저녁식사 7€. 11:00~23:00. 연중무휴. ★호평을 받고 있는 곳이다. pequepotala@hotmail.com

마을 이름처럼 20세기 초까지 대장간이 있었는데 예전 대장간이 지금은 작은 농장으로 바뀌었다. 마을 끝에 있는 Hospital Ingles라고 불리는 구역에는 지금은 남아 있지 않는 중세 영국 병원이 있었던 곳이라고 한다. 여기까지 Valcarce 계곡을 지나오며 부드러운 산행을 했다면, Herrerías부터는 제대로 산행을 할 수 있는 멋진 코스가 기다리고 있다. 이제 예열된 다리에 힘을 싣고 O Cebreiro까지 쉼 없이 계속 오르막길을 가야 한다.

처음 1km 포장된 길을 올라가면 왼쪽으로 난 표식이 보인다. 그 표식을 따라가면 보행자를 위한 까미노가 나온다. 자전거 순례자들은 직진하면 된다. 30분 정도, 나무가 가득한 숲 사이로 오르막길을 힘겹게 오르고 나면 작은 마을 La Faba가 나온다.

도움이 되는 정보

🍲 먹을거리

- 교차로에 식료품점이 한 곳 있고, 마을 끝에 있는 Bar Casa Polin에서도 식료품을 판다.
- 레스토랑 A casa do Ferreiro : 메뉴 9€.
- 레스토랑 Casa Polin (☎ 987 543 039)
- 레스토랑 El Paraiso del Bierzo (☎ 987 684 138) : 메뉴 10€.
- 레스토랑 Fortuny Morales : 18€.

🏠 숙박시설

알베르게

- 사설 알베르게(☎ 654 353 940) : 17명 이용 가능. 이용료 5€. 주방이 있으나 취사는 안되며 세탁기는 4€다. 1~2일 전에 예약 가능. 4월~10월. alberguelove@gmail.com

기타 숙박시설

- Centro de Turismo Rural El Paraiso delBierzo(☎ 987 684 138) : 싱글 룸 42€, 더블 룸 + 욕실 58€.
- Centro de Turismo Rural Fortuna-Morales : 더블 룸 72€.
- Hostal a Casa do Ferreiro(☎ 679 478 150) : 더블 룸 30€.

La Faba　　🌞　23.1km ▶ 159.5km

몇 채의 전통가옥들과 목장, 그리고 Bar가 한 곳 있고, 독일 단체가 운영하는 알베르게가 있다. Bar 이름이 'Bierzo 지방의 마지막 지점 Ultimo Rincon de El Bierzo'이라는 뜻이지만, 지나가야 할 Laguna de Castilla 마을이 아직 남아 있다. 경사가 심하지 않은 오르막길을 가다 보면 나무가 적은 목초지가 나타난다.

　이곳은 레온 지방의 마지막 마을인데, 갈리시아 지방색이 더 강하다. 마을의 집들 사이에 나무와 짚으로 지붕을 엮은 오레오Horreos(갈리시아 지방에서 곡식 저장 창고 역할을 하는 곳)가 자주 눈에 띈다.

　O Cebreiro가 아직 보이지 않아도 정상이 가까워졌다는 것을 직감적으로 알 수 있다. 까미노는 푸르고 부드러운 정상을 향해 마지막 경사면으로 이어지고 있다. 맞은편에 Irago 산을 비롯한 레온의 산들이 멀리 보인다.

도움이 되는 정보

🍽 먹을거리

- Bar와 알베르게 사이에 상점이 하나 있다. Bar El Ultimo Rincon de El Bierzo에서 샌드위치와 메뉴를 제공하고 있다.

🏠 숙박시설

알베르게

- 알베르게 Faba(☎ 630 836 865) : 독일 까미노친구들연합에서 운영하는 알베르게가 마을에서 약 300m 떨어진 옛 성당에 있다. 매일 저녁 성당에서 기도회가 열린다. 60개의 침대가 있고 이용료 5€+성당 보존을 위한 자율적 기부금 약간이다. 주방, 식당, 온수, 난방, 벽난로가 갖춰져 있다. 3월~10월 open. 14:00~22:00. www.lafaba.weebly.com

---

Laguna de Castilla　　　🐚　25.4km ▶ 157.2km

　주 경계선에 다다르면 152.2km 라고 쓰여 있는 돌기둥이 보이는데, 이곳부터 산띠아고까지의 거리를 뜻하는 것이다. 지금부터 남아 있는 코스는 모두 갈리시아 지방에 속하는 곳이다. 이제 이러한 석주가 500m 간격으로 계속 나타난다.

도움이 되는 정보

🏠 숙박시설

알베르게

- 알베르게 La Escuela(☎ 987 684 786) : 20명 이용 가능. 이용료 9€. 난방, 온수 제공. 주방 없음. 세탁기/건조기 각 4€. 예약 가능. 4월~10월 open. 12:00~23:00. baraalberguescuela@hotmail.com

까미노 통계 자료를 보면, 갈리시아 주 초입에 있는 이 마을을 가장 신비로운 장소로 꼽고 있다. 전해 내려오는 전설 속에, 여름날 마을을 감싸 안는 안개와 돌로 만든 집들이 어우러져 아름다운 풍경을 연출하고 있다.

마을은 해발 1,300m 높이에 있는데 까미노에서 가장 오래된 마을 중의 하나이다. 1072년 알폰소 6세는 프랑스 클류니기사수도회에 이 마을의 관리를 맡겼다고 한다.

초기 로마네스크 양식의 사각 천정을 가진 성당은 후에 베네딕트 수도회 소속이 되었으며, 1854년까지 유지되었다.

O Cebreiro는 카리스마가 있는 다른 마을들처럼 전해 내려오는 기적과 전설이 있다. 1300년 Barxamaior의 한 주민이 폭풍우를 뚫고 미사를 드리러 올라왔다. 미사에 참석한 사람이 한 명이라는 이유로 조금 성의 없이 미사를 올리려던 사제가 성체와 포도주에 축성을 하려는 순간, 성체는 살로 포도주는 피로 변했다고 한다. 12세기에 나타난 그 기적의 성배는 지금도 성당에 보관되어 있다.

그 후 1488년 이사벨 여왕이 그 이야기를 듣고 산띠아고 순례 길에서 돌아오던 중에 기적의 성배를 더 안전한 곳으로 옮기려고 했다. 그러나 성배를 실은 말이 마을 밖으로 전혀 움직이지 않았다. 사람들은 이를 하느님의 뜻이라 여겼다. 성배는 O Cebreiro에 남게 되었고 성유물 함을 선물로 받아 그 안에 성배를 보관하게 되었다.

마을 초입에는 가톨릭 사제인 Elías Valiña의 기념비가 있다. 그는 Cebreiro 출신 사제로 까미노에 관해 연구하며 까미노를 위해 헌신했으며 1989년에 이곳에 묻혔다.

Palloza(지붕을 짚으로 엮은 보관창고)와 중앙 건물이 쾌적한 알베르게로 개조되었다. 성당안 내센터에서는 이곳에서 까미노를 시작하는 많은 사람들을 위해 Credencial을 발급해 주고 있다.

도움이 되는 정보

🔴 먹을거리

- Venta Celta : 메뉴 9.50€.
- Casa Carolo : 메뉴 9€.
- Hospederia San Giraldo de Aurillac : 점심, 저녁 메뉴 9€.
- Meson Anton : 문어 요리가 유명하다. 메뉴 9€.

🛏 숙박시설

알베르게

- 갈리시아 주 정부 알베르게 네트워크 중에서 처음 만나게 되는 알베르게이다. 갈라시아에 있는 대부분의 알베르게들이 지금은 사용하지 않는 학교 건물을 주로 이용하고 있다. 기부금으로 운영되어 오다가 2013년 5월부터 6€. ★ 갈리시아 알베르게는 2011년부터 주방 사용을 대부분 금하고 있어서 화기는 있으나 식기가 없다.
- Cebreiro의 알베르게(☎ 660 396 809) : 마을 출구 쪽에 있는 커다란 집이다. 104명 이용 가능. 이용료 5€. 온수, 난방 제공. 세탁기 4.40€, 건조기 1€. 연중무휴. 13:00~22:00.

기타 숙박시설

- Hostal Frade(☎ 982 367 104) : 더블 룸 43€.
- Casa Carolo(☎ 982 367 168) : 더블 룸 30€, 36~45€(+욕실).
- Venta Celta(☎ 982 367 137) : 더블 룸+욕실 38€.
- Hospederia San Giraldo de Aurillac(☎ 982 367 125) : 싱글 룸 35€, 더블 룸 50€.
- Hotel Santuario de Cebreiro(☎ 982 367 125) : 더블 룸 50€.
- Meson Anton(☎ 982 151 336) : 더블 룸+욕실 37€.
- Casa Valino(☎ 982 367 182) : 더블 룸 45€.

　갈리시아Galicia는 하늘의 가장자리에서 순례자를 맞이한다. 몇 시간쯤 초록이 가득한 부드러운 산자락을 병풍 삼아 걷다가 Alto do Poio를 지나면, 편안한 하행길이 뜨리야까스떼야Triacastela까지 이어진다. 그동안 걸어온 길보다 더 시골답다.

　갈리시아는 떡갈나무 숲 너머 돌로 지은 작은 집들 사이에서 그 모습을 드러낸다. 수 세기 동안 유일하게 남아 있는 천 년의 길을 따라, 달콤하고 조화로운 여유가 순례자들에게 선물로 다가온다.

　프랑스 소설가 피에르 쌍소의 말처럼 '갑자기 달려드는 시간에게 허를 찔리지 않고 허둥지둥 시간에 쫓겨 다니지 않겠다는 의지이자 능력인, 느리게 산다는 것의 의미'를 충분히 만끽할 수 있다.

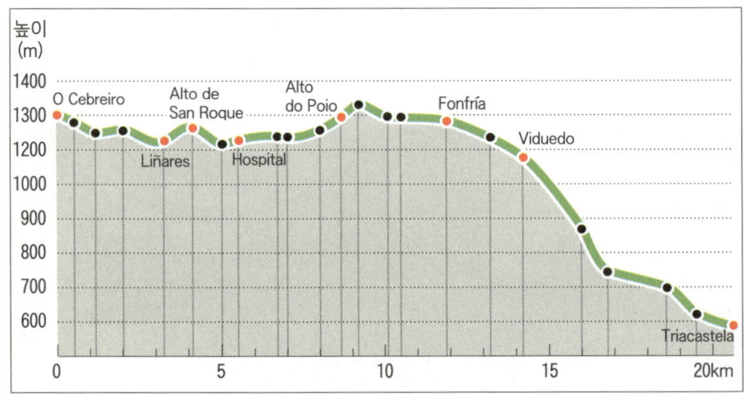

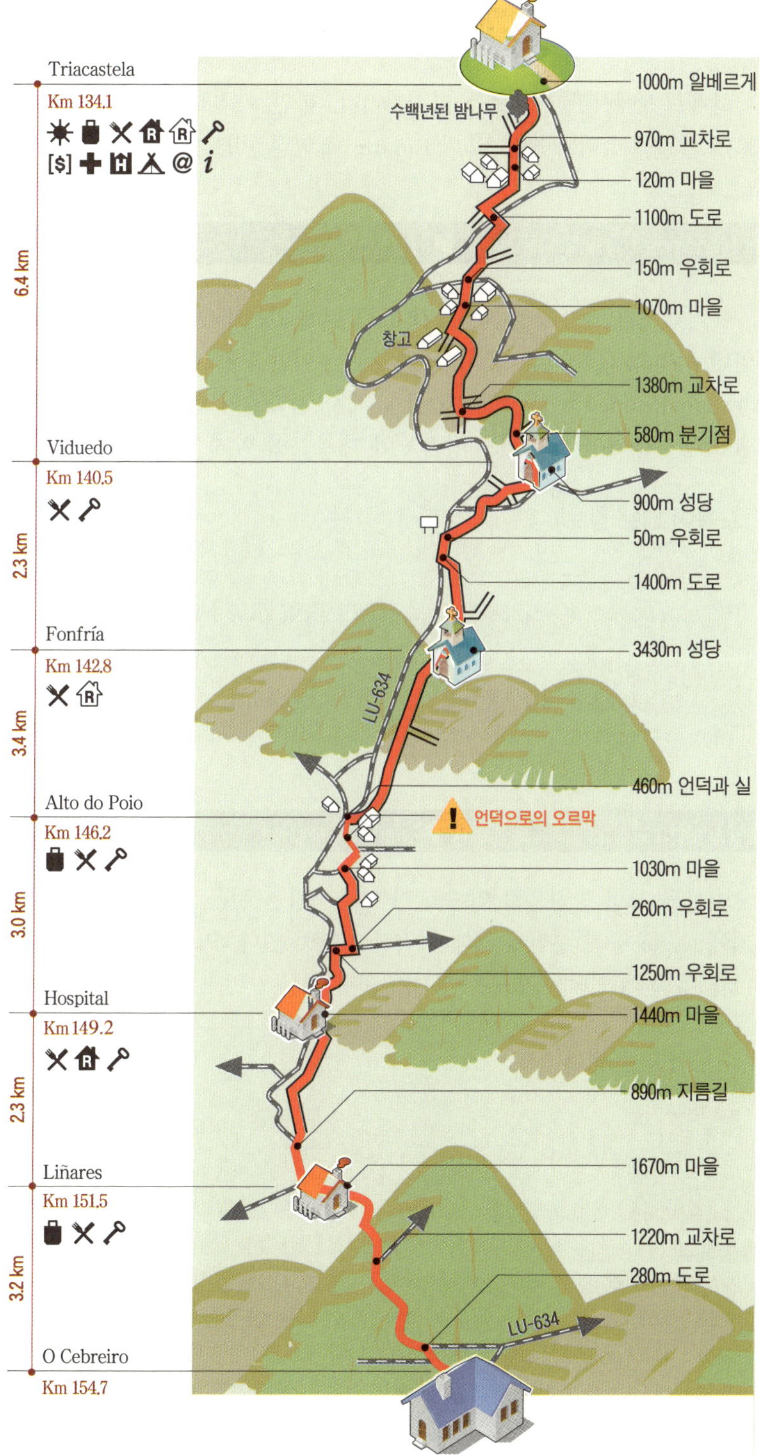

Triacastela
Km 134.1
6.4 km
Viduedo
Km 140.5
2.3 km
Fonfría
Km 142.8
3.4 km
Alto do Poio
Km 146.2
3.0 km
Hospital
Km 149.2
2.3 km
Liñares
Km 151.5
3.2 km
O Cebreiro
Km 154.7
1000m 알베르게
수백년된 밤나무
970m 교차로
120m 마을
1100m 도로
150m 우회로
1070m 마을
창고
1380m 교차로
580m 분기점
900m 성당
50m 우회로
1400m 도로
3430m 성당
LU-634
460m 언덕과 실
언덕으로의 오르막
1030m 마을
260m 우회로
1250m 우회로
1440m 마을
890m 지름길
1670m 마을
1220m 교차로
280m 도로
LU-634

알베르게에서부터 도로를 따라가거나, 하얀 화살표가 가리키는 대로 오솔길을 따라가면 두 길 다 Liñares로 연결된다.

Liñares   3.2km ▶ 151.5km

슈퍼마켓과 민박을 겸한 Bar가 도로 옆에 있는데, 이것이 이곳의 유일한 서비스 시설이다. 포장도로로 가면, 이번 단계 시작 지점인 Alto de San Roque(해발 1,270m)에 큰 순례자 기념물이 있다. 오른쪽으로 난 보행자를 위한 오솔길도 이번 단계 대부분을 함께 가게 된다.

도움이 되는 정보

🍽 먹을거리
- Casa Jaime(☎ 982 367 166) : 유일한 음식점으로 식품도 판다.

🛏 숙박시설
- Casa Jaime(☎ 982 367 166) : 더블 룸+욕실 30€.

Hospital   5.5km ▶ 149.2km

이름을 보면 병원으로 인해 생긴 마을이라는 것을 알 수 있다. 11세기에 Egilo 공작 부인에 의해 세워진 성당이 있다. Padornelo 집을 지나면 두 번째 언덕을 오르는 경사가 시작된다.

도움이 되는 정보

🍽 먹을거리
- Meson O Tear(☎ 982 367 183) : 메뉴 9€.

🛏 숙박시설
알베르게
- 갈리시아 주 정부 알베르게가 옛 학교 건물에 있다. 마을에 들어서자마자 오른쪽으로 올라가면 된다. 20명이 쓸 수 있는 이층침대가 있다. 이용료 6€. 주방, 거실, 벽난로, 온수 제공. 세탁기 4.40€. 성당 옆에 살고 있는 컨셉시온Concepcion(☎ 660 396 810)에게 열쇠를 받아야 한다. 연중 무휴. 2010년 복원공사 완료.

지금은 상점과 Bar와 호스텔이 한 곳뿐인 도로 옆에 있는 작은 마을이지만, 한때는 산 후안 기사단의 소유 영지였던 마을이다. 까미노는 여기까지 온 것처럼 같은 길을 따라 지방 도로와 나란히 이어진다.

도움이 되는 정보

먹을거리

- Bar El Puerto에 있는 상점에서 음식을 살 수 있다.
- Bar El Puerto : 메뉴 8€. 주인 아줌마 레메디오스Remedios는 까미노에 널리 알려진 인물이다.
- Hostal Santa Maria de Poio : 도로 건너편에 있다. 메뉴 9€. 샌드위치도 살 수 있다.

숙박시설

- Hostal Santa Maria de Poio(☎ 982 367 167)
- 알베르게 Bar Puerto(☎ 982 367 172) : 16명 이용 가능. 이용료 6€. 온수, 난방 제공. Bar가 있으며 주방은 없다. 자전거 보관 가능. 12:00～23:00. 연중무휴.

작은 농업 마을이다. 조금 더 가면 Triacatela 마을의 옛 경계 표식이 보인다. 까미노는 계속 Triacatela까지 내려간다. 이곳을 다녀간 순례자들이 조심하라며 전해준 얘기에 의하면, 마을의 한 여자가 순례자들에게 크레페를 주고, 먹고 나면 터무니없는 가격을 요구한다는 것이다. 조심해야겠다.

도움이 되는 정보

먹을거리

- 알베르게에 Bar가 있고, 샌드위치와 간단한 음식을 판다. 길 건너 Palloza가 있는데 그곳이 식당이다. 저녁식사가 8.50€이다.

숙박시설

- 사설 알베르게 (☎ 982 181 271) : 마을 높은 곳에 있다. 2011년 증축한 곳으로 갈리시아식 짚으로 이은 지붕이 있다. 총 74명 이용 가능. 이층침대

가 있다. 이용료 8€. 소파가 있는 거실이 있고 난방, 자전거 보관 가능. 세탁기/건조기 각 3€. 배낭 운송 서비스 제공, 저녁식사 9€, 조식 3€. 예약 가능. 13:00~23:00. 3월~11월 open. fonfriacity@hotmail.com,

Viduedo   14.2km ▶ 140.5km

작은 시골집 몇 채와 식당이 있는 마을을 지나면 Conello 언덕이 바라보이는 멋진 풍경이 펼쳐진다. 멋진 풍경 속에 채석장이 옥의 티다.

Filloval을 벗어나, 그다지 좋지 않은 길을 지나 As Pasantes에 들어서면, 큰 밤나무들이 서 있는 길에 접어들게 된다. 역사자료에 의하면, 이 길이 전통 까미노 길 그대로라고 한다. 나머지 구간은 돌이 깔려 있고 그늘이 져서 걷기 좋다. 이 길을 따라 코스의 종착지점에 도착히게 된다.

도움이 되는 정보

🍽 먹을거리

- Meson Betularia : 메뉴 9€.
- Casa Xato : 메뉴 10€.

🏠 숙박시설

알베르게
- Casa Xato(☎ 982 187 301) : 싱글 룸 24€, 더블 룸 30€ + 욕실.
- Casa Rural Quiroga(☎ 982 187 299) : 더블 룸 20€ + 욕실.

Triacastela   20.6km ▶ 134.1km

세 개의 성으로 이루어진 도시라는 이름이지만, 흔적이 전혀 남아 있지 않다. 중세 기록을 보면 상인들이 이곳에 객줏집을 차린 후 어떻게 가게를 소개했는지 써놓았다. 그들은 대부분 거짓말을 하거나 사기를 쳤다고 한다. Triacastela는 여전히 마을 경제를 순례자들에게 의지하고 있는데 많은 Bar와 호스텔들이 그 사실을 증명한다. 이곳은 석회암이 풍부해 중세 때 순례자들은 석회암을 하나씩 가지고 산띠아고에 갔다고 한다. 그 돌로 성당을 짓는데 기여하고 싶었기 때문이다.

도시는 10세기에 건설되었고 13세기 때 알폰소 9세에 의해 더욱 번성했다. 마을의 산띠아고 성당은 로마네스크 양식으로 지어졌는데 세 개의 아케이드로 이루어진 견고한 탑이 있다.

도움이 되는 정보

🍽 먹을거리
- 다양한 상점들이 있다.
- O peregrino : 알베르게 정면에 있다. 메뉴 8€.
- 레스토랑 Rio, Calle de los peregrinos : 메뉴 8€.
- Parrillada Xacobeo : 메뉴 7.50€.
- Bar O Nove 샌드위치 Meson Vilasante : 메뉴 8€.

🏠 숙박시설

알베르게
- 주립 알베르게 : 정면에 넓은 목초지가 있으며 돌로 지은 건물에 파란색 창 문이 있다. 56명이 묵을 수 있는 이층침대가 있다. 이용료는 2013년 5월부 터 6€. 온수 제공, 주방은 없다. 세탁기 4.4€, 건조기 1€. 호스피탈레로는 헤수스Jesus(☎ 660 396 811)다. 13:00~22:00.
- 사설 알베르게 Oribio(☎ 982 548 085 / 616 774 558) : 27명 이용 가 능. 이용료 9€(11월~3월 사이 8€). 이층침대, 주방, 식당, 음료 및 인스턴 트식품 자판기 제공. 자전거 보관 가능. 세탁기 2€, 건조기 3€. 연중무휴. 예약 가능. www.albergueorbio.netai.net
- 사설 알베르게 Aitzenea (☎ 982 548 076) : 옛 병원 옆에 있는 전면부가 노란 집이다. 38명 이용 가능. 이용료 8€. 이층침대, 주방과 식당, 음료 자 판기, 난방, 온수, 인터넷 제공. 세탁기/건조기 각 3€. 4월~10월 open. 10:00~23:00. www.aitzenea.com
- 사설 알베르게 El Berce do Camino(☎ 982 548 127) : 마지막 알베 르게로 27명 이용 가능. 이용료 8€. 주방, 식당, 인터넷, 난방, 음료자판 기 제공. 세탁기 3€, 건조기 4€, 수건 대여 1€. 자전거 보관 가능. 09:00~ 23:00. 연중무휴.
- 알베르게 complexo Xacobeo(☎ 982 548 037) : 48명 이용 가능. 이 층침대 9€, 더블 룸 40€. 주방 제공. 세탁기 3.50€, 건조기 2.50€. 자전 거 보관 가능. 예약 가능. www.complexoxacobeo.com
- 알베르게 A horta del Abel(☎ 608 080 556) : 이층침대는 14명 9€, 6 명 이용 가능. 더블 룸 40€. 주방, 난방, 온수 제공. 자전거 보관 가능. 세 탁기 3€, 건조기 4€. 예약 가능. 12:00~22:00. www.casapacios.es

기타 숙박시설
- Pension Garcia(☎ 982 548 024) : 초입에 있는 알베르게 바로 앞에 있 는 문으로 들어가면 된다. 싱글 룸 15€, 더블 룸 24~30€.
- Hostal O Novo(☎ 982 548 105) : 싱글 룸 30€, 더블 룸 40€ + 욕실.

　뜨리야까스떼야Triacastela를 나서며 두 갈래 갈림길 중에서 한 길을 선택해야 한다. 오른쪽을 택하면 산 실San Xil을 지나가게 되고, 왼쪽으로 가면 사모스Samos를 지나가게 된다. 순례자들이 많이 선택했고 거리가 더 가까운 산 실을 지나가는 루트를 소개하고자 한다.

　사모스를 통하는 길을 택하면, 도로와 나란히 놓인 보행 도로를 따라 좀 더 쾌적하고 평탄하게 걸을 수 있다. 문제는 약 5km를 더 걸어야 하는 것이 단점이다. 하지만 스페인에서 가장 오래된 수도원 중의 하나이며 갈리시아 문화의 심볼인 사모스 베네딕트회 수도원을 둘러볼 수 있다는 점이 큰 장점이다. 어느 길을 택하든 사리아Sarria에 도착하게 된다. 사리아는 모든 형태의 시설이 다 있는 도시로 훌륭한 알베르게가 두 곳 있다. 900m 고지를 통과하기 위해 무리를 했다면 사리아에서 쉬는 게 좋겠지만, 몇 km 더 걸어가 작은 마을 바르바델로Barbadelo에 머물어도 좋다.

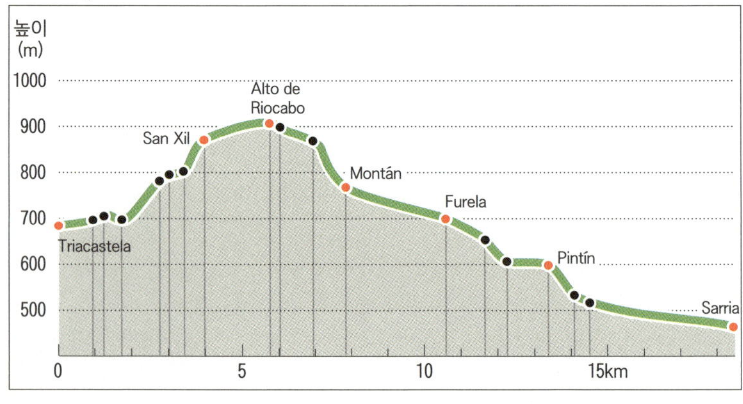

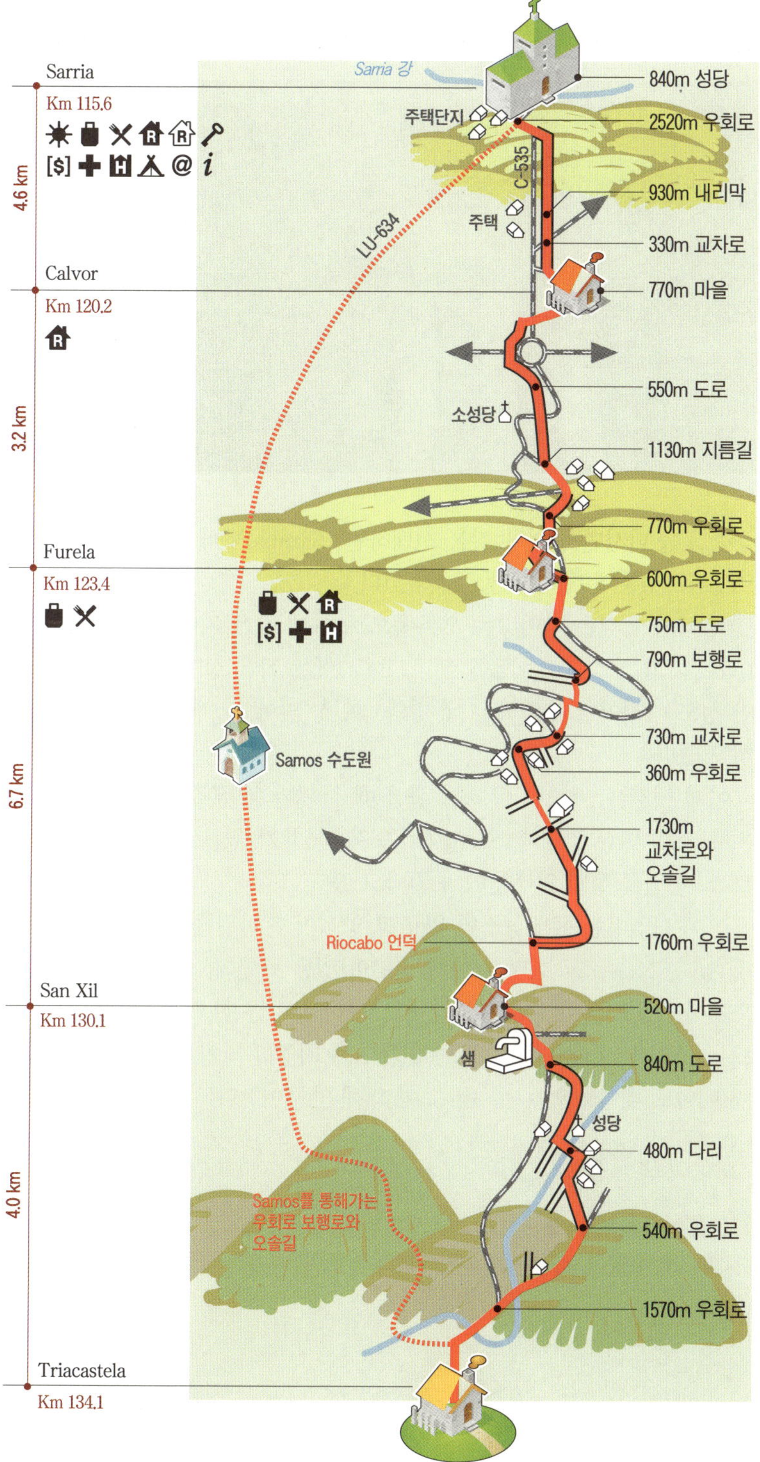

Sarria
Km 115.6
Calvor
Km 120.2
Furela
Km 123.4
San Xil
Km 130.1
Triacastela
Km 134.1
4.6 km
3.2 km
6.7 km
4.0 km
Sarria 강
주택단지
C-535
LU-634
주택
소성당
Samos 수도원
Riocabo 언덕
샘
Samos를 통해가는
우회로 보행로와
오솔길
840m 성당
2520m 우회로
930m 내리막
330m 교차로
770m 마을
550m 도로
1130m 지름길
770m 우회로
600m 우회로
750m 도로
790m 보행로
730m 교차로
360m 우회로
1730m
교차로와
오솔길
1760m 우회로
520m 마을
840m 도로
성당
480m 다리
540m 우회로
1570m 우회로

마을을 나서면서 왼쪽 길을 선택하면, Samos의 베네딕트 수도원으로 갈 수 있는데 여기 알베르게가 있다.

더 역사가 깊은 까미노는 오른쪽으로 향해 작은 지방도로로 가다가 Balsa로 가는 길로 접어들게 된다. Balsa에는 작은 성당이 있는데 성당 안 성모 마리아를 호위하는 네 명의 성인상 앞에 몇 개의 초가 불을 밝히고 있다.

이제 샛길은 1993년 야고보 성년 때 복원된 돌 분수대 앞에서 포장된 도로와 만나게 된다. Samos 수도원은 6세기에 건설되었는데, 지금도 초기 건물 형태 일부분이 보존되고 있다.

이 수도원에는 르네상스와 바로크 양식이 혼합된 형식의 회랑이 두 곳 있다. Nereidas 회랑은 현재 식당이 있는 곳인데, 예전에는 훌륭한 도서관이었으나 화재로 소실되었다. 그리고 다른 한 곳은 Feijoo라 부르는 곳인데, 1690년에 수도원에 들어온 저명한 작가이자 인문주의자인 베니토 페이호오Benito Feijoo에 의해 만들어졌다고 한다.

도움이 되는 정보

🍽 먹을거리
- 다양한 형태의 상점들이 있다. Bar와 레스토랑이 마을 중앙로에 있다.

🛏 숙박시설
알베르게
- 알베르게(☎ 982 546 046) : 수도원 뒤쪽에 있다. 70개의 이층침대가 있고 기부로 운영된다. 오래된 공동 욕실을 사용할 수 있으며 침실 벽에는 농

업의 수호성인인 이시도로Isidoro의 성화가 그려져 있다. 수도원 입장료 3€. 15:30~22:30. ★까·친·연과 연계가 되어 있는 알베르게. 한국인 Agustin 신부님이 2012년부터 계신다. www.abadiadesamos.com.

- 알베르게 val de Samos(☎ 982 546 163) : 2010년 5월 개관했으며 48명 이용 가능. 이용료 9€. 주방, 난방, 온수가 제공. 조식 3€, 세탁기/건조기 각각 3€. 자전거 보관 1€. 예약 가능. 09:00~23:00. www.valdesamos.com
- 알베르게 A Cova do Frade(☎ 659 721 324) : 수도원 앞에 있다. 16명이 이용할 수 있는이층침대 9€, 4명이 이용할 수 있는 더블 룸 32€. 온수, 난방, 주방 제공. 자전거 보관 가능. 세탁기/건조기 각각 5€. 11:00~23:00. 예약 가능. www.acovadofrade.blogspot.com
- 알베르게 Casa Forte de Lusio(☎ 659 721 324) : 사모스로 가는 루트 위에 2010년 3월, 새로 생긴 알베르게이다. 60명 이용 가능, 이용료 5€. 난방, 온수 제공. 주방 없음. 13:00~22:00. 연중무휴.
- Albergue Albaroque(☎ 982 546 087) : 10명 이용 가능, 이용료 9€, 더블 룸 25€. 세탁기/건조기 각 4€. 주방 없음. 연중무휴. albaroque@live.com.
- Albergue El beso(☎ 633 550 558) : Triacastela에서 San Xil 방향 1.5km 지점에 있다. 2명의 순례자 Marijn Voogt과 Jessica Moro이 시골집을 1년간 수리하여 만든 알베르게. 12명 이용 가능, 8€, 저녁식사 기부제, 아침식사 3€. https://www.facebook.com albergue.ecologico.el.beso

기타 숙박시설
- Hotel A Veiga(☎ 982 546 052) : 싱글 룸 24€, 더블 룸 36€ + 욕실.

San Xil　　4.0km ▶ 130.1km

집이 몇 채 있을 뿐, 서비스 시설이 전혀 없다. 까미노는 계속 포장도로를 따라 이어진다.

Alto de Riocabo　　5.7km ▶ 128.4km

정상 부분에 있는 까미노 표식이 사람을 혼란스럽게 한다. 하나는 도로 쪽을 가리키고, 다른 하나는 오른쪽으로 흙길을 가리키기 때문이다. 두 길 모두 Montan에서 만나게 되는데 오른쪽 길이 쾌적하다.

여기서부터 긴 내리막이 Sarria까지 이어져 돌로 된 작은 마을과 연결된다. 그런데 사람들은 거의 보이지 않고, 소를 보며 소 분비물 냄새를 맡으며 지나가게 된다.

Montan을 지나면, Fontearcuda가 나온다. 이곳을 지나 도로를 건너 Furela로 향한다.

정말 조용하다. 목축을 하며 사는 전형적인 갈리시아 시골 마을이다. 마을에 하나뿐인 돌로 된 도로에서도 사람을 만나기 어렵다.

마을 입구 쪽 도로 옆, 외따로 떨어진 집에 Bar와 음료와 식료품 상점이라고 쓴 광고가 붙어 있는데, 이곳이 이 마을에 있는 유일한 서비스 시설이다.

도움이 되는 정보

▯◉ 먹을거리

- Casa do Franco(☎ 630 88 26 59) : 상점과 Bar를 겸하고 있다. 메뉴가 있고, 샌드위치 등을 판다.

여기서부터 까미노는 도로를 따라 Pintin을 지나 포장도로로 Calvor까지 이어진다.

Pintin에는 Casa Cines(☎ 685 140 635)라는 식당이 있다. 이제 Sarria가 보이기 시작한다. 지나온 마을들보다 크지 않다. 마을 출구 쪽에 있는 옛 학교가 지금은 알베르게로 운영되고 있다. 여기서부터 Sarria까지는 포장도로로 이어진다.

Calvor　　☀　13.9km　▶　120.2km

지나온 마을들보다 크지 않다. 마을 출구 쪽에 있는 옛 학교가 지금은 알베르게로 운영되고 있다. 여기서부터 Sarria까지 포장도로로 이어진다.

도움이 되는 정보

⌂ 숙박시설

알베르게

- Xunta(갈리시아 주정부) 알베르게(☎ 660 396 812) : 22명이 이용할 수 있는 이층침대가 있고 이용료는 2013년 5월부터 6€다. 주방, 식당, 난방과 온수 제공. 세탁기 4.40€, 건조기 1€. Restaurante do camino는 알베르게에서 1km 전방에 있지만 (☎ 685 140 635)로 전화하면 무료 픽업 서비스를 제공한다. 호스피탈레라 이름은 마리아Maria Jesus이다. 13:00~ 22:00. 연중무휴.

Sarria　　☀　18.5km　▶　115.6km

★ 주의 : sarria는 100km 순례를 원하는 사람들이 많이 순례를 시작하는 곳으로 항상 붐빈다. 따라서 알베르게 또한 기하급수적으로 늘어나고 있다.

Sarria는 갈리시아 까미노 루트에서 두 번째로 큰 도시로, 레온 왕국 알폰소 11세가 재정비를 한 곳이다. 지역에서 중심 역할을 하는 곳이라 목축업자들의 큰 축제가 열리기도 했다.

여섯 개의 알베르게가 순례자들을 기다리고 있다. 사설 알베르게 Paloma y Lena는 도시에 들어가기 약 2.5km 전에 있고, 다른 사설 알베르게들은 도시 중심에 있다.

시립 알베르게는 옛 시가지 언덕 위에 있는 전통 가옥이다. 이 알베르게에 가거나 도시를 빠져나가기 위해서는, 마을 입구에서 오른쪽으로 호텔 Alfonso IX를 지나 Sarria 강 위에 놓인 다리를 건너 돌계단을 올라가야 한다. 식료품이 필요하다면 신시가지인 Calle Mayor에 가면 된다. 그 주변에 상점들이 많이 모여 있다.

Sarria는 중세 때 Magdalena 수도원이 까미노 순례자들에게 수도원을 개방해 준 것을 계기로 순례자들에게 널리 알려진 곳이다. 수도원 전면부는 플라테스코 양식으로 그 화려함을 자랑하고 있다. 높은 곳에 올라가면 가까이 있는 Sarria 공작의 봉건 영주 성이 보인다.

길을 따라 Salvador 성당 옆을 지나갈 때 자세히 보면 1094년경에 지어진 로마네스크 양식 기반을 살펴볼 수 있다. 강을 따라 산책로 주변에 다양한 종류의 음식점이 있고, 특히 문어 요리 전문점이 눈에 띈다.

도움이 되는 정보

먹을거리

- Calle Mayor를 따라 여러 종류의 상점들이 있다. 그중 Casa Pintos는 100년이 더 된 상점으로 식료품과 까미노 기념품 등을 살 수 있다.
- 알베르게 근처에 있는 식당에서는 메뉴를 8〜9€에 판다.

숙박시설

알베르게

- 사설 알베르게 Paloma y Lena(☎ 982 533 248) : Sarria에 도착하기 약 2.5km 전방 San Mamede do Camino. 길 옆 아름다운 풀밭 위에 있다. 18명이 쓸 수 있는 이층침대는 10€, 욕실이 딸린 더블 룸 38€, 4인 전용실은 1인당 10€. 난방, 온수, 세탁기를 쓸 수 있고, 자전거 보관 가능. 큰 식당에서 오전 8시 30분에 아침식사 4€, 저녁 7시 저녁식사 8.50€. 예약 가능. www.palomaylena.com
- 시립 알베르게 : Salvador 성당 뒤쪽, 마을에서 가장 높은 곳에 있는 복원된 건물이다. 40명 이용 가능. 이용료는 2013년 5월부터 6€. 주방과 식당이 갖춰져 있고, 온수를 쓸 수 있다. 세탁기 4.4€, 건조기가 설치되어 있다. 호스피탈레라는 마리 까르멘Mari Carmen(☎ 660 396 813)이다. 13:00〜23:00.
- O Durminento(☎ 600 862 508) : Calle Mayor를 따라가다 보면 사설 알베르게가 네 곳 나오는데 첫 번째로 보이는 알베르게로 기본 이용료는 10€, 더블 룸은 23€이다. 40명이 사용할 수 있는 이층침대가 있고 주방은 없다. 인터넷, 음료 자판기를 제공하며 자전거 보관이 가능하다. 세탁기 4€, 건조기 4€, 저녁식사 10€. 테라스에서 Santa Marina 성당이 보인다. 마사지 서비스를 받을 수 있다. 1월〜2월 close.

durmiento_sarria@hotmail.com.
- Los Blasones : 두 번째로 보이는 알베르게다. 예전에 빵 가게가 있던 곳이다. 2개의 방에 각각 4개의 침대가 있으며, 넓은 방에서 34명 이용 가능. 이용료 8~9€. 정원이 있고 주방과 텔레비전이 갖추어져 있으며 난방과 온수를 사용할 수 있다. 호스피탈레라는 아로하Aurora(☎ 600 512 565)다. 예약 가능. 3월~11월 open. 11:00~23:00. info@alberguelosblasones.com. www.alberguelosblasones.com
- Don Alvaro(☎ 982 531 592 / 686 468 803) : 세 번째 있는 알베르게이다. 쾌적한 2층집으로 내부에 분수대가 설치된 중정이 있다. 3개의 방에 40명 이용 가능. 이용료 9€. 주방, 난방, 식당, 텔레비전 제공. 자전거 보관 가능. 세탁기/건조기 각각 3€. 연중무휴. 09:00~23:00. 예약 가능. www. alberguedonalvaro.com
- Dos Oito Marbedis(☎ 629 461 770) : 마지막에 보이는 알베르게이다. Calle Mayor 끝, 왼쪽에 있다. 24명 이용 가능. 이용료는 방에 따라 다르지만 10€선. 이층침대, 1인, 3인, 4인, 6인실이 있다. 2개의 주방과 세탁기/건조기가 있다. 겨울에는 문을 닫는다. 12:00~23:00.
- 알베르게 A Pedra(☎ 982 530 130) : 15명 이용 가능. 이용료 9€. 주방, 온수, 난방 제공. 세탁기 3€, 건조기 1€. 예약 가능. 11:00~23:00. 3월~11월 open. www.albergueapedra.com
- 알베르게 international Sarria(☎ 982 535 109) : 44명 이용 가능. 이용료 10€. 더블 룸 45€. 아침식사 4€, 저녁식사 9€, 세탁기/건조기 각 5€. 주방은 없다. 예약 가능. www.albergueinternationalsarria.es
- 알베르게 San Lázaro(☎ 659 185 482) : 28명 이용 가능. 이층침대 10€, 더블 룸 35€. 세탁기/건조기 각각 3€. 주방 없다. 4월~10월 open. 예약 가능. www.alberguesanlazaro.com
- 알베르게 Casa Peltre(☎ 606 226 067) : 22명 이용 가능. 이용료 10€. 주방, 온수, 벽난로, 난방 제공. 세탁기/건조기 각각 3€. 자전거 보관 가능. 예약 가능. 11:00~22:30. www.casapeltre.es
- albergue Barbacoa del camino (☎ 619 879 476) : 2012년 7월 open. 18명 이용 가능, 8€. 세탁기/건조기 각각 3€, 주방, 온수 난방 , 자전거 보관 가능. alberguebarbacoadelcamino@hotmail.com.
- Albergue Mayor (☎ 658 148 474) : 12년 4월 오픈. 16명 이용 가능, 10€, 세탁기/건조기 각각 3€, 주방, 자전거 보관 가능. 4월~10월 open. alberguemayor@gmail.com, www.alberguemayor.com
- Albergue Monasterio de la Magdalena (☎ 982 533 568) : 2012년 3월 문을 연 수도원 알베르게. 100명 정원, 10€. 온수, 난방, 주방. 자전거 보관 가능. sarria@alberguedelcamino.com www.alberguedelcamino.com.

기타 숙박시설
- Hostal Roma(☎ 982 532 211) : Calvo Sotelo 2번지, 싱글 룸 35€, 더블 룸 47€+욕실.
- Hostal Londres(☎ 982 532 456) : Calvo Sotelo 13번지, 싱글 룸 24€, 더블 룸 36€+욕실.
- Pension Matias(☎ 982 530 559)

Step 27. 100km

이번 길에는 다양하고 흥미로운 것들이 많다. 브레아Brea와 페레이로스 Ferreiros 사이 지방도로 길가에 일렬로 서 있는 떡갈나무가 인상적이다.

전설적인 100km 석주가 놓여 있지만, 낙서를 많이 해놓아 보기가 좋지 않다. 이 석주는 지금부터 산띠아고까지 100km 남았다는 것을 뜻한다. 석주는 지금까지 참고 견뎌왔던 순례자들의 힘을 북돋아 준다.

뽀르토마린Portomarin까지 미로 같은 좁은 길, 내리막길, 오솔길, 포장도로를 지나며 노란 화살표가 없다면 길을 찾기가 쉽지 않다. 뽀르토마린은 중세 때 중요한 마을이었지만, 불행하게도 저수지 때문에 이전이 되는 바람에 마을들 역시 신기루처럼 거의 아무런 서비스 시설도 갖추지 못한 채 세월이 흘렀다.

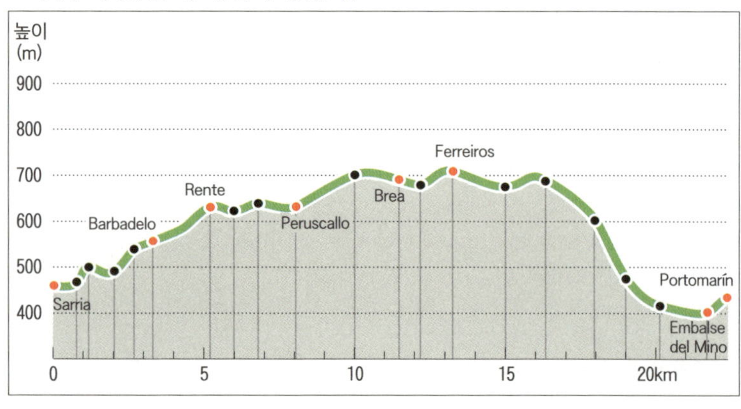

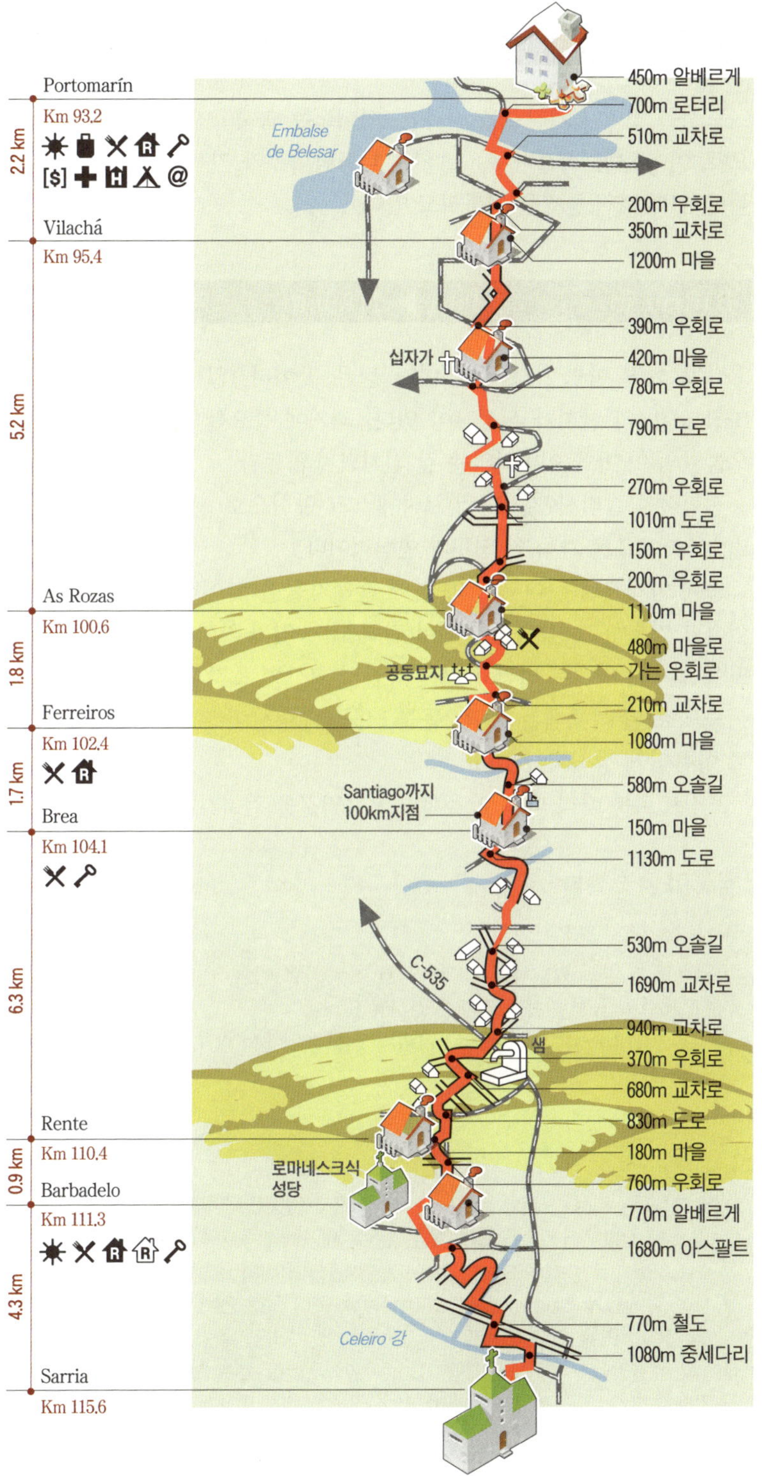
Portomarín
Km 93.2
2.2 km
Vilachá
Km 95.4
5.2 km
As Rozas
Km 100.6
1.8 km
Ferreiros
Km 102.4
1.7 km
Brea
Km 104.1
6.3 km
Rente
Km 110.4
0.9 km
Barbadelo
Km 111.3
4.3 km
Sarria
Km 115.6
Embalse de Belesar
십자가
공동묘지
Santiago까지 100km지점
C-535
샘
로마네스크식 성당
Celeiro 강
450m 알베르게
700m 로터리
510m 교차로
200m 우회로
350m 교차로
1200m 마을
390m 우회로
420m 마을
780m 우회로
790m 도로
270m 우회로
1010m 도로
150m 우회로
200m 우회로
1110m 마을
480m 마을로 가는 우회로
210m 교차로
1080m 마을
580m 오솔길
150m 마을
1130m 도로
530m 오솔길
1690m 교차로
940m 교차로
370m 우회로
680m 교차로
830m 도로
180m 마을
760m 우회로
770m 알베르게
1680m 아스팔트
770m 철도
1080m 중세다리

도시를 벗어나 기찻길을 건너면, 까미노는 습하고 어두운 원시림 속으로 이어진다. 떡갈나무, 소나무, 너도밤나무가 가득한 숲이 순례자들을 위해 멋진 풍경을 연출하고 있다.

작고 외진 마을이지만, 의미가 깊은 곳이다. 알베르게 맞은편에 Barbadelo의 산띠아고 성당이 있다. 과거에 중요한 곳이었다는 것이 오늘날의 이 마을 이미지와는 잘 일치되지 않는다.

전형적인 갈리시아 지방의 로마네스크 양식으로 된 탑과 중세의 심벌, 아이콘으로 가득 찬 입구가 인상적이다.

중세 안내서에는 이 성당과 함께 순례자들을 맞이하던 수도원이 있었다고 기록하고 있지만, 흔적이 전혀 남아 있지 않다. 입구 위에는 두 팔을 십자가 형태로 벌리고 있는 사람의 형상이 조각되어 있다. 그리고 이중으로 된 석주에는 사람, 동물, 새들의 형상이 로마네스크 조각으로 아름답게 장식되어 있다.

포장도로를 따라 다음 마을까지 오르막길을 걸어가야 한다.

도움이 되는 정보

🍽 먹을거리

- 알베르게 옆에 있는 캠핑카에서 4월 초~10월 식품, 아이스크림, 샌드위치, 음료수 등을 파는 간이매점 영업을 한다.
- Casa Carmen(☎ 982 532 294) : 알베르게에서 약 150m 떨어진 곳에 있다. 메뉴 9€.

🛏 숙박시설

알베르게
- 옛 학교를 이용한 것으로 갈리시아 주에서 운영한다. 침상이 18개 있고 1213년 5월부터 6€. 거실, 주방, 온수 제공. 세탁기 4.40€, 건조기 1€. 호스피탈레로는 크루즈Cruz(☎ 660 396 814)이다. 13:00~22:00.
- 사설 알베르게 Casa Rural Carmen(☎ 982 532 294 / 606 156 705) : 침상이 28개 있고 이용료 10€. 온수, 식당 제공. 주방 없다. 4월~10월 open. 13:00~23:00. 예약 가능. www.acasadecarmen.com
- 알베르게 Casa Barbadelo(☎ 634 674 607) : 108km 지점에 있고, 8명 이층침대 9€, 15명 개인 침대 12€. 세탁기/건조기 각각 3€. 주방은 없으

Rente   5.2km ▶ 110.4km

서쪽으로 향하는 다양한 형태의 길이 얽혀 미로와도 같다. 104km
표식 석주를 뒤로 하고, Peruscallo로 향하는 도로를 건너게 된다.

지방 정부가 만들어놓은 여러 개의 이정표 석주가 산띠아고까지 남
은 거리를 km로 표시하고 있다.

Brea   11.5km ▶ 104.1km

Brea에서 나갈 때 100km라고 쓴 석주가 보
인다. 모르가데Morgade의 외따로 떨어진 집을
지나면, 돌로 지은 작은 소성당이 보인다. 이
곳은 순례자들이 메시지를 남겨 놓는 곳이
다. 형태가 단순하고 나지막한 구조를 보면,
중세 때 까미노의 주된 이정표가 되었던 경
당과 수도원이 있었던 곳이 틀림없을 거라
는 생각이 든다.

Ferreiros   13.2km ▶ 102.4km

마을 이름에서 알 수 있듯이 대장간이 있던 마을이다. 순례자들을 위한 각종 시설이 다 갖춰져 있다. 다양한 식당과 Bar, 알베르게가 한 곳 있나. 포상도로를 통해 마을을 나가 내리막길로 가면 Ferreiros 성당에 이른다. 외양이 단순한 성당인데, 로마네스크 양식의 입구가 흥미롭다. 미로는 포장도로로 Pena까지 이어지고, 목장지대를 따라 Moimen to-Mercadoiro-Parrocha를 지나가게 된다.

Vilachá ☀ 20.2km ▶ 95.4km

Ferreiros 보다 더 큰 마을인데도 서비스 시설이 전혀 없다. 마을을 나서서 시원하게 펼쳐진 농토 사이로 난 포장도로를 내려가면, Miño 계곡으로 접어든다.

계곡 반대쪽에 Portomarin이 있다. 이 두 마을 사이, 까미노 길 왼쪽에 Loio 수도원이 있다. 1170년 이슬람교도로부터 순례자들을 보호하겠다고 맹세한 12명의 기사들이 세운 수도회 소성당이 유적으로 남아 있다. 이러한 이유로 산띠아고 길과 밀접하게 관련을 갖게 되었으며, 이로써 산띠아고 기사단이 탄생하게 되었다.

Portomarín ☀ 22.4km ▶ 93.2km

Portomarin은 언뜻 보기에도 다른 마을들과는 그 느낌이 다르다. 원래 Portomarin 마을이 있던 곳은 중세 까미노의 중요한 거점으로

Miño 강가에 있는 두 구역, San Nicolas와 San Pedro로 이루어져 있었다. 그런데 저수지 아래 잠기게 된 후 1960년에 주민들을 위해 현재이 자리에 새로 건설되었다.

Miño 강 위에 있는 돌다리는 알폰소 왕의 왕비 우라카Urraca가 남편의 군대가 진격하지 못하게 하려고 파괴를 명령한 후, 1120년에 새로지은 것이라고 한다.

물론 Portomarin의 모든 유적이 강물 속에 수몰된 것은 아니다. 지금의 중앙광장에 있는 San Nicolas 성채 성당은, 12세기에 예루살렘의 성요한기사단 수사들이 세운 San Nicolas 성채 성당 원래 건물에 썼던 돌을 하나하나 분리해 새로 조립해 세운 것이다. 구 시청과 San Pedro 성당의 전면부 역시 마찬가지이다.

성당은 로마네스크와 고딕 양식이 교차하는 지점의 전면부에 있는 장미 창을 통해 들어오는 빛과, 톱니 모양의 지붕, 크지만 소박한 내부를 통해 그 아름다움을 충분히 만끽할 수 있게 해준다.

얼마 전까지만 해도 이곳에는 알베르게가 한 곳뿐이었는데 몇 년 사이에 다섯 곳으로 늘어났고, 하나가 더 개설될 예정이라고 한다.

마을로 올라가 도로를 통해 돌아나가려 하지 말고, 왼쪽으로 Belesar 저수지 위에 놓인 여울길을 건너 Toxibo로 향하면 된다.

탁기/건조기, 온수를 쓸 수 있다. 호스피탈레로 이름은 티나Tina(☎ 660 396 816)다.

★ 여름에는 맞은편의 학교와 시립체육관에 100명이 더 묵을 수 있다.

- 알베르게 Ultreia(☎ 982 545 067) : 23명 이용 가능. 이용료 10€. 세탁기/건조기 각각 3€. 주방이 있다. 예약 가능. www.ultreiaportomarin.com, ultreiaportomarin@hotmail.com

사설 알베르게

- 알베르게 Virxe da Luz(☎ 982 545 583 / 679 754 718) : 두 블록 아래 Rua do Miño 거리 서점 위에 있다. 오래된 집을 꾸민 것으로 3개의 방에 7개의 침대가 있다. 이용료 10€. 온수와 세탁기를 쓸 수 있고, 자전거 보관 가능. 4월 초~10월 open.

- 알베르게 El Caminante(☎ 982 545 176) : 시청 광장 반대편 calle Benigno Quiroga에 있다. 14명이 묵을 수 있는 이층침대와 2개~6개의 침대가 있는 넓은 방이 있다. 이층침대는 8€, 더블 룸 42€, 더블 룸+욕실 40€, 트리플 55€. 주방은 없고 전자레인지만 있다. 세탁기/건조기, 온수 제공. 자전거 보관 가능. 4월~10월 open. 예약 가능. www.pensioncaminante.com

- 알베르게 O Mirador(☎ 667 544 549) : 마을 출구 Nieves 경당 옆에 있다. 35명 이용 가능. 이용료 10€. 이층침대, 인터넷, 난방, 온수 제공. 자전거 보관 가능. 세탁기 5€, 건조기 5€. 연중무휴. 2013년 7월 증축해 전망이 좋은 식당을 열 예정. 예약 가능. www.omiradorportomarin.com

- 알베르게 Ferramenteiro(☎ 982 545 362) : 한 블록 아래 Rua Cahntada에 있다. 3개의 큰 방에 130명이 묵을 수 있는 이층침대가 있다. 이용료 10€. 산업시설 같다는 느낌이 들기도 한다. 대형 식당, 텔레비전, 거실, 주방, 전자레인지, 인터넷이 갖춰져 있고 자전거 보관이 가능하다. 세탁기/건조기 각각 3€. 침대시트 2€. 예약 가능. www.albergueferramenteiro.com

- 알베르게 Porto Santiago(☎ 618 826 515) : 14명 이층침대 10€, 3개 더블 룸 30€, 싱글 룸 20€. 주방, 온수, 난방 제공. 세탁기 3€, 건조기 4€. 2월~10월 open. 11:00~23:00. 예약 가능. www.albergueportosantiago.com

- 알베르게 Manuel(☎ 982 545 385) : 16개 이층침대 10€, 더블 룸 25€. 주방이 있고 세탁기/건조기 각각 4€. 4월~10월 open, 예약 가능. www.peusionmanuel.com

Portomarin(Lugo) ▶ Melide(A Coru)
➡ 40.1km   ⏳ 약 11시간

산띠아고가 이제 고앞에 있다. 다리가 허락한다면 좀 더 빨리 가고 싶다는 생각뿐이다. 하지만 멜리데Melide에서 하루 묵을 필요가 있다.

이번 단계는 굉장히 길고 아스팔트가 많다. 하지만 중간에 쉬어 갈 마을들과 알베르게가 있기 때문에 두 단계로 나눠 가는 것도 나쁘지 않다. 예를 들어 빨라스 데 레이Palas de Rei는, 머무르기 좋은 장소이긴 하지만 산띠아고까지 하루를 더 남겨 놓아야 한다. 까사노바 Casanova 역시 나쁜 선택은 아니지만 여기서부터 멜리데까지 길이 너무 평탄하고 어려움이 없다.

멜리데에 도착하면, 이정표인 석주들이 사도 야고보 무덤까지 단 두 단계밖에 남지 않았다는 것을 알려주고 있다. 조금만 더 걸으면 순례자는 자신이 바라던 꿈의 문 앞에 도착할 수 있다. 그러니 오늘 아꼬루나A Coruña 지방에 들어서도록 하자.

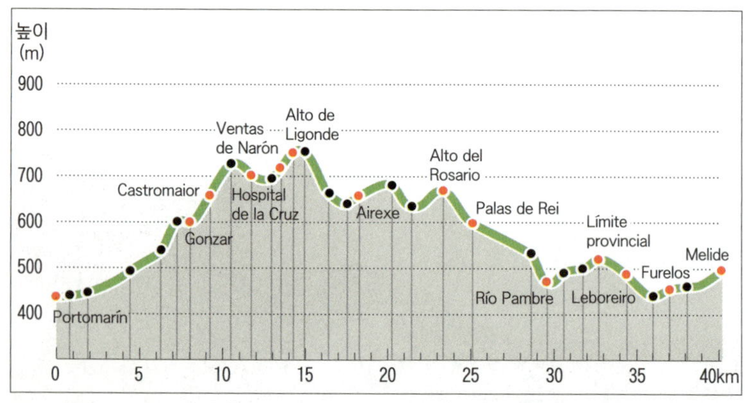

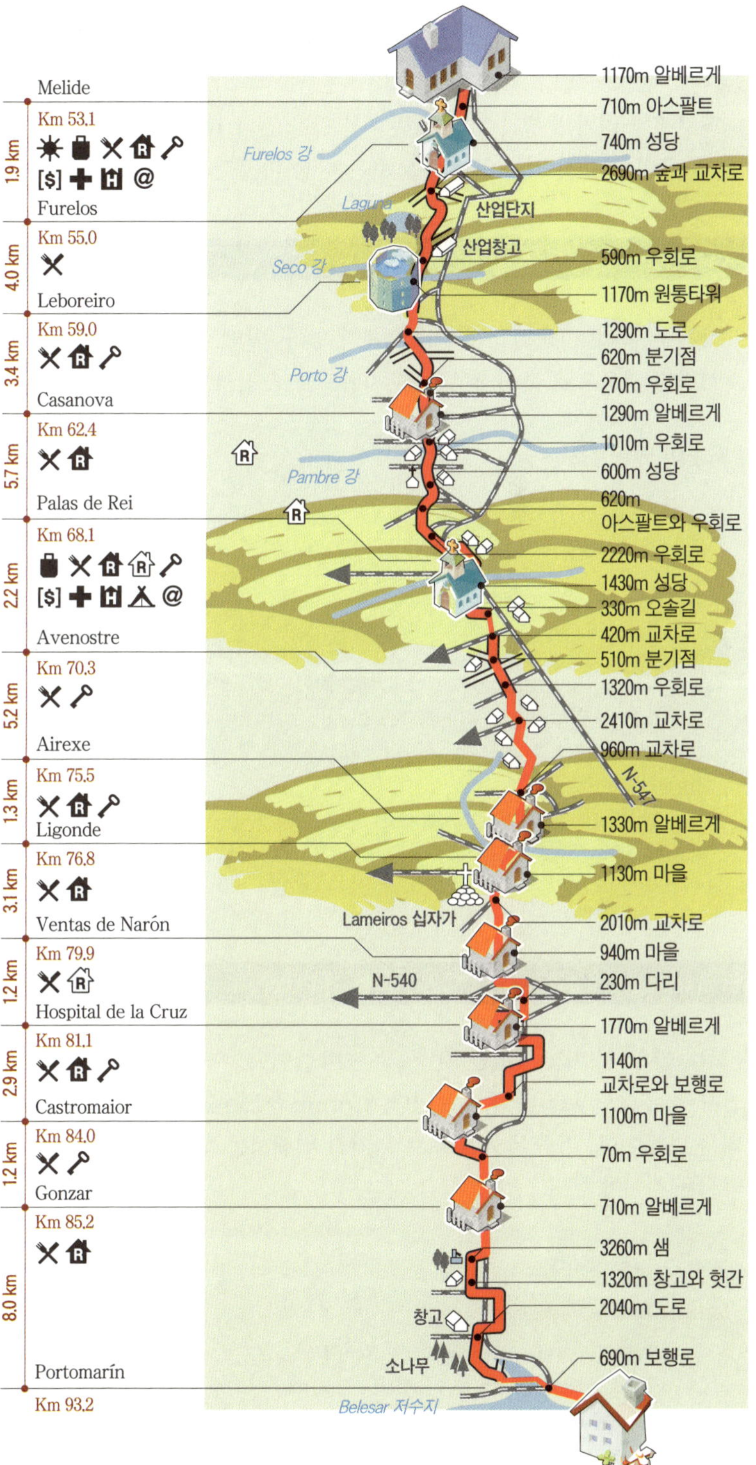

Melide
Km 53.1
1.9 km
Furelos
Km 55.0
Leboreiro
4.0 km
Km 59.0
Casanova
3.4 km
Km 62.4
Palas de Rei
5.7 km
Km 68.1
Avenostre
2.2 km
Km 70.3
Airexe
5.2 km
Km 75.5
Ligonde
1.3 km
Km 76.8
Ventas de Narón
3.1 km
Km 79.9
Hospital de la Cruz
1.2 km
Km 81.1
Castromaior
2.9 km
Km 84.0
Gonzar
1.2 km
Km 85.2
Portomarín
8.0 km
Km 93.2
Furelos 강
Laguna
Seco 강
Porto 강
Pambre 강
산업단지
산업창고
Lameiros 십자가
N-547
N-540
창고
소나무
Belesar 저수지
1170m 알베르게
710m 아스팔트
740m 성당
2690m 숲과 교차로
590m 우회로
1170m 원통타워
1290m 도로
620m 분기점
270m 우회로
1290m 알베르게
1010m 우회로
600m 성당
620m 아스팔트와 우회로
2220m 우회로
1430m 성당
330m 오솔길
420m 교차로
510m 분기점
1320m 우회로
2410m 교차로
960m 교차로
1330m 알베르게
1130m 마을
2010m 교차로
940m 마을
230m 다리
1770m 알베르게
1140m 교차로와 보행로
1100m 마을
70m 우회로
710m 알베르게
3260m 샘
1320m 창고와 헛간
2040m 도로
690m 보행로

도로로 내려가 보행자 도로를 만나서 강을 건너 Toxibo 방향으로 간다. 도로와 나란히 있는 보행자 도로는 다음 마을까지 이어진다.

작은 마을이며 옛 학교에 알베르게가 있다. 알베르게를 지나면 작은 오르막길 왼쪽으로 틀어 조그마한 지방도로로 접어들게 된다.

도움이 되는 정보

🍽 먹을거리

- Cafe Bar Gonzar가 알베르게 옆에서 샌드위치와 콤비네이션 메뉴를 판다.

🛏 숙박시설

알베르게

- 옛 학교 건물에 갈리시아 주 정부 알베르게가 있다. 28명 이용 가능. 이용료 2013년 5월부터 6€. 주방과 식당이 있고 난방이 되며 온수를 쓸 수 있고 세탁기와 건조기가 있다. 호스피탈레라 이름은 엘리사Elisa(☎ 660 396 817)이다.
- 사설 알베르게 Casa Garcia(☎ 670 862 386) : 30명 이층침대 10€, 5개 더블 룸 35€. 주방은 없고 세탁기/건조기 각각 2€. 연중무휴. 예약 가능.

최소한의 서비스 시설만 갖춘 작은 마을이다. 마을 입구 오른쪽에 커다란 유칼립투스 나무가 보인다. Coruña 지방 숲에서 자주 만나게 되는 나무이다. 마을에서 도로로 나가기 위해서는 짧지만 가파른 오르막길을 걸어야 한다.

도움이 되는 정보

🍽 먹을거리   🛏 숙박시설

- Cafe bar O Castro : 콤비네이션 메뉴와 샌드위치를 판다.
- Pension casa Maruja(☎ 982 189 054) : 싱글 룸 12€, 더블 룸 25€, 더블 룸 + 욕실은 30€에 묵을 수 있다.

Hospital de la Cruz ☀ 12.1km ▶ 81.1km

마을 이름이 마을 입구 오른쪽에 보존되고 있는 순례자 병원에서 유래되었다. 개인 집에서 알베르게와 작은 Bar를 운영하고 있다.

마을에서 나갈 때 알베르게 앞에 있는 안내 표지판의 정보가 부족하다. 이 책이 전하는 정보를 꼭 참고하기 바란다.

Ourense 도로를 건너 오른쪽으로 합쳐지는 갓길을 통해 오르막길을 가다가 왼쪽으로 꺾어 첫 번째 포장도로에 오른다. 그리고 곧바로 순례자를 위한 보행자 도로로 접어들어 Ventas de Naron으로 향한다.

도움이 되는 정보

🍽 먹을거리

- Restaurant Labrador(☎ 982 545 303) : 샌드위치와 몇 가지 메뉴가 있다. 샐러드를 제공해 준다.

⌂ 숙박시설

알베르게
- 마을 출구 쪽에 있다. 32명이 머물 수 있는 이층침대가 있다. 이용료 2013년 5월부터 6€. 주방과 거실이 있고 난방이 되며 온수를 쓸 수 있다. 호스피탈레라 이름은 디냐Digna(☎ 982 545 232)이다. 13:00~22:00.

기타 숙박시설
- Restaurant Labrador(☎ 982 545 303) : 30~60€에 방을 빌려준다.

마을이 축소된 형태이며, 상업시설과는 거리가 멀다. 순례자를 위한 편의시설 또한 옛이야기가 되어버렸다. 그러나 순례자들은 Ligonde 산맥을 넘기 위해 이곳에서 잠시 쉬며 힘을 충전해야 한다.

도움이 되는 정보

🍽 먹을거리

- Casa Molar : 메뉴 8€, 샌드위치를 판다.
- Bar Plaza : 메뉴 7€, 샌드위치를 판다.

⌂ 숙박시설

알베르게
- Casa Molar(☎ 696 794 507) : 18명 이용 가능. 더블 룸이 2개 있으며 이층침대 10€, 더블 룸 30€. 거실, 난방, 온수 제공. 자전거 보관 가능. 연중무휴. 예약 가능. casamolar_ventas@yahoo.es
- O Cruceiro(☎ 658 064 917) : 22명 이용 가능. 기본 이용료 10€. 더블 룸 30~35€. 거실, 난방, 온수 제공. 예약 가능. albergueocruceiro.blogspot.com

포장된 길을 통해 El Alto de Ligonde(756m)을 향해 올라간다. 걷는 동안 더위가 가장 무서운 적이다. El Alto de Ligonde는 76.5km라고 쓴 석주 조금 아래 있다.

Prebisa 마을을 통해 경사가 느린 내리막길을 조금 가다 보면 포장도로에서 몇 미터 떨어진 왼쪽 모퉁이에 까미노에서 가장 흥미로운 십자가 하나가 보인다. 그것이 바로 1670년에 세워진 끄루세이로 데 라메이로스Cruceiro de Lameiros(라이메로스의 십자가라는 뜻. 라메이로스는 갈라시아 지방 사람들의 전형적인 성씨)이다. 주춧돌 4면에는 십자가의 길 혹은 죽음, 즉 망치와 못, 면류관, 해골을 표현해 놓았다. 그리고 십자가에는 잉태, 혹은 삶이 부조로 새겨져 있다.

도움이 되는 정보

🍽 먹을거리
- Taberna Mari Luz(☎ 982 169 141) : 시립 알베르게에서 200m 더 간다.

알베르게

- La Fuente del Peregrino : 첫 번째로 만나게 되는 알베르게이다. Caristina Agape 기구에서 운영하고 있으며, 입구에 '스탬프, 커피, 물, 화장실 무료'라고 적혀 있다. 실제로 밀크커피를 무료로 제공. 10개의 침대와 10개의 매트리스가 준비되어 있으며 기부금으로 운영한다. 알베르게 앞 풀밭에 자전거를 보관하거나 야영을 할 수 있고 식당이 있다. 예수에 관한 영화를 보여주기도 한다. 온수를 쓸 수 있고 아침식사와 저녁식사를 할 수 있다. 6월~9월에만 open. www.lafuentedelperegrino.com
- 시립 알베르게 : 두 번째로 만나게 되는 알베르게로 옛 학교를 개조한 곳이다. 20명이 묵을 수 있으며 이용료 8€. 주방, 식당, 세탁기/건조기 제공. 호스피탈레라 이름은 이사벨Isabel(☎ 679 816 061)이다. 연중무휴.

Airexe　　🌞　17.7km ▶ 75.5km

산띠아고 기사단의 병원과 함께 순례자들의 무덤이 보존되어 있으며 산띠아고 길의 중요한 거점이었다. 오늘날은 몇 채의 집들이 전면부의 신기한 장식으로 주위의 시선을 끈다. 마을 이름이 갈리시아 어로 '성당'을 뜻한다. 이 마을에 있는 로마네스크 성당에 기인한 것 같다.

알베르게가 마을 출구 쪽에 있다. 그 근처에 있는 큰 떡갈나무에 산띠아고로 가는 길을 안내하는 표식들이 어지럽게 쓰여 있다.

계속 포장도로로 가면 'Palas de Rei'라는 표지판이 언덕 위에 서 있지만, 로사리오(묵주) 언덕Alto del Rosario으로 이어지는 Palas de Rei 마을은 보이지 않는다.

도움이 되는 정보

🍽 먹을거리

- 레스토랑이 두 곳 있다.
- Conde de Waldemar(☎ 626 253 923)
- Meson Airexe(☎ 982 153 475)

알베르게
- 2007년에 리모델링한 알베르게다. 20명이 묵을 이층침대가 있다. 이용료 2013년 5월부터 6€. 주방, 거실, 세탁기와 건조기가 갖추어져 있고 온수를 쓸 수 있다. 호스피탈레라 이름은 마리 파즈Mari Paz(☎ 660 396 819)이다. 연중무휴.

기타 숙박시설
- Meson Airexe(☎ 987 153 475) : 싱글 룸 20€, 더블 룸 30€ + 욕실.
- Casa Rural la Rectoral(☎ 982 153 435) : 더블 룸 50~80€.

Avenostre ☀ 22.9km ▶ 70.3km

작은 도로를 통해 N-547 도로로 가서, 흙으로 된 갓길을 통해 언덕을 오르게 된다. 언덕에서 내려갈 즈음에는 Palas de Rei와 꽤 가까워져 있다. 큰 캠핑장이 문을 열어 여름에는 순례자들과 캠핑족을 맞이하고 있다.

도움이 되는 정보

🍽 먹을거리
- Avenostre에 도착하기 전에 Portos 마을(마을이라기보다 작은 촌락)에 있는 Cafe Bar Casa A Calzada에서 메뉴를 7€에 즐길 수 있다.

🏠 숙박시설

알베르게
- 알베르게 A Calzada(☎ 982 183 744) : 10명이 이용할 수 있고 이용료는 10€이다. 온수가 제공되고 Bar가 운영된다. 주방을 사용할 수 없고 난방도 안 된다. 예약 가능. 3월~9월 open.

Palas de rei ☀ 25.1km ▶ 68.1km

큰 'S'자 형태의 구부러진 도로가 마을을 관통해 알베르게까지 이어진다. 중세에 이 마을은 순례의 마지막 단계에서 순례자들이 쉬거나, 함께 길을 가기 위해 그룹을 만들던 곳이다.

근대적이며 큰 마을이긴 하지만, 산띠아고에 도착하기 전에 더 큰 마을을 지나가게 될 것이다. 봉사자가 친절하지는 않지만, 좋은 서비스 시설을 갖추고 있는 알베르게가 한 곳 있다. San Tirso 성당의 로마네스크식 입구를 지나면 마을을 벗어나게 된다. 그리고 저수지와 San Xulian 부락을 지나 Pambre 강 계곡을 향해 나아간다.

도움이 되는 정보

🍽 먹을거리

• 마을을 가로지르는 중앙로에 다양한 슈퍼마켓이 있다. 알베르게 근처에도 있다. Casa Curro, Villarino, Gun Tina, La Forxa, Bodegon 99과 같은 음식점 간판이 눈에 띈다. Nosa Terra는 문어로 만든 음식 전문점이다.

🛏 숙박시설

알베르게

• 새 알베르게 Cachote : 마을 초입에 있고 2007년에 문을 연 새로운 알베르게다. 112개의 이층침대가 3개의 방에 나뉘어 있다. 이용료 2013년 5월부터 6€. 주방과 식당, 온수, 세탁기와 건조기가 갖춰져 있으며 자전거를 보관할 수 있다. 호스피탈레로 이름은 호세 마뉴엘Jose Manuel(☎ 607 481 536)이다. 연중무휴.
• 옛 알베르게 : 시청 앞에 있는 복원된 마을 속에 있다. 60개의 이층침대와 거실이 있다. 2013년 5월부터 이용료 6€. 온수 제공. 세탁기 4.40€, 건조기 1€. 갈리시아 주가 운영하고 있는데, 구조 변경이 시급해 보인다.
• 사설 알베르게 Buen 까미노(☎ 982 380 023 / 639 882 229) : 시청 광장에 있다. 41명이 이용할 수 있는 이층침대가 2개의 큰 방에 나뉘어 있다. 이용료 10€. 난방, 인터넷 제공. 세탁기/건조기 각 3€. Bar와 레스토랑을 운영하고 있는데 메뉴는 8€. 호스피탈레로 이름은 가르시아Garcia(☎ 987 380 090)이다. 3월~10월 open. 예약 가능. www.alberguebuencamino.com
• 알베르게 Meson de beníto(☎ 636 834 065) : 100명 이용 가능. 이용료 10€. 세탁기/건조기 각 4€. 주방은 없다. 4월~10월 open. 12:00~23:30. 예약 가능. www.alberguemesondebenito.com

기타 숙박시설

• Complejo turistico la Canana(☎ 982 380 750) : 마을 중앙에 들어가기 1km 전에 있다. 더블 룸 30~50€.
• Hostal Villarino(☎ 982 380 152) : Avenida de 콤포스텔라 16번지, 싱글 룸 24€ + 부가세, 더블 룸 35€ + 부가세.
• Pension Maite (☎ 982 380 051) : 더블 룸 + 욕실 25€.
• Pension Barcelona (☎ 982 374 114) : 더블 룸 25~30€.
• Pension Guntina (☎ 982 380 080) : 더블 룸 15~20€.
• Pension Ponterroxan (☎ 982 380 132) : 싱글 룸 25€, 더블 룸 + 욕실 36€.
• Molino Roxan (☎ 982 380 188 / 639 359 242) : 더블 룸 40~50€
• Pension Casa Curro (☎ 982 380 044) : 더블 룸 + 욕실 30~35€
• Hotel Casa Benilde (☎ 982 380 717) : 더블 룸 + 욕실 45~55€.

도움이 되는 정보

2004년 야고보 성년 이후 새로운 시설이 늘어나기 시작했다. 서비스 시설이 전혀 없던 두 곳의 작은 마을에 새로 사설 알베르게가 새로 생겼다.

San Xulian

- 갈리시아 주 정부 알베르게가 옛 학교 건물에 있다. 마을에 들어서자마자 오른쪽으로 올라가면 된다. 18명이 쓸 수 있는 이층침대가 있고 이용료 2013년 5월부터 6€. 주방, 거실, 벽난로, 온수가 갖춰져 있고 성당 옆에 살고 있는 컨셉시온Concepcion(☎ 660 396 810)에게 열쇠를 받아야 한다. 연중무휴.
- 알베르게 O Abrigadoiro(☎ 982 374 117) : 18명 이용 가능. 이용료 10~12€. 온수, 난방, 세탁기/건조기 제공. 주방은 없다. 저녁식사 10€, 아침식사 3.5€. 예약 가능. 4월~10월 open. www.everyoneweb.es/abrigadoiro€.

Pontecampana

알베르게

- Bar Casa Domingo(☎ 982 163 226 / 630 728 864) : 돌로 지은 알베르게다. 14명이 이층침대를 이용할 수 있으며 이용료는 10€다. 각각의 침대를 나무 패널로 나누어 개인적인 공간을 가질 수 있게 분리해 두었다. 온수를 쓸 수 있고 세탁기 3€, 탈수기/건조기 각 4€. 알베르게 Bar에서 메뉴를 9€에 제공한다. 공동 저녁식사는 8€이다. 4월~10월 open. www.alberguecasadomingo.com

---

Casanova   30.8km ▶ 62.4km

　Lugo 지방에서 마지막으로 만나게 되는 작은 마을이다. 현재는 작은 시골학교가 알베르게로 운영되고 있다.

　30분 정도 걸으면 Porto 강을 건너 A Coruña 지방으로 들어가게 된다. 계속해서 까미노는 훌륭한 로마 도로 유적 위에 놓인 Leboreiro('산책로'라는 뜻)로 향해 이어지고 있다.

도움이 되는 정보

🍴 먹을거리

- 레스토랑 Los Alemanes(☎ 981 507 337) : Leboreiro 방향으로 약 2.5km 정도 떨어져 있다. 아침식사 장소로 적당하다.

알베르게

- 옛 학교를 개조한 곳으로 20명이 이층침대에서 묵을 수 있다. 2013년 5월부터 이용료 6€. 거실, 주방, 식당, 난방, 온수, 세탁기와 건조기가 있다. 호스피탈레라 이름은 마리 까르멘Mari Carmen(☎ 982 173 483)이다.
- Casanova를 지나 1.5km 정도 가면 새로운 알베르게 A Bolboreta(☎ 609 124 717)가 있다. 욕실이 딸린 2개의 방에 8명이 묵을 이층침대가 놓여 있다. 이층침대 12€, 싱글 룸 25€, 더블 룸 35€. 2개의 거실과 식당이 있다. 난방, 온수, 세탁기와 건조기가 있다. 식사 7€.
- 알베르게 de Mato Casanova(☎ 660 396 821) : 주정부 알베르게로 20명 이용 가능. 이용료 5€. 주방, 온수, 난방 제공. 세탁기 4.4€, 건조기 1€. 연중무휴.
- 알베르게 A Bolboreta : Camino에서 1.5km 떨어진 곳에 있고 유사시 이용 가능. 이용료는 아침식사를 포함해 13€. www.abolbora.com

Leboreiro ☀ 34.2km ▶ 59.0km

까미노 마지막 지방으로 들어서는 현관과 같은 마을이다. 저돌적인 장면에 익숙한 순례자의 정신을 깨끗이 씻어주려는 듯이 Leboreiro의 풍경은 부드럽기만 하다. 성인을 만나기 전에 순례자의 영혼을 차분히 준비시켜주려는 것만 같다.

교차로를 지나 돌이 깔린 Mayor 거리로 들어서면, 돌로 된 집들이 좌우로 나란히 있다. 그 다음에 마주치는 작은 광장에서 입구가 무척 아름다운 Virgen de las Nieves 성당이 우리의 눈길을 사로잡는다.

그리고 12세기 Ulloa 가문에 의해 건립되었다고 하는 옛 순례자 병원의 전면부와 켈트족 스타일의 거대한 광주리 위에 짚으로 엮은 지붕을 올린 곡물 저장고인 Horreos가 보인다.

복원된 중세 다리가 한동안 버려져 있던 마을을 장식하고 있다.

도움이 되는 정보

- Bar Terra de Melide.

알베르게

- 마을에서 떨어져 있는 N-547 도로 위 자동차 수리점 옆에 있는 핑크색으로 칠해진 집이다. 갈리시아 주립 알베르게가 아니며, 시립 알베르게도

아니다. 아주 기본적인 시설만 있기 때문에 크게 추천하고 싶지 않다. 온수도 나오지 않고 낡은 의자와 탁자만 있는 방이어서 나무 바닥에서 자야 한다. 반경 50km 안에 있는 모든 알베르게가 다 꽉 찼을 경우에만 이용하도록 한다.

기타 숙박시설
• Casa de los Somoza(☎ 981 507 372) : 더블 룸 50€.

Furelos   38.2km ▶ 55.0km

거의 Melide에 붙어 있는 마을로 로마네스크식 돌다리가 눈에 띈다.

도움이 되는 정보

🍽 먹을거리
• Bar에서 샌드위치를 판매한다.

Melide   40.1km ▶ 53.1km

lugo 방면 도로를 통해 마을로 들어간다. 알베르게는 Plaza del Convento 근처에 있는, 지대가 높은 Rua de San Antonio에 있다.

이곳에는 1375년에 건립된 Santi Spiritu 순례자 병원이 있다. 그리고 병원 앞에는 같은 이름을 가진 15세기 때 지어진 수도원이 있는데, 현재는 인류학 박물관으로 사용되고 있다.

수도원이 사라지면서 그 수도원에 딸려있던 경당은 현재 성당이 되었고, 내부에는 15세기 때 만들어진 Santiago Mata-moros(야고보 성인이 클로비호 전투 때 하늘에서 내려와 아랍인들을 섬멸했다는 전설)를 표현

하는 벽화가 지금도 남아 있다.

Melide는 로마시대 때부터 있던 오래된 마을이다. 15세기 때 Irma-ndinos(갈라시아어 Hermandados '형제들의 결사'라는 뜻으로, 15세기 때 스페인 북부 갈리시아 지방 봉건주의에 맞선 민중결사대)의 봉기로 이 지방의 성채와 궁이 파괴되었는데, Melide 역시 그때 파괴된 마을이다. 이곳에 있는 알베르게는 갈리시아 지방에 있는 가장 좋은 알베르게 중의 하나이다.

도움이 되는 정보

ᴼᴵ 먹을거리

- 알베르게 앞에 빵 가게가 있고, 마을에 다양한 상점들이 있다. 마을 입구에 있는 호텔 l Carlos 96에서 메뉴를 7€에 판다.
- Sony(☎ 981 505 473) : 산띠아고를 향해 나아가는 길목에 있다.
- La Pousada : 알베르게 맞은편에 있다. 주중에만 메뉴를 8€에 판다.
- Ezequiel(☎ 981 505 291) : 문어 전문 음식점으로 가장 널리 알려진 곳이다. 문어와 찐 감자, 빵이 유명하다.

숙박시설

알베르게

- 시청을 지나 San Antonio 거리 끝에 있다. 호스피탈레로 이름은 콘셉시온 Concepcion(☎ 660 396 822)이다. 148명이 쓸 수 있는 이층침대가 있고, 8명이 사용할 수 있는 개인침대가 있다. 이용료 6€. 주방, 거실, 온수, 건조기를 쓸 수 있다. 자전거 보관 가능. 여름에는 시립체육관과 알베르게 정원에서 캠핑을 할 수 있다.
- 알베르게 O Apalpador(☎ 679 837 969) : 30명 이용 가능. 이용료 12€. 주방 있음. 세탁기 3€, 건조기 4€. 12:00~23:00. 예약 가능. www.albergueoapalpador.com
- Albergue O Cruceiro(☎ 616 764 896) : 2012년 9월 오픈. 72명 이용 가능. 이용료 12€. 난방, 온수, 세탁기/건조기 각 4€. 주방 없음. albergueocruceiro@yahoo.es.
- Albergue Vilela(☎ 616 011 375) : 2013년 4월 오픈. 28명 이용 가능, 12€. 세탁기 3€, 건조기 4€. 주방 사용 가능. 자전거 보관 가능. 연중무휴. alberguevilela@gmail.com.

기타 숙박시설

- Hotel Carlos 96(☎ 981 507 633) : Avenida de Lugo 119번지, 싱글 룸 18~25€, 더블 룸 30~40€.
- Hostal La pousada(☎ 981 505 473) : 싱글 룸 20€, 더블 룸 40€.
- Hostal Sony(☎ 981 505 473) : 싱글 룸 20€, 더블 룸 27€.
- Fonda Xaneiro II(☎ 981 506 140) : 싱글 룸 25€, 더블 룸 30€.

Step 29. 평화의 까미노

산띠아고에 가까워지니 발길을 재촉하게 된다. 이번 단계도 굉장히 길다. 하지만 결승점이 코앞에 있으니 도전해 볼만하다.

이제 주요한 핵심 마을이나 괄목할 만한 성당, 수도원 등은 나오지 않는다. 푸른 언덕과 작은 마을들이 이어지고 있으며 이번 코스의 장애물은 Ulla 계곡을 따라 남쪽으로 흐르고 있는 여러 강들이다.

성 야고보의 길은 오르막과 내리막을 반복하며 순례자들을 서쪽으로 이끈다. 뻬드로우소Pedrouzo는 산띠아고 전에 있는 마지막 알베르게가 있다. 이제 대장정의 끝이 보인다. 산띠아고까지 하루가 남았다. 평화롭고 목가적인 풍경이 순례자의 마음을 부드럽게 어루만져 준다.

평화…. 모든 평화가 어디서부터 시작되는지 생각해 본다. 진정한 평화의 작은 발걸음은 내 마음속에서부터 시작되는 것 같다. 내 마음 속에 평화가 깃들면 가정과 이웃의 평화로 이어져 세계 평화로 다가가게 되는 것이 아닐까? 산띠아고를 앞둔 마지막 단계에서 평화의 영이 내 마음에 깃들기를 기원해 본다.

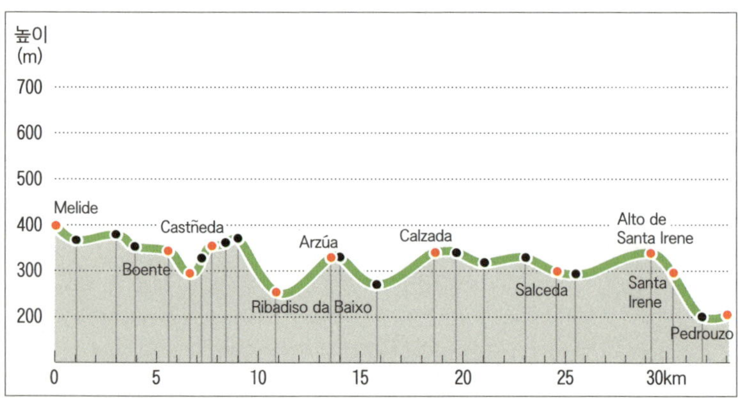

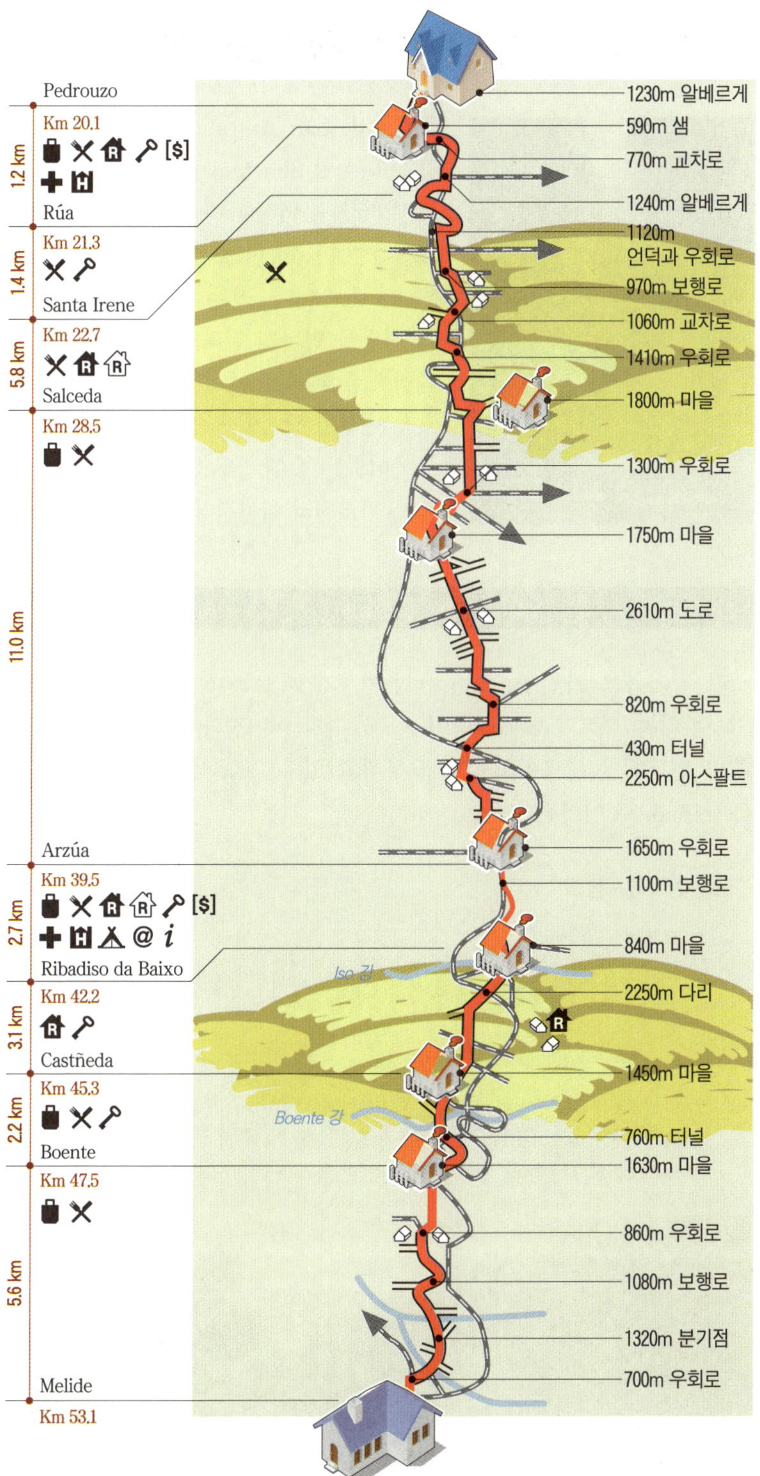

Pedrouzo
Km 20.1
[$]
1.2 km
Rúa
Km 21.3
1.4 km
Santa Irene
Km 22.7
5.8 km
Salceda
Km 28.5
11.0 km
Arzúa
Km 39.5
2.7 km
Ribadiso da Baixo
Km 42.2
3.1 km
Castñeda
Km 45.3
2.2 km
Boente
Km 47.5
5.6 km
Melide
Km 53.1
Iso 강
Boente 강
1230m 알베르게
590m 샘
770m 교차로
1240m 알베르게
1120m
언덕과 우회로
970m 보행로
1060m 교차로
1410m 우회로
1800m 마을
1300m 우회로
1750m 마을
2610m 도로
820m 우회로
430m 터널
2250m 아스팔트
1650m 우회로
1100m 보행로
840m 마을
2250m 다리
1450m 마을
760m 터널
1630m 마을
860m 우회로
1080m 보행로
1320m 분기점
700m 우회로

Rua de San Antonio를 따라 앞으로 곧장 나아가 San Martiño로 가는 도로로 내려간다. Pilmar라는 Bar 앞에서 우회전하여 이동하면 공동묘지 옆에 Santa Maria de Melide라는 이름의 로마네스크 성당을 만나게 된다. 이 성당은 직사각형으로 된 회랑이 있고, 흥미로운 벽으로 내부가 장식되어 있다.

까미노는 유칼립투스 나무로 빽빽한 숲을 가로질러 이어진다.

같은 이름을 가진 Boente 강의 지류가 흐르는 작은 마을이다. 여기서부터는 오르막과 내리막이 Arzúa까지 이어진다. 힘의 적절한 안배와 인내심을 순례자들에게 요구하고 있다. 도로를 따라 까미노는 Castañeda로 이어진다.

도움이 되는 정보

▮◗ 먹을거리

- 두 개의 Bar가 서로 마주 보고 있다. 샌드위치와 간단한 식료품 등을 구입할 수 있다.

숙박시설

- 사설 Albergue Os Albergue (☎ 981 501 853) : 사진박물관과 오디오 시스템을 갖추고 있다. 30명 이용 가능, 10€, 세탁기/건조기 각 3€. 주방 없음. 자전거 12대 보관 가능. os_albergues@hotmail.es,

이 작은 마을의 옛 흔적은 모두 사라져 버렸고 근대적인 집들만이 자리를 잡고 있다. 내리막길로 가서 Rebedeira 강을 건넌 후 다시 Iso 강을 건넌다.

도움이 되는 정보

 먹을거리

- Casa Ferreiro : Bar와 상점을 겸하고 있는 곳으로 까미노에서 약 200m 정도 떨어져 있다.
- 식당이 한 군데 있다.

🛋 숙박시설

알베르게
- Casa Milia(☎ 981 501 625) : 아침식사가 포함된 가격으로 더블 룸이 36~45€이다.
- 알베르게 Santiago(☎ 981 501 711) : 4명 이층침대 10€, 1개 더블 룸 30€. 저녁식사 8€, 아침식사 2.5€, 세탁기 3€, 건조기 2€. 연중무휴. santiagoalbergue@gmail.com, wwwalberguesantiago.es

---

Ribadiso de Baixo   10.9km ▶ 42.2km

정말 작은 마을이지만 Iso 강가에 있는 훌륭한 알베르게 덕분에 각광을 받고 있다. 알베르게는 전통적인 주택에 자리 잡고 있다. Arzúa 까지 가벼운 오르막으로 약 2km 정도 가면 된다.

도움이 되는 정보

먹을거리

- O Chiringuito : 알베르게 근처 강가에 있다. 여름에만 문을 연다.
- Meson Rural Ribadiso(☎ 981 501 185) : 알베르게 바로 옆에 있고 메뉴 8.50€.

🛋 숙박시설

알베르게
- 강가에 드넓은 휴식 공간을 제공하는 멋진 알베르게(☎ 660 396 823)가 있다. 캠핑장이 갖춰져 있으며, 62명이 이용 가능. 이용료 2013년 5월부터

6€. 난방이 되고, 아름답고 편리한 주방과 식당이 있으며 온수를 사용할 수 있다. 포장 음식 자판기와 세탁기가 있다.
- Albergue los Caminantes (☎ 647 020 600) : 56명 이용 가능 10€. 더블 룸 38€, 세탁기 3€, 건조기 2€. 난방, 온수, 주방 있음. 저전거 보관 가능. info@albergueloscaminantes.com, ribadiso. albergueloscaminantes.com.

기타 숙박시설
- Casa Vaamonde(☎ 981 500 364) : 연락하면 차로 픽업 서비스를 해준다.
- 알베르게 los caminantes(☎ 647 020 600) : 66명 이용 가능. 이용료 10€. 난로, 난방, 온수, 주방이 제공. 세탁기 3€, 건조기 2€. 자전거 보관 가능. 예약 가능. ribadiso.albergueloscaminantes.com

Arzúa   ✹ 13.6km ▶ 39.5km

중세 때 Magdalena 수도원에서 순례자들에게 서비스를 제공했었다고 전해지고 있으나, 수도원은 지금 폐허가 되어버렸다.

현대적이며 정비가 아주 잘된 마을이다. 예술적인 감흥은 없지만, 순례자들을 위한 편의시설이 잘 갖추어져 있다.

마을의 첫 집에서 마을 중심까지 가는데 대략 20분쯤 걸린다. 마을 출구에서부터 내리막길이 반복된다. 출구 쪽에 구별이 잘 되지 않을 정도로 닮은 작은 집들이 나란히 보인다.

도움이 되는 정보

자전거 수리점 : Ciclos Fidalgo(☎ 981 500 771)

🍽 먹을거리

- 다양한 상점들이 있다. 알베르게 근처에 O'Rueiro, Acano, Casa Teodora 같은 식당들이 있다.
- 조금 떨어진 식당으로는 A Coruña 방향 도로 위에 있는 Casa Frade, Casa Carballeira와 Meson Peregrino를 꼽을 수 있다. 이곳에서는 모두 메뉴를 8~10€에 제공하고 있다.

🏠 숙박시설
알베르게
- 사설 알베르게 Don Quijote(☎ 981 500 139 / 696 162 695) : Arzúa에 들어서자마자 만나게 되는 새 알베르게이다. 50명이 이용 가능. 이용료 10€. 큰 방에 커튼을 쳐서 세 부분으로 나눠 놓았다. 주방은 없고 온수, 음료 자판기, 인터넷 제공. 자전거 보관 가능. 세탁기/건조기 각 3€다. 예약

가능. www.alberguedonquisote.com
- 주 정부가 운영하는 알베르게(☎ 660 396 824) : 파란색 창이 있는 돌로 된 멋진 집이다. 46명이 묵을 수 있는 침대와 22명이 쓸 수 있는 매트리스가 있다. 이용료 2013년 5월부터 6€. 아래층에 장애인을 위한 2개의 침대와 시설이 따로 마련되어 있다. 주방과 식당, 온수, 난방, 세탁기와 건조기를 제공한다. 이 알베르게는 Magdalena 경당과 어우러진 아름다운 중정이 있다.
- 사설 알베르게 Via Lactea(☎ 759 447 / 981 500 581) : 까미노 마지막에 만나게 되는 알베르게이다. 60명 이용 가능. 이용료 10€. 주방, 식당, 온수, 인터넷을 쓸 수 있다. 세탁기/건조기 각 4€. 자전거를 맡기면 2€가 추가된다. 예약 가능. 연중무휴. www.alberguevialactea.com
- Arzua의 사설 알베르게 santiago apostol(☎ 981 508 132) : 주소 Avenida de lugo, 107번지. 72명 이용 가능. 이용료 10/12€(비/성수기). 까페테리아, 인터넷, 세탁기/건조기 제공. 자전거 보관 가능. 순례자 메뉴를 판매한다. 연중무휴. www. alberguesantiagoapostol.com
- 알베르게 Los Caminantes II(☎ 647 020 600) : 25명 이용 가능. 이용료 10€. 세탁기 3€, 건조기 2€. 주방은 없다. 예약 가능. www.albergueloscaminantes,com
- 사설 알베르게 da Fonte(☎ 659 999 496) : 22명 이용 가능. 이용료 10€. 온수, 난방, 주방 제공. 세탁기 3€, 건조기 2€. 자전거 보관 가능. 예약 가능. www.alberguedafonte.com
- 사설 알베르게 Ultreia(☎ 981 500 471) : 39명 이용 가능. 이용료 10€. 난방, 온수, 주방 제공. 세탁기/건조기 각 3€. 자전거 보관 가능. 연중무휴. 예약 가능. albergueultreia.com. info@albergueultreia.com

<table>
<tr><td>Salceda</td><td>24.6km ▶ 28.5km</td></tr>
</table>

N-547에서 오른쪽 길로 접어들면, 1993년에 까미노에서 세상을 떠난 Gullermo Watt의 기념비가 보인다. 그리고 작은 집 두 채를 지나면 Brea에 도착하게 된다. Brea는 갈리시아어로 '오솔길'을 뜻한다. 계속 도로와 교차하며 나가다 보면 A Rabiña를 지나면서 Santa Irene 언덕 정상으로 향하는 오르막길이 나온다.

도움이 되는 정보

자전거 수리점 : Ciclos Fidalgo(☎ 981 500 771)

🏠 숙박시설

알베르게

- 알베르게 Poudasa de Salceda(☎ 981 502 767) : 14명 이용 가능 (7€, 9€, 12€), 세탁기/건조기 각 3€. 난방, 온수 가능, 주방 없음, 저녁식

사 8.5€. 예약 가능. www.pousadadesalceda.com

Alto de Santa Irene　　29.2km ▶ 23.9km

　식당이 언덕 위에 있다. 화살표는 오른쪽 길을 가리키지만, 굳이 따를 필요는 없다. 몇 미터 아래 있는 새로운 국도에서 나간 후, 우회하지 말고 아스팔트를 따라서 Santa Irene까지 가는 것이 좋다.

도움이 되는 정보

자전거 수리점 : Ciclos Fidalgo(☎ 981 500 771)

🍽 **먹을거리**
- 도로 양쪽으로 식당이 두 곳 있다.

Santa Irene　　30.4km ▶ 22.7km

　오래전에 O Pino 지방 시청이 있던 곳이다. 한때 학교로 사용되다가 지금은 사설 알베르게가 되었다. 가까운 도로 건너편에 다른 사설 알베르게가 또 있다. 7월, 8월 순례자들이 많은 시기에 Pedrouzo 알베르게 대신 사용할 수 있다.

도움이 되는 정보

🍽 **먹을거리**　🛏 **숙박시설**
- 사설 알베르게에서 저녁 10€, 아침 5€.
- Xunta(주 정부) 알베르게(☎ 660 396 825) : 마을 출구 쪽 국도 왼쪽 방향에 있다. 36명 이용 가능. 이용료 2013년 5월부터 6€. 거실, 주방, 난방, 온수 제공. 세탁기 4.40€, 건조기 1€.
- 사설 알베르게 Sant Irene (☎ 981 511 000) : 마을에 더 가까운 국도 맞은편에 있다. 15명 이용 가능. 이용료 13€. 작지만 아주 쾌적하고 침대 시트와 수건을 제공해 주며 온수를 쓸 수 있다. 저녁식사 10€, 아침식사 5€.

Rúa　　31.8km ▶ 21.3km

　새로운 N-547을 건너면 까미노는 이 작은 마을을 통과한다.

Pedrouzo　　✹　33.0km ▶ 20.1km

국도의 갓길은 'Arca('궤'라는 뜻)의 알베르게'로 순례자들을 이끈다. Arca의 실제 이름은 Pedrouzo이지만, 이 고장 별칭을 딴 성당 이름을 따라 'Arca'라 부른다. 여러 가지 다양한 서비스 시설이 마을에 갖추어져 있다. Pedrouzo의 오래된 시청 건물 뒤쪽에 1993년에 지은 훌륭한 알베르게(아래 첫 번째 소개)가 있다. 이곳은 항상 사전에 자리를 확인해야 한다. 여기서 아침 일찍 나서면 정오에 열리는 산띠아고 대성당 미사에 참석할 수 있기 때문에 많은 순례자들이 이곳에서 묵어간다.

 과정을 위한 결과

Pedrouzo ▶ Santiago de Compostela (La Coruña)
➡ 20.1km　⏳ 약 5시간

　아! 산띠아고~ 걸어서 30단계. 노력과 고통과 인내로 한 달 동안 걸어왔다. 이제 간절히 원하던 끝이 바로 여기, 반나절 정도 거리만 남겨두고 있다. 아르까Arca를 뒤로 하면서 순례자는 위대한 약속을 마무리 짓기 위해 열정 속에서 영혼을 준비할 때라는 걸 느끼게 된다.

　산띠아고로 들어가는 초입에 공항, 축구장, 순환도로 그리고 확장되어 가는 새로운 주거지들이 눈에 들어온다. 예로부터 Gozo 산은 순례자들이 산띠아고 대성당의 첨탑을 바라보며 눈물을 흘리던 장소였다. 오늘도 많은 순례자들이 산띠아고의 풍경을 내려다보며 각자 이곳으로 온 이유를 떠올리며 눈물을 흘리곤 한다.

　목표지점이 가깝다는 것은 그다지 중요하지 않다. 이번 단계에서 가장 아름다운 것은 자신의 내면에 있기 때문이다.

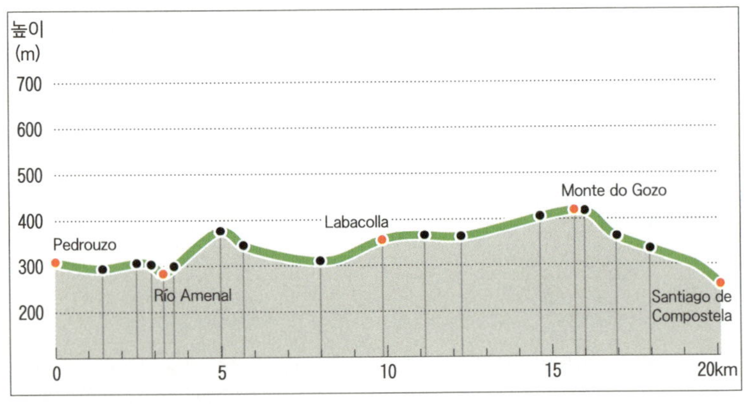

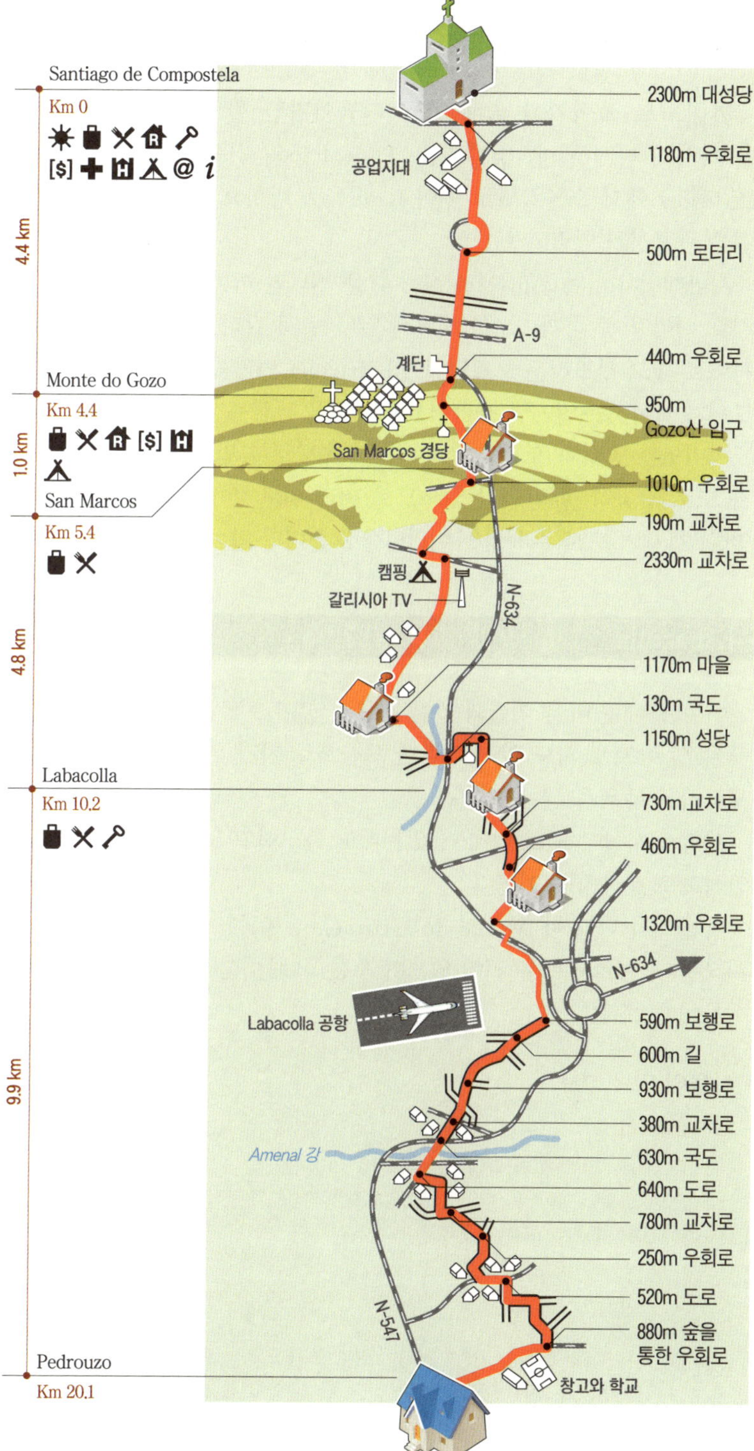

Santiago de Compostela
Km 0
공업지대
2300m 대성당
1180m 우회로
500m 로터리
A-9
440m 우회로
계단
Monte do Gozo
Km 4.4
San Marcos 경당
950m
Gozo산 입구
1010m 우회로
San Marcos
Km 5.4
190m 교차로
2330m 교차로
캠핑
갈리시아 TV
N-634
1170m 마을
130m 국도
1150m 성당
Labacolla
Km 10.2
730m 교차로
460m 우회로
1320m 우회로
N-634
Labacolla 공항
590m 보행로
600m 길
930m 보행로
380m 교차로
Amenal 강
630m 국도
640m 도로
780m 교차로
250m 우회로
520m 도로
880m 숲을
통한 우회로
N-547
창고와 학교
Pedrouzo
Km 20.1
4.4 km
1.0 km
4.8 km
9.9 km

까미노로 돌아가기 위해 조금 되돌아가면 한 주유소에서 표식을 다시 만나게 된다. 앞에 있는 Pedrouzo의 길을 따라가다가 Bar Pedrouzo에서 오른쪽으로 꺾어 Lameiros 방향으로 가면, 산띠아고 길은 축구장과 연결된다.

시마데비야Cimadevilla에서 N-547을 건너면 까미노는 어두운 오솔길로 이어져 중세 까미노를 여기서 만나는 것 같다. 유칼립투스 나무 사이로 길고 부드러운 오르막길이 Labacolla 언덕까지 이어진다. 아직 도시가 보이지는 않지만 가까워졌다는 것을 느낄 수 있다.

까미노는 공항과 도시로 연결되는 고속도로를 만난다. 새로운 보행자 도로가 공항 앞쪽에 나 있으므로 머리 위로 비행기가 지나갈 수도 있다. 21세기 도보 순례의 아이러니한 모습이라 할 수 있겠다.

이 마을에는 마을 이름과 같은 이름의 강이 흐르고 있다. 옛 순례자들은 성 야고보 사도 앞에 정갈한 모습으로 가기 위해 이곳에서 옷을 세탁하고 목욕을 하곤 했다.

서비스 시설이 도로 위에 다 있는데도 불구하고 노란 화살표는 마을 안쪽으로 순례자를 이끈다.

마을에서 나갈 때 Monte do Gozo(Gozo 산)를 향하는 오르막길이 시작된다. 아스팔트로 되어 있으며 오른쪽에는 갈리시아 텔레비전 시설물이 눈에 띈다.

도움이 되는 정보

🍽 먹을거리

- 도로 위에 슈퍼마켓과 다양한 식당들이 있다.
- Hostal San Paio, Hotel Carcas : 메뉴 10€.
- Ruta Jacobea : 메뉴 13.50€.

🏠 숙박시설

알베르게
- 호텔 San Paio(☎ 981 888 205) : 38~44€+욕실.
- 호텔 Garcas(☎ 981 888 225) : 싱글 룸 29€, 더블 룸 48.15€ + 욕실.
- 호텔 Ruta Jacobea(☎ 981 888 211) : 더블 룸 78€.

　Monte do Gozo 직전에 있는 마을로 순례자들을 위한 약간의 서비스 시설이 갖춰져 있다.

도움이 되는 정보

🍽 먹을거리
- 작은 슈퍼마켓이 있고, 국도에 다양한 식당들이 있다.
- 레스토랑 Labrador : 메뉴 8€.
- 레스토랑 Suso's : 메뉴 9€.

Monte do Gozo　🌑　15.7km ▶ 4.4km

　산의 정상에 오르면 갈리시아 주의 주도인 Santiago Compostela 가 펼쳐진다. 중세 순례자들은 이곳에서 처음으로 성스러운 도시 Santiago Compostela를 보며 무릎을 꿇고 흐느껴 울었다고 한다. 그리고 힘겹고 위험한 길을 무사히 도착한 것에 대한 감사를 드렸다. 어떤 이들은 이곳에서 하룻밤을 묵고 다음날 아침 산띠아고 대성당 미사에 참석하기도 하고, 어떤 이들은 바로 산띠아고까지 가기도 했다.

　현재 Monte de Gozo에는 여러 행사를 운영하고 진행하는 종합전시장 시설이 세워져 있다. 산에서 가장 잘 보이는 성당 탑은 1992년 요한 바오로 2세의 방문 기념물이 있는 작은 언덕에서 직선으로 난 거리에 있다.

　까미노는 주거 단지를 지나면서 새로 도로로 접어들어 계단을 통해 내려가게 된다. 고속도로 위로 놓인 다리가 산띠아고 입구이다.

도움이 되는 정보

🍽 먹을거리
- 중앙광장에 슈퍼마켓이 한 곳 있고 세탁소가 있다. 셀프서비스 식 레스토랑에서는 메뉴를 8€에 판다.

🛏 숙박시설
알베르게
- 거대한 종합전시장 속에 있다. 순례보다 여행에 더 초점을 맞춘 알베르게이다. 순례자를 위한 부스에 도착하려면 모든 상업 시설을 지나가야 한다.

Santiago Compostela　　20.1km ▶ 0km

도시의 첫 번째 대로에 들어가 옛 시가지 입구인 까미노의 문Puerta del Camino까지 약 50분 정도 현대적인 거리를 걸으면 Plaza San Pedro 에 도착하게 된다. 웅장한 대성당의 첨탑이 가장 먼저 눈에 들어온다.

Puerta del Camino로부터 수십 세기 동안 수많은 순례자가 통과했던 고색창연한 거리가 순례자들을 이끈다.

드디어 작가의 광장Plaza de Obradoiro와 바로크 양식으로 지어진 산띠아고 대성당에 도착한다. 정면에 있는 돌들의 조합이 화려하다. 33개의 계단을 올라가 영광의 문을 통해 성당 안으로 들어선다.

Santiago Compostela

산띠아고는 하나의 꿈을 이루기 위해 모든 역경을 이겨내고 여기까지 온 이들의 결승점이다. 11세기부터 야고보 성인의 묘역을 중심으로 하여 영적인 아우라가 점차 확대되어 왔다. 까미노 문Puerta de camino 에서부터 순례자들은 이미 자신이 이 신비한 기운 안에 들어왔다는 것을 실감하게 된다.

Las Casas Reales 거리를 통해 Azabachería에 도착한다. 이곳은 12세기에 낙원 광장Plaza de Paraiso이라 부르던 곳으로 상업시설과 흑옥 공예점과 환전상이 가득했던 곳이다.

Sacra 거리를 통해 은세공 광장Plaza de Platería으로 접어들면 성당 부속 건물들과 만나게 되고, 영광의 문을 통해 대성당 안으로 들어서게 된다. 이로써 자신의 내면으로부터 수백 km에 이르는, 그리고 물리적인 거리로부터 수백 km에 이르는 이 위대한 여행의 종착역에 도착하게 되는 것이다.

1100년 주교 헬리미레스Gelimirez는 거대한 로마네스크 성전 건축과 함께 산띠아고 성 안의 도시를 재정비하기로 마음을 굳혔다. 이에 따라 장인 마테오는 세운 지 40년밖에 되지 않는 성당 입구를 교체하며, 돌 위에 환상적인 역사를 새겨 넣었다.

3개의 아치 중, 중앙에 있는 아치에서 거장의 숨결이 가장 많이 느껴진다. 예수와 사제들이 조각되어 있을 뿐만이 아니라, 요한 계시록의 24인(야고보의 열 두 아들과 예수님의 열 두 사제)이 각기 다른 악기를 들고 있는 모습으로 조형화 되어 있다.

수십 세기에 걸쳐, 이 영광의 문에 도착한 순례자들은 순례의 마지막 의식으로 무릎을 꿇고 앉아 기둥 아랫부분에 손을 대고 야고보의 지혜가 자신에게 전해지기를, 혹은 긴 순례 일정을 무사히 마치게 된 것에 대해 감사 기도를 드린다.

오랜 시간 동안 많은 순례자의 손길이 닿았던 자리는 깊숙이 손바닥 자국이 패여 있다. 하지만 최근에는 안타깝게도 울타리가 둘러쳐져 있어서 눈으로만 봐야 한다.

영광의 문을 통과하여 주 제단으로 들어가면, 성 야고보 사도의 성상이 놓여 있다. 제단 뒤쪽 계단을 통해 야고보 성상 뒤로 올라가 야고보 상을 포옹하고 내려올 수 있게 되어 있다.

계단에서 내려와 왼쪽으로 난 지하로 내려가는 계단을 따라가면 야고보 성인의 유해가 안치된 관을 볼 수 있다.

Quintana 광장에서 연결되는 Puerta Santa('성스러운 문'이라는 뜻)은 '용서의 문'이라고도 부른다. 항상 닫혀 있지만, 야고보 성년에는 그 문이 활짝 열린다.

18세기에 산띠아고는 도시를 확장할 수 있게 되었다. 성당도 재정이 확보되면서 옛 묘역 위에 새로운 대성당이 바로크 양식으로 증축되었다. 오늘날 빛을 발하고 있는 성당의 전면부는 1738년~1750년에 걸쳐 건설된 것이다.

도움이 되는 정보

🍽 먹을거리

- 모든 형태의 상점들이 다 있다. 유명한 산띠아고 케이크를 꼭 시식해 봐야 한다. 까미노를 통해 옛 시가지에 들어서면 San Pedro 거리에 저렴하면서도 맛있는 식당들이 즐비하다.
- Casa Manolo(☎ 981 582 950) : Plaza cervantes에 있다. 맛과 가격(메뉴 6€)으로 순례자들에게 널리 알려진 식당이다. 순례자들이 만나는 장소로 자주 활용되고 있다.
- El Asesino : 대학 광장 Plaza de la universidad에 있는 학생들이 즐겨 찾는 식당이다
- Universal Cafeteria : 대학 광장Plaza de la universidad에 있는 한국까미노친구들 연합 가맹점으로 꼴뚜기 구이와 밥+감자 튀김 컴비네이션 Dish를 즐길 수 있다. 6.50€.

🏠 숙박시설

알베르게

- San Lazaro(☎ 981 571 488) : 산띠아고 입구쪽에 있다. 도심에서 조금 멀지만 80명이 이용 가능. 이용료 10€, 이틀 묵으면 둘째 날은 7€, 사흘 이상은 머물 수 없다. 주방과 식당, 거실, 난방, 온수 제공. 자전거 보관 가능. 침대 시트와 수건을 준다. 세탁기 4.2€, 건조기 2€. 연중무휴. 09:00~21:00.

  ★ Tip : 09시에 문을 열기 때문에 많은 순례자들이 이곳에 짐을 두고 산띠아고 대성당 미사(12:00)에 참석한다.
- 사설 알베르게 Acuario(☎ 981 575 438) : Calle San Lazaro Valiño 2번지에 있다. 60명이 이용할 수 있고 이용료는 10€다. 체류 기간 제한이 없고 식당, 인터넷과 온수를 제공하며 세탁기 + 건조기 6€이다. www.acuariosantiago.com
- 알베르게 Meiga(☎ 981 570 846) : 역사지구 대성당 주변 Fonte de San Antonio 25번지에 있다. 23명 이용 가능. 이용료 17€. 순례자를 위한 전용 알베르게는 아니며 체류 기간 제한이 없다. 침대 시트를 제공해 주며 거실, 주방, 식당이 있다.

- Seminario Menor de Belvis(☎ 981 589 200) : 대성당에서 도보로 10분 거리. 가장 크고 가장 오래된 알베르게다. 까미노에서 왼쪽으로 (Calle Calada de San Pedro) 2007년 7월에 새로 단장해 문을 열었다. 199명 이용 가능. 이용료 5€. 주방은 없지만, 식당이 있고 온수를 쓸 수 있으며 세탁기와 건조기가 갖춰져 있다. 최장 이틀 동안 머물 수 있다. 4월 ~10월 open. 예약 가능. www.albergueseminariomenor.com
- 알베르게 O Frgar de Teodomiro(☎ 981 582 920) : 20명 이용 가능. 이용료 15€. 온수, 난방, 주방이 잘 갖추어져 있고 세탁기/건조기 각 5€. 자전거 보관 가능. 예약 가능. www.fogarteodomiro.com
- 알베르게 Santo Santiago(☎ 657 402 403) : 30명 이용 가능. 이용료 10€. 주방은 없고 자전거 보관이 가능하다. 09:00~23:00. 예약 가능. www.elsantosantiago.com
- 알베르게 Jainme Garcia Rodriguez(☎ 981 587 324) : 프랑스 루트 길에서 왼쪽으로 Rúa de Moscova에 위치한다. 150명 이용 가능. 이용료 8€. 세탁기/건조기, 인터넷 제공. 주방은 없다.
- 알베르게 Mundoalbergue(☎ 981 588 625) : 성당과 시내에서 가까운 알베르게로 34명 이용 가능. 이용료 비/성수기에 따라 14~18€. 주방, 온수, 난방 제공. 자전거 보관 가능. 세탁기/건조기 각 3€. 약간 비싸지만 시내에서 지내며 산띠아고를 조용히 만끽하기에 적합한 장소이다. 예약 가능. www.mundoalbergue.es
- Albergue Seminario Menor la Asuncion(☎ 881 031 768) : 199명 이용 가능, 도미토리 10€, 싱글 15€. 온수, 난방, 주방 있음. santiago@alberguesdelcamino.com / www.alberguesdelcamino.com
- Albergue Fin del Camino(☎ 981 587 324) : 110명 이용 가능, 이용료 8€, 세탁기/건조기, 주방 없음. albergue@funadcionperegrinacionasantiago.com.
- Albergue La Salle(☎ 981 584 611) : 84명 이용 가능, 6인실 17€, 4인실 19€, 세탁기/건조기 각 2€, 주방 없음. info@alberguelasalle.com, www.alberguesalle.com.
- Albergue Azabache(☎ 981 071 254) : 20명 이용 가능. 비수기 16€. 성수기 20€. 세탁기/건조기 각 2.5€. 주방 있음. azabachehostel@yahoo.es.

기타 숙박시설

- Hostal Pico Sacro(☎ 981 584 466) : San Francisco 22번지, 더블 룸 64€.
- Hostal Alameda(☎ 981 588 100) : SanClemente 32번지, 더블 룸 45€.
- Mapoula(☎ 981 580 124) : Entremurallas 10번지, 더블 룸 37€.
- Hostal Alfonso(☎ 981 585 685) : pombal 40번지, 더블 룸 60€.
- Hostal Rapido(☎ 981 584 983) : Franco 22번지, 더블 룸 40€.
- Hostal Suso(☎ 981 586 611) : Rua do Vilar 65번지, 더블 룸 39€.
- Pension da estrela(☎ 981 576 924) : Plaza de San Martin Pinario 3번지, 더블 룸 40~50€.

산티아고에서 이동하는 교통편

산티아고에서 대개 가고자 하는 곳은, Madrid 혹은 Paris이다. 시내에 있는 Plaza de Galicia에서 출발하는 버스를 타면, 원하는 곳으로 갈 수 있는 기차역이나 버스터미널을 경유하게 된다. 버스는 매일 새벽 6시~밤 12시까지 30분 간격으로 출발하며, 공항까지 약 30분 걸린다. 공항까지 요금 편도 3.00€/ 왕복 5.10€.

기차로 마드리드에 가려 할 때

아래 두 편을 가장 많이 이용한다. 요일에 따라 다른 시간대도 있으니 출발 일자를 넣고 항상 www.renfe.es 에서 확인해야 한다.
- 편명 Alvia 16:05~21:48 (5시간 43분 소요) 가격 54.20€(평일)
- 편명 Tren Hotel 22:33~09:29 (9시간 29분 소요) 침대칸 운영.(매일)

가격

일반 좌석 30.55€ / 일등석 67.50€ / 일반 침대(가족용) 79.30€ / 일반 침대 142.10€ / 일반 침대(일등) 155.70€ / 일반 침대 조식/석식 포함 207.80€(조기 인터넷 예약에 따라 할인을 적용 받을 수 있다.)

항공편으로 마드리드 혹은 파리에 가려고 할 때

Santiago 공항에서 마드리드 혹은 파리로 가는 저가항공을 이용할 수 있다.

마드리드 행은 www.ryanair.com, 파리 행은 www.vueling.com에서 차표를 구입할 수 있다. 예약을 미리 할수록 버스나 기차보다 더 빨리, 더 저렴하게 각 도시로 이동할 수 있다.

단, Ryanair의 경우, 기내 수화물 규정이 굉장히 엄격하다.(규격 싸이즈 1인 1개) 그리고 항공권을 프린트해 가져가지 않으면 추가 요금을 내야 한다.

파리로 이동 하려면, 부엘링 홈페이지에서 일정을 확인한 후 가장 경제적인 항공권을 구매하면 된다.

산띠아고에서 유료 프린트가 가능한 곳

대성당 출구 바로 앞, 제단을 뒤로 하고 왼쪽에 있는 Hospederia San Martin Pinario 리셉션에 동전을 넣고 작동하는 컴퓨터가 있다. 1€를 넣고 개인 전자메일을 열어 라이언에어 항공권을 프린트하면 된다.

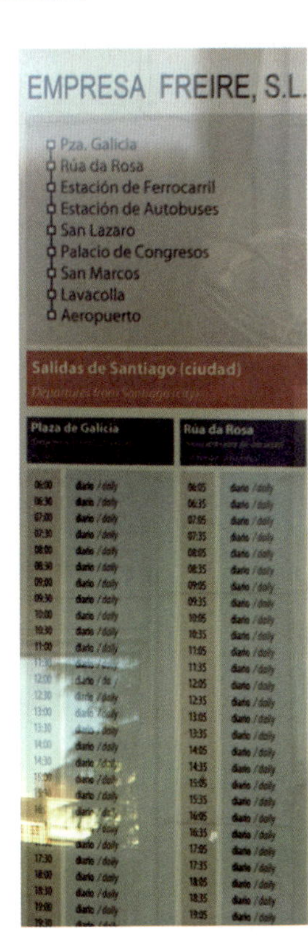

▲ 버스 시간표

Step 1. Santiago ➡ Negreira (21km)

산티아고까지 머나먼 여정을 했지만 아직도 무언가 미련이 남는 순례자들은 더 이상 걸어서 나갈 수 없는 땅끝까지 순례를 시도하고 싶어 한다.

산티아고 대성당 앞 Plaza do obradoiro 오른편 Hostal de los Reyes Catolico와 Pazo de Raxoi 사이의 골목 길로 들어서면 다시 노란색 화살표는 Finisterre까지가는 길 안내를 시작한다.

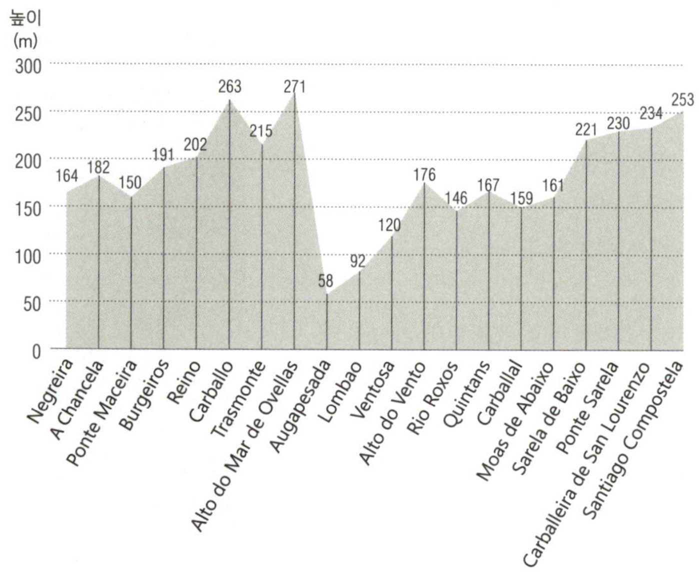

도움이 되는 정보

🏠 숙박시설

알베르게

- 사설 알베르게 Casa Riamonte(☎981 890 356) : Ventosa를 지나 까미노 경로를 벗어나 Meixenda 방향으로 약 500m 떨어져 있다. 6명 이용 가능, 이용료 15€. 조식 포함. 온수, 난방, 세탁기 없음. 주방 있음. riamonte@telefonica.net/www.riamontes.com
- 사설 알베르게 Turistico de Logrosa(☎981 885 820) : Negreira 전 마지막 마을 Chancela에서 Logrosa쪽 길로 빠져 약 700m 가야 한다. 도미토리 8명 이용 가능 17€, 싱글 룸 30€, 더블 룸 40€. 조식 포함. 온수, 난방, 세탁기 4€, 건조기 3€. 저녁식사 10€. 연중무휴. info@alberguedelogrosa.com/www.alberguedelogrosa.com
- 사설 알베르게 San Jose (☎881 976 934) : 50명 이용 가능, 12€(타월, 시트 포함) 온수, 난방, 세탁기/건조기 각 3€. 주방 있음. 3~11월 open. info@alberguesanjose.es/www.alberguesanjose.es
- 시립 알베르게 Negreira (☎664 081 498) : 20명 이용 가능. 16개 개인 침대, 4명 이층침대. 6€. 온수, 난방, 세탁기 없음. 주방 있음. 자전거 보관 가능. 연중무휴. concello@concellodenegreira.es
- 사설 알베르게 Lua (☎620 023 502) : 40명 이용 가능. 10€. 온수, 난방, 세탁기 3€, 건조기 2€, 주방 있음. 자전거 보관 가능. 연중무휴. alberguelua@gmail.com/www.alberguelua.com.
- 사설 알베르게 El Carmen (☎981 881 652) : 2012년 6월 문을 열었다. 34명 이용 가능, 10€. 난방, 온수, 세탁기/건조기 각 3€. 주방 없음. 자전거 보관 가능, 연중 무휴. lamezquitanegreira@hotmail.com/www.laberguenegreira.com

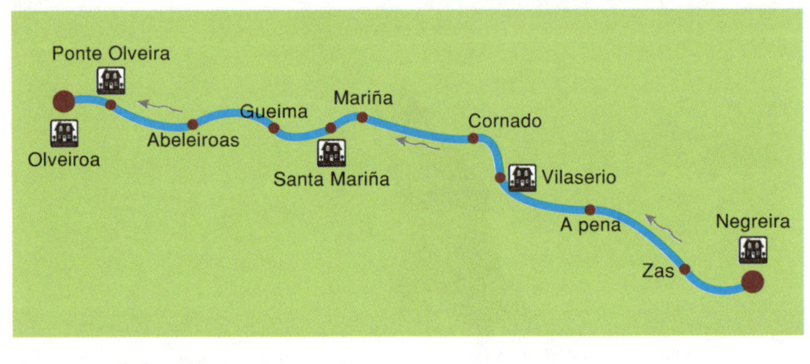

Ponte Olveira
Olveiroa
Abeleiroas
Gueima
Mariña
Santa Mariña
Cornado
Vilaserio
A pena
Zas
Negreira
진행 방향

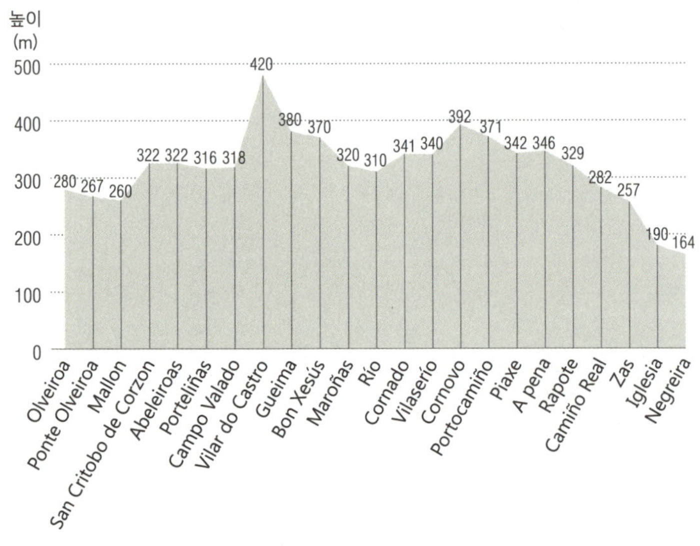

높이
(m)
500
420
400
380 370
392
371
322 322 316 318
380
320 310
341 340
342 346
329
300
280 267 260
282
257
200
190 164
100
0
Olveiroa
Ponte Olveiroa
Mallon
San Critobo de Corzon
Abeleiroas
Porteliñas
Campo Valado
Vilar do Castro
Gueima
Bon Xesús
Maroñas
Río
Cornado
Vilaserío
Cornovo
Portocamiño
Piaxe
A pena
Rapote
Camiño Real
Zas
Iglesia
Negreira

도움이 되는 정보

🏠 숙박시설

알베르게

- Vilaserío 사설 알베르게 O Rueiro (☎981 893 561) : 2010년 5월 오픈. 30명 이용 가능, 12€. 11시부터 오픈. 온수,난방 각 3€, 주방 없음, 식당 Bar 이용 가능. 연중무휴. www.restaurantebalergueorueiro.com.
- Santa Maniña 사설 알베르게 Casa Pepa (☎981 852 881) : 아래층은 Bar. 2층이 알베르게. 2012년 6월 오픈. 18명 이용 가능. 12€. 온수, 난방, 세탁, 건조기 각 3€. 주방 없음. 자전거 보관 가능. 연중무휴. alberguecaspepa@yahoo.es/www.alberguecaspepa.es.
- Santa Maniña 사설 알베르게 Santa Maniña (☎981 852 897) : 12시부터 open. 10명 이용 가능. 10€. 온수, 난방, 세탁기/건조기 각 3€. 주방 없음. Bar에서 식사 판매. 연중무휴. Casaantelo@gmail.com/www.casaantelo.xtrweb.com
- Ponte Olveiroa 사설 알베르게 O Refuxio da Ponte (☎981 741 706) : 2011년 7월 open. 10명 이용 가능. 10€. 온수, 난방, 세탁기 3€, 건조기 2€. 주방 없음. Bar에서 식사 판매. 연중무휴. refuxiodaponte@hotmail.com / www.orefuxiodaponte.com
- Ponte Olveiroa 사설 알베르게 O Refuxio da Ponte (☎981 741 706) : 2011년 4월 오픈한 알베르게로 작은 상점과 Bar를 가지고 있다. 49명 이용 가능, 12€. 온수, 난방, 세탁기/건조기 각 3€, 주방 있음. 자전거 보관 가능. 3월~11월 open. casaloncho@gmail.com/www.casaloncho.com.
- Oveiroa 주립 알베르게 Santiago de Olveiroa (☎6587 045 242) : 2013년 5월부터 6€. 34명 이용 가능, 난방, 온수, 주방, 세탁기 없음. 연중무휴. www.dumbria.com

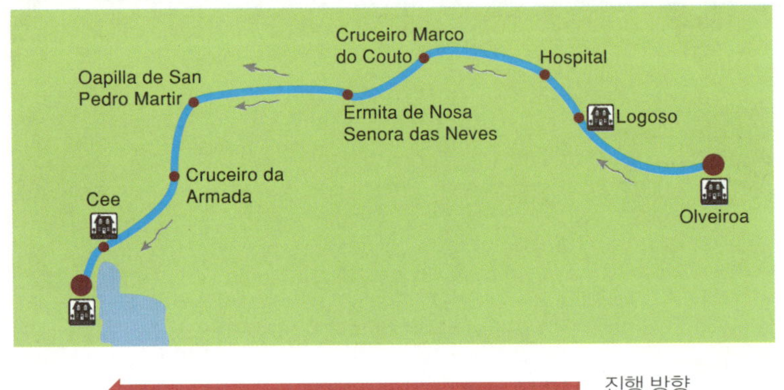
Cruceiro Marco
do Couto
Hospital
Oapilla de San
Pedro Martir
Ermita de Nosa
Senora das Neves
Logoso
Cruceiro da
Armada
Cee
Olveiroa
진행 방향

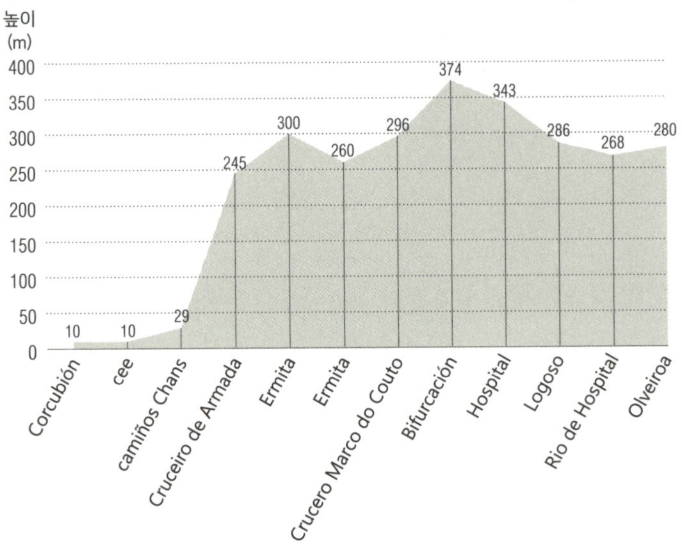
높이
(m)
400
350
300
250
200
150
100
50
0
374
343
300
296
286
280
260
268
245
29
10
10
Corcubión
cee
camiños Chans
Cruceiro de Armada
Ermita
Ermita
Crucero Marco do Couto
Bifurcación
Hospital
Logoso
Rio de Hospital
Olveiroa

도움이 되는 정보

🏠 숙박시설

알베르게

- Logoso 사설 알베르게 O Logoso (☎981 727 602) : 2012년 9월 open. 22명 이용 가능, 12€. 더블 룸 30€. 온수, 난방, 세탁기/건조기 각 3€, 주방 있음. 연중무휴. Domingoaceiras@hotmail.com/www. albergue–barologoso.webself.net.
- Cee 사설 알베르게 O Bordón (☎981 746 574) : 2011년 3월 open. 24명 이용 가능, 12€. 세탁기/건조기 각 3€. 주방 있음. 자전거 보관 가능. 연중무휴. albergueobordon@gmail.com
- Cee 사설 알베르게 Moreira (☎981 746 282) : 2012년 7월 open. 22명 이용 가능. 12€(이층침대) 더블 룸 25~30€. 3월~11월 open. 온수, 난방, 세탁기/건조기 각 3€. 개인 락커, 주방 있음. 연중무휴. alberguemoreira@alberguemoreira.com www.alberguemoreira.com
- Cee 사설 알베르게 O Camiño das Estrela (☎981 747 575) : 투숙 순례자에 식당 및 바 할인쿠폰 증정, 자전거 대여. 30명 이용 가능. 10€. 온수, 난방, 세탁기. 건조기. 주방 없음. Bar에서 식사 판매. 연중무휴. info@alberguecaminodasestrelas.com www.alberguecaminodasestrelas.com
- Cee 사설 알베르게 A Casa da Fonte (☎981 746 663) : 2011년 4월에 문을 열었다. 42명 이용 가능. 10€. 세탁기 3€, 건조기 4€. 온수, 난방. 주방 있음. 자전거 보관 가능. 3월 15일~12월 open. guzmanroget@gmail.com.
- Curcubion 알베르게 San Roque (☎679 460 942) : 갈리시아 까·친·연에서 운영하는 알베르게. 12명 이용 가능. 기부제 운영. 난방, 온수, 주방이 있지만 오스삐달레로만 저녁, 아침식사를 준비하기 위해 이용하고 있다. 연중 무휴. info@amigosdelcamino.com/www.corcubion.info

Step 4. Curcubión ➡ Finisterre(13.4km)

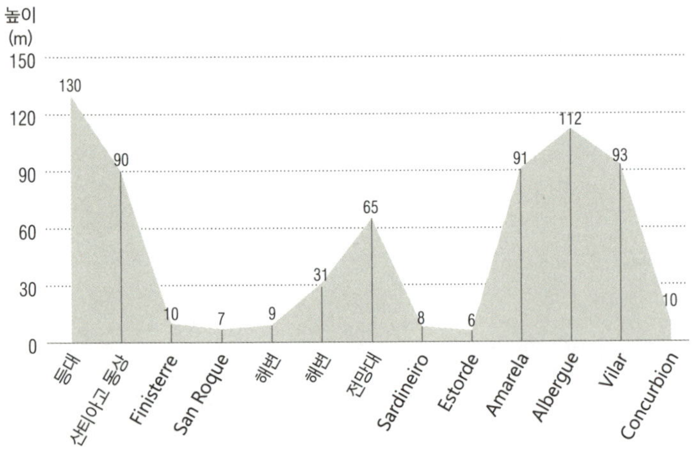

Sardiñeiro
Corcubiõn
Fisterra
Cabo Fisterra
진행 방향

높이
(m)
150
120
90
60
30
0
130
90
10
7
9
31
65
8
6
91
112
93
10
등대
산티아고 동상
Finisterre
San Roque
해변
해변
전망대
Sardineiro
Estorde
Amarela
Albergue
Vilar
Concurbion

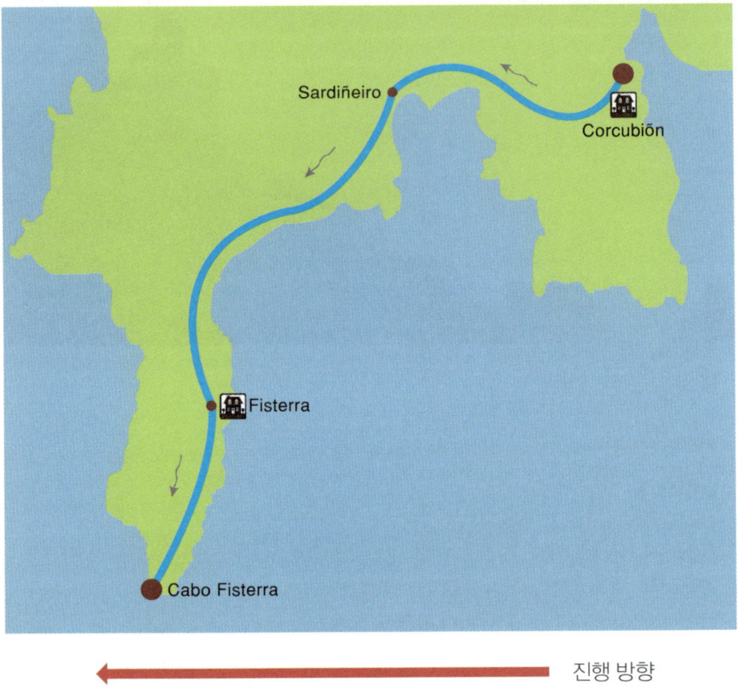

도움이 되는 정보

🏠 숙박시설

알베르게

- 주립 알베르게 Peregrino de Finiesterre (☎981 740 781) : 36명 이용 가능, 2013년 5월 1일부터 6€. 온수, 난방, 세탁기/건조기. 샤워 시설. 남녀 각 3개씩, 주방 있음. 연중무휴. alberguefisterra@hotmail.com
- 사설 알베르게 Do Sol (☎981 740 655) : 22명 이용 가능, 이층침대 10€, 더블 룸 12~15€. 난방, 온수, 세탁기 3€, 건조기 4€. 주방 있음. 연중무휴. alberguedosol@hotmail.com
- 사설 알베르게 Finistellae (☎637 821 296) : 20명 이용 가능, 12€. 세탁기 3.5€, 건조기 4€. 온수, 난방 및 벽난로. 아침 식사 3.5€. 주방 있음. 자전거 주차장에 보관 가능. 연중무휴. reservas@finistellae.com, www.finistellae.com
- 사설 알베르게 Cabo da Vila(☎981 740 454) : 12년 5월 오픈, 28명 이용 가능, 12€. 수건 및 침대 시트 제공. 온수, 난방. 세탁, 건조기 각 4€. 주방 있음. 자전거 보관 가능. 연중무휴. alberguecabodavila@gmail.com www.alberguecabodavila.com
- 사설 알베르게 de Paz (☎981 740 332) : 29명 이용 가능. 10€. 출입 열쇠를 준다. 세탁기 3€, 건조기 5€. 주방 없음. 전자레인지. 연중무휴. enrike.33@hispavista.com
- 사설 알베르게 O Encontro (☎696 503 363) : 12€(비수기), 15€(성수기) 난방 안됨. 온수. 세탁기 2€. 주방 있음. 연중무휴. www.facebook.com/albergue.oencontro
- 사설 알베르게 Camino de Fisterra (☎981 745 040) : 14명 이용 가능. 10€. 난방, 온수, 세탁기/건조기. 주방 있음. 연중무휴.
- 사설 알베르게 Por fin (☎636 764 726) : 2012년 7월에 문을 열었다. 11명 이용 가능, 10€. 출입 열쇠를 준다. 세탁, 건조 각 3€. 난방, 온수. 주방 있음. 자전거 보관 가능. 4~11월 open. albergueporfin@gmail.com

〈한국까미노친구들연합〉 소개

소개

　2009년 3월 〈한국까미노친구들연합(대표 윤태일)〉은 포탈사이트 네이버에 까페 http://cafe.naver.com/camino2santiago를 만들었다. 까페를 통해 〈한국까미노친구들연합〉은 《까미노 데 산티아고 여행 안내서-윤태일 저, 다밋》와 연동하여 까미노에 관련된 최신 정보를 공유하고 순례자들에게 수시로 제공하는 역할을 하고 있다.

　그리고 〈한국까미노친구들연합〉은 2013년 1월에 〈까미노친구들연합〉으로 부터 정식 인가를 받은 〈한국까미노친구들연합〉 사무실을 스페인의 관문이라 할 수 있는 마드리드Madrid에 열었다.

　사무실을 열게 됨으로써 그동안 〈한국까미노친구들연합〉 까페를 통해 온라인에서만 제공하던 까미노 정보를 오프라인에서도 제공을 할 수 있게 되었으며, 순례자 여권Credencial을 바로 발급하고, 스페인 내에서 공신력을 가진 연합으로써 스페인의 공공기관 및 여러 국가 까미노친구들연합과 연결 고리를 넓혀갈 수 있게 되었다.

　특히 산티아고 시市 문화관광부, 〈마드리드 까미노친구들연합〉, 〈까스띠야 레온 주州 까미노친구들연합〉, 〈Astorga 시市 까미노친구들연합〉, 〈갈리시아 주州 까미노친구들연합〉와 긴밀히 협력하며 도움을 주고받고 있다.

　또한 2013년 4월 〈한국까미노친구들연합〉 윤태일 대표는 산티아고 국제 까미노 컨퍼런스에 한국 대표로 참가하여 〈한국까미노친구들연합〉의 위상을 높이고 국제적인 교류를 시작하게 되었다.

▲▲ 마드리드 페트루스 알베르게 로고

▲ 까미노를 상징하는 가리비 + 한국의 태극 + 마드리드를 상징하는 곰을 형상화 한 까·친·연 스탬프 로고.

◀ 까·친·연 사무실

역할

- 까미노를 위해 마드리드에 오는 분은 언제든지 〈한국까미노친구들연합〉사무실을 방문하여 순례자 여권Credencial을 발급 받을 수 있다.
- 까미노에 관한 다양한 정보를 제공받을 수 있다.
- 까미노 중에 필요하지 않는 짐을 보관해 둘 수 있다.
- 까미노 순례 중에 우편으로 짐을 발송하여 보관할 수 있다.

연락처

〈한국까미노친구들연합〉 스페인 마드리드 사무실

C/Finisterre, 20, Planta Baja, Local "A", 28026, Madrid, Spain.

http://cafe.naver.com/camino2santiago

☎ +34 653 954 145

카카오톡 ID : tongbones

마드리드 뻬뜨루스 알베르게 소개

도움이 되는 정보

⌂ 숙박시설

알베르게

• Madrid Petrus Albergue (☎ 34 653 954 145) : C/Finisterre, 20, Planta Baja, Local "A", 28026, Madrid, 2013년 1월 스페인 〈마드리드 까미노친구들연합〉 사무실과 연계해 문을 열게 된 알베르게이다. 18명이 2층 침대를 이용할 수 있다. 2인실이 7개 있으며, 4인실이 1개 있다. 주방, 식당, 컴퓨터실을 사용할 수 있으며 wifi 사용 가능, 세탁기 2€. 인터넷 예약 필수. 식사는 제공하지 않으나, 순례자들과 오스삐딸레로가 함께 준비해 식사할 수 있다.

현재 Astorga 시립 알베르게, Carrion의 Agustin 수녀원 알베르게, Tui의 알베르게와 결연을 맺고 순례 중에 알베르게에서 자원봉사를 원하시는 분들과 연결하여 봉사의 기회를 주고 받을 수 있다.

부르고스와 Trabadelo, Santiago에 각 가맹점 식당과 연계하여 점차 가맹점을 확대하고 있으며, 순례자를 위한 봉사의 범위를 넓혀가고 있다.

info@petrusproject.com, www.petrusproject.com

▲◀ 페트루스 알베르게
▼ '돈누뇨' 라면
▼▼ 부르고스 가맹 식당 '돈누뇨'

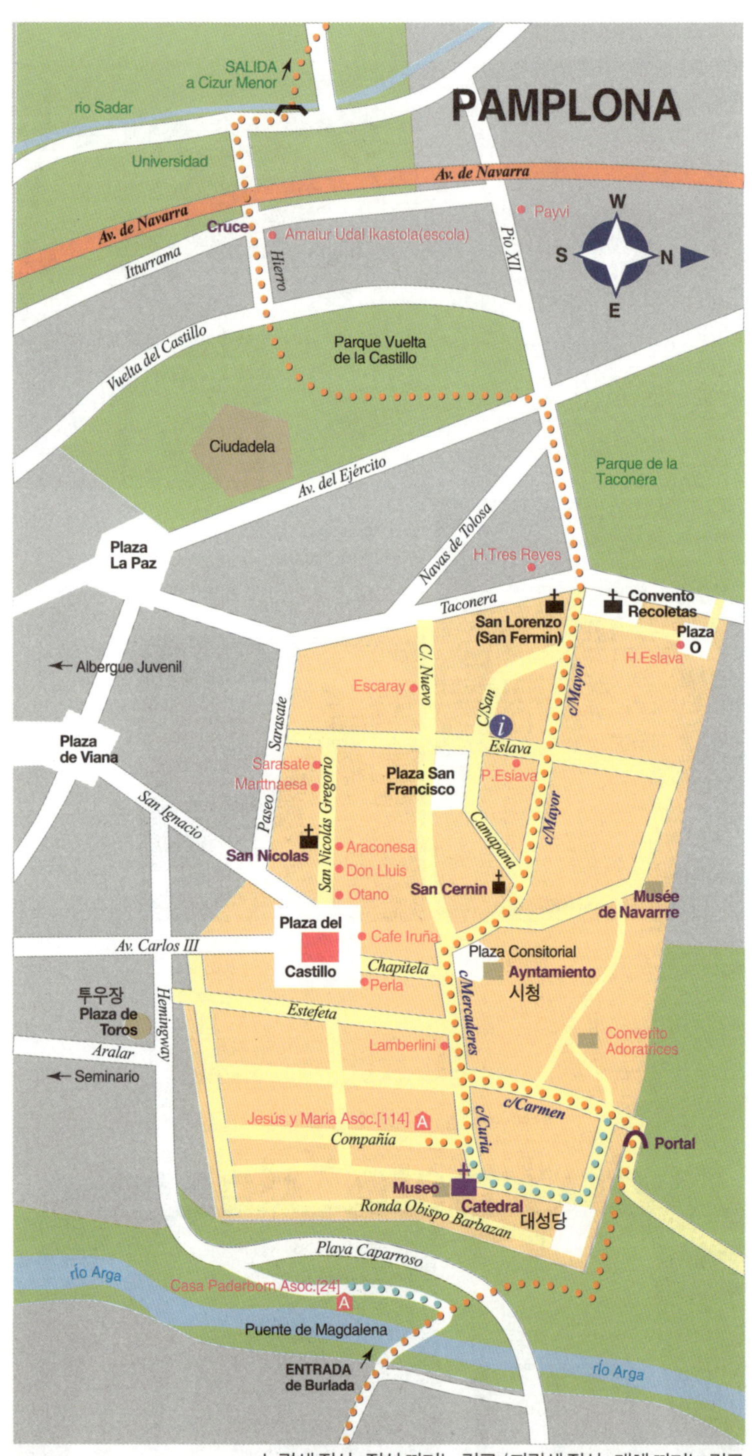

노란색 점선 : 정식 까미노 경로 / 파란색 점선 : 대체 까미노 경로
A : 알베르게 / [ ]안 숫자는 수용 가능 인원, ** 호텔 등급 표시 (**** : 4성급)

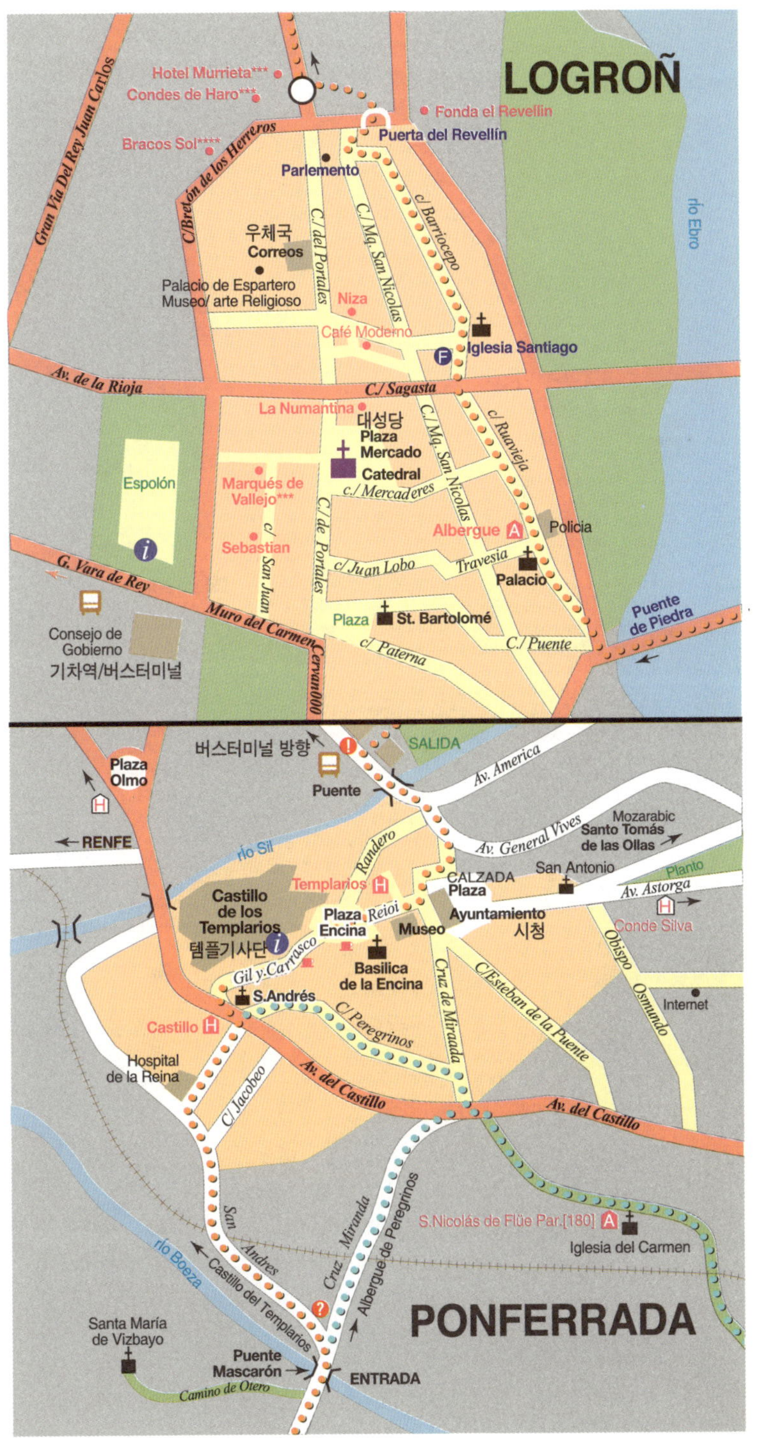

LOGROÑ
Gran Via Del Rey Juan Carlos
Hotel Murrieta***
Condes de Haro***
Fonda el Revellin
Bracos Sol****
Puerta del Revellín
C/Bretón de los Herreros
Parlemento
c/ Barriocepo
C./ Mg. San Nicolas
C./ del Portales
C./ de Portales
우체국
Correos
río Ebro
Palacio de Espartero
Museo/ arte Religioso
Niza
Café Moderno
Iglesia Santiago
F
Av. de la Rioja
C./ Sagasta
La Numantina
대성당
Plaza
Mercado
Catedral
C./ Mg. San Nicolas
c/ Ruavieja
Espolón
Marqués de
Vallejo***
c./ Mercaderes
c/ San Juan
c/ Sebastian
Albergue A
Policia
G. Vara de Rey
i
c/ Juan Lobo
Travesia
Palacio
Muro del Carmen Cervan000
Consejo de
Gobierno
기차역/버스터미널
Plaza
St. Bartolomé
C./ Puente
c/ Paterna
Puente
de Piedra

버스터미널 방향
SALIDA
Av. America
Plaza
Olmo
Puente
H
RENFE
río Sil
Randero
Av. General Vives
Mozarabic
Santo Tomás
de las Ollas
Planto
Templarios
H
CALZADA
Plaza
San Antonio
Av. Astorga
Castillo
de los
Templarios
템플기사단
Plaza
Encina
Reioi
Ayuntamiento
시청
Conde Silva
i
Museo
Cruz de Miraada
C/Esteban de la Puente
Obispo Osmundo
Internet
Gil y.Carrasco
Basilica
de la Encina
S.Andrés
C/ Peregrinos
Castillo H
Hospital
de la Reina
C/ Jacobeo
Av. del Castillo
Av. del Castillo
San
Andres
Cruz Miranda
Albergue de Peregrinos
Castillo del Templarios
río Boeza
S.Nicolás de Flüe Par.[180] A
Iglesia del Carmen
Santa María
de Vizbayo
?
PONFERRADA
Puente
Mascarón
ENTRADA
Camino de Otero

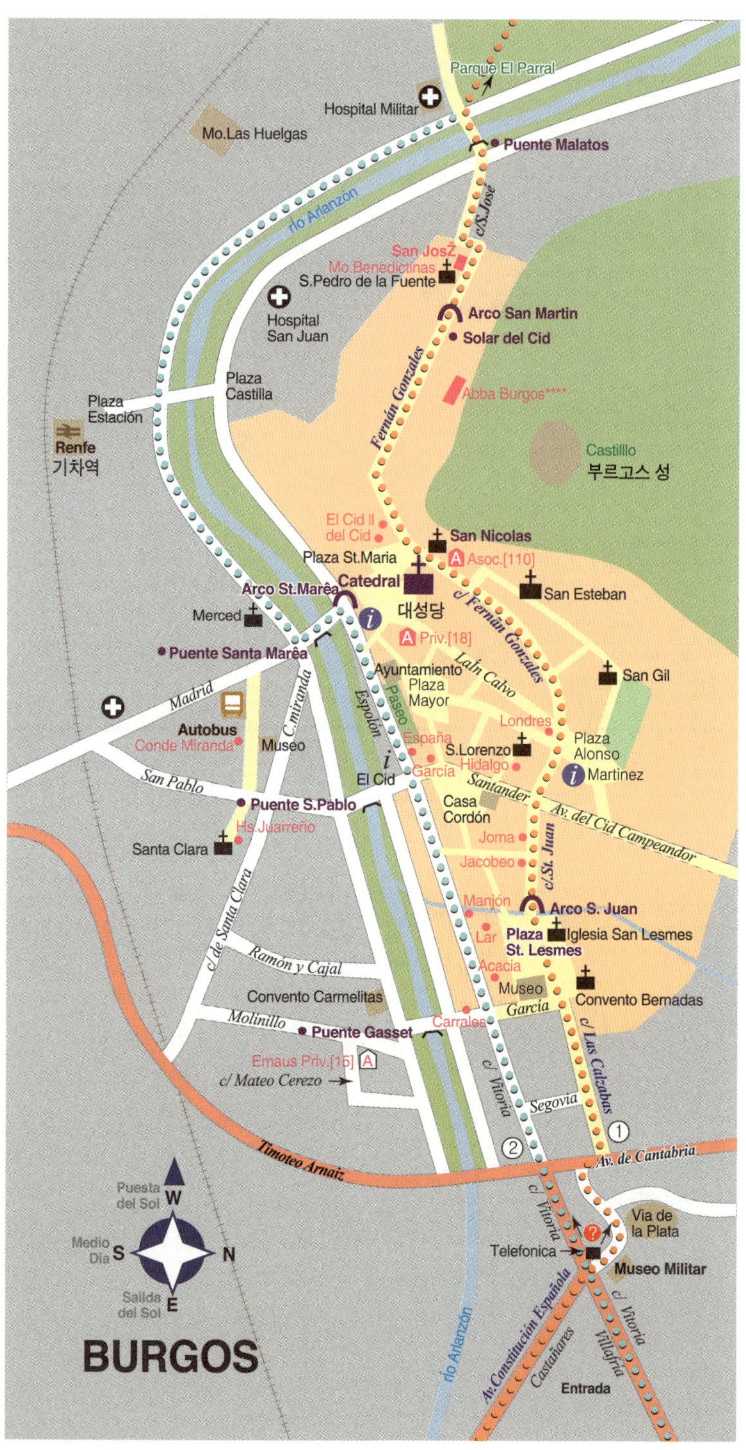

Parque El Parral
Hospital Militar
Mo.Las Huelgas
Puente Malatos
c/ S.José
río Arlanzón
San JosŽ
Mo.Benedictinas
S.Pedro de la Fuente
Arco San Martin
Solar del Cid
Hospital San Juan
Plaza Castilla
Abba Burgos****
Plaza Estación
Renfe
기차역
Castilllo
부르고스 성
Fernán Gonzales
El Cid II del Cid
San Nicolas
Plaza St.Maria
A Asoc.[110]
Arco St.Marêa
Catedral
대성당
San Esteban
Merced
i
A Priv.[18]
Puente Santa Marêa
Ayuntamiento
Plaza Mayor
Laín Calvo
c/ Fernán Gonzales
San Gil
Madrid
C.miranda
Espolón
Paseo
Londres
Plaza Alonso Martinez
i
Autobus
Conde Miranda
Museo
España
S.Lorenzo
Hidalgo
García
Santander
San Pablo
i
El Cid
Casa Cordón
Av. del Cid Campeandor
Puente S.Pablo
Joma
c/ St. Juan
Hs.Juarreño
Jacobeo
Santa Clara
c/ de Santa Clara
Manjón
Arco S. Juan
Lar
Plaza St. Lesmes
Iglesia San Lesmes
Ramón y Cajal
Acacia
Convento Carmelitas
Museo
García
Convento Bernadas
Molinillo
Puente Gasset
Carrales
Emaus Priv.[15] A
c/ Mateo Cerezo
c/ Vitoria
c/ Las Calzabas
Timoteo Arnaiz
Segovia
1
2
Av. de Cantabria
Puesta del Sol
W
c/ Vitoria
Via de la Plata
Medio Día S
N
Telefonica
?
Museo Militar
Salida del Sol E
c/ Vitoria
Villafría
río Arlanzón
Av. Constitución Española
Castañares
BURGOS
Entrada

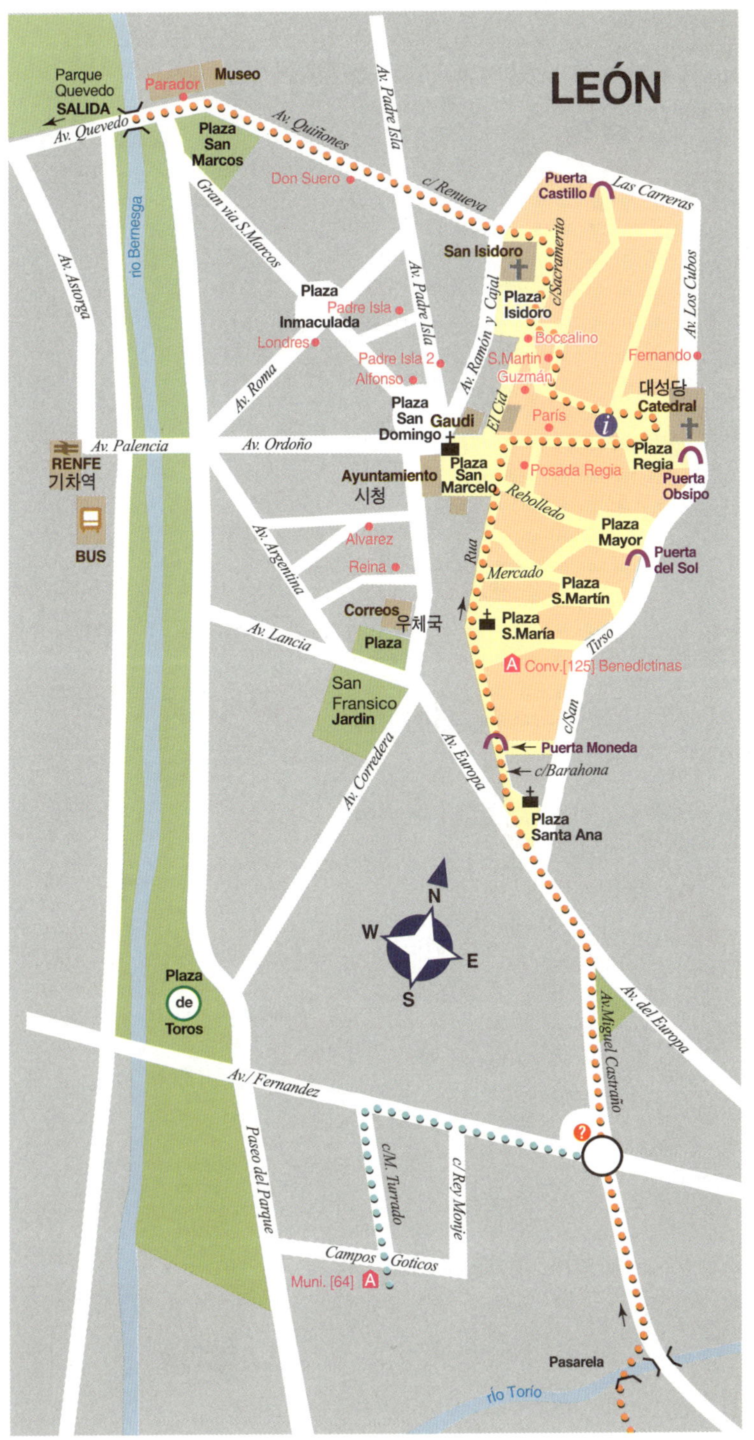

LEÓN
Parque Quevedo
SALIDA
Parador
Museo
Av. Quevedo
Av. Quiñones
Av. Padre Isla
c/ Renueva
Plaza San Marcos
Don Suero
Gran via S.Marcos
río Bernesga
Av. Astorga
Av. Palencia
RENFE
기차역
BUS
Av. Ordoño
Av. Roma
Av. Padre Isla
Plaza Inmaculada
Padre Isla
Londres
Padre Isla 2
Alfonso
Plaza San Domingo
Gaudi
Ayuntamiento
시청
Alvarez
Reina
Av. Argentina
Av. Lancia
Correos
우체국
Plaza
San Fransico Jardin
Av. Corredera
Av. Europa
Puerta Castillo
Las Carreras
San Isidoro
c/Sacramento
Plaza Isidoro
Av. Ramón y Cajal
Av. Los Cubos
Boccalino
S.Martin
Guzmán
Fernando
El Cid
París
대성당 Catedral
Plaza San Marcelo
Posada Regia
Plaza Regia
Puerta Obsipo
Rebolledo
Plaza Mayor
Puerta del Sol
Rua
Mercado
Plaza S.Martín
Plaza S.María
Tirso
c/San
A Conv.[125] Benedictinas
Puerta Moneda
c/Barahona
Plaza Santa Ana
N
W E
S
Plaza de Toros
Av./ Fernandez
Av. Miguel Castraño
Av. del Europa
Paseo del Parque
c/M. Turrado
c/ Rey Monje
Campos Goticos
Muni. [64] A
Pasarela
río Torío

SANTIAGO
Noia
San Lorenzo
F
Piscina
Campus Universitario
Tenis
Pontevedra
Av. Rosalia de Castro
Camino Portugues
Av. Coruña
Av. Burgas
Av. Compostela
Camino Finisterre
Poza de Bar
Argentina
B-Nor
Plaza Roxa
Oficina Xacobeo
St. Rosalio
Pilar
SANTA SUSANA (ALAMEDA)
San Lorenzo
Iberia
Xeneral
Autobus Aeropuerto
Herradura
Av. Xoan Carlos
Parque
RENFE
Parlamento
Rua do Horreo
Rua do Pombal
Alameda
Viloria
Porto Faxeira
Entrecorcas
Policia
Hortas
Rua das Galerias
Hospital
Universal
Praza
Galicia
Mapoula
Rua Franco
Correos
La Estela
Rua Vilar
Suso
Nova
Fonseca
Raxoi
Prazo Obradoiro
Santo Antonio
Avenida
Cruz
BB
Rúa Vilar
Casa Deán
Oficina de Peregrino
Museo
Catedral
Hostal Reyes Catolicos
Parador*****
San Francisco
Pico Sacro
Xelmirez
Quintana
Prazo Inmaculada
San Martiño
Convento San Francisco
Sta. Catalina
San Paio
Arte Sacra
Seminario Mayor
La Enseñanza
Convento Maria
San Fiz
Azabacheria
C.S.Juan
Estrela
Parque
Mercado
Algalia
Miguel
Museo Peregrino
Costa Vella
Parque
Casas Animas
Virxe de Cerca
Rua de Trompas
S.Roque
Moure
Moure II
A Seminario Menor
Belvis
Rua de Belvis
Fontiñas
Tafona
Giadas
Rodas
San Roque
Porta do Camiño
Pantheon Galego
Santo Domingo de Bonval
Igreja San Pedro
Rua San Pedro
Camino Francés
Museo do Pobo Galego
Parque
Cruceiro
Concheiros
Av. de Lugo
Xunta de Galicia
Aeropuerto / Labacolla / San Marcos
Estación de Autobuses
Camino Francés
Camino Finisterre
Camino Portugués
Albergue Seminario

MEMO

MEMO

MEMO